U0040144

推薦序

數學小說的極致載道

——台灣師範大學數學系退休教授　洪萬生

　　本書主要訴求數學普及，讀者對象是高中學生（頂多再加上一些國中資優學生），然而，作者結城浩卻選擇了費馬最後定理之證明為主題，作為深具膽識的書寫挑戰，真是讓我們大感驚奇和意外。

　　有關費馬最後定理的普及書籍，國內目前有兩本中譯出版，分別是台灣商務印書館的《費瑪最後定理》以及時報文化出版的《費馬最後定理》。不過，這兩本無論是簡明版或翔實版，都採用了相關人物——譬如丟番圖、費馬、歐拉、蘇菲・熱爾曼（Sophie Germain）以及安德魯・懷爾斯（Andrew Wiles）等等（簡略）傳記的敘事方式，同時，或許也因為原英文版是由美國書商所出版——據說美國出版商都認為科普書籍只要放進一個數學公式，就會減少五千本的銷售量，因此，他們有關數學知識的鋪陳，當然都盡可能避重就輕，略過數學論證或一般認知的面向。

　　然而，本書作者看來絕對不在這種關鍵處妥協！正如他的前一本數學（普及）小說《數學少女》一樣，在本書中，作者針對他認為必要的數學知識之說明，可以說極盡苦口婆心之能事，而且，他一點也不避諱抽象概念（及其符號）之引進。而這樣的一個有關內容之特色，當然就立刻區隔了本書與前兩本中譯英文書了。至於本書日文版的銷路呢，則從 2008 年 8 月 3 日初版發行之後，到了 2010 年 3 月 5 日為止，已經發行了第七刷了。可見，日本與美國在科普文化方面，呈現了相當大的對比。

　　儘管如此，本書在日本所以頗受歡迎，至少應該還有另外四個特色。首先，在人物個性的塑造與故事情節的安排上，本書都相當成功地結合數學知識活動中的提問（questioning）與解題（problem-solving），這種高中或國中學生主角的「現身說法」，無疑地發揮了極大的親和

力，甚至讓數學學習沒那麼機伶的一般學生，也容易產生共鳴。其次，本書所提供的解題或證明活動，也總是充分地配合人物個性與數學經驗，而呈現多面向的進路或方法，讓讀者可以從容分享。第三，本書總是適時地從高觀點（advanced standpoint）來歸納或提示一些數學（抽象）結構，讓讀者不至於迷失在徒然解題的迷魂陣中，而無法自拔。最後，作者也仿效類似網路「超連結」資訊的手法，鼓勵讀者進行形式推論（formal reasoning），即使不知道個別命題或定理之內容（content）為何。而這，當然也呼應了上述所強調的數學知識的結構面向（structural aspects）之意義。

根據網路相關資訊，作者的興趣與工作是「寫程式」與「寫書」，相當喜歡花好幾年的時間，不斷地重複閱讀同一本書。此外，他也熱愛巴洛克音樂，尤其是巴哈的《賦格的藝術》與《音樂的奉獻》。他也會吹奏木笛（recorder），還喜歡看電影和散步。上述這些有關他個人的素描，相當具體地反映在本書的形式與內容上。一般而言，寫程式的人難免有一點「匠氣」，似乎比較不易被數學結構所吸引。然而，結城浩愛好巴洛克與巴哈的音樂——樂曲以簡單、對稱、優雅與結構謹嚴著稱，則相當可以解釋他在本書敘事時，何以那麼重視數學結構！

總之，這是一本極具「膽識」的數學小說。作者書寫初衷當然意在數學普及，只不過，顯然由於日本科普文化的成熟度，使得他敢於運用具體的數學知識及其論證之鋪陳為進路，說明費馬最後定理的證明架構。為了不讓本書第 9 章這些相當「形式」的推論顯得空泛，作者在前八章中，就非常努力地引進必要的預備知識，其中所涉及的，都是讀者適當統整高中數學知識之後，即可理解的內容與方法。當然，那些材料所訴求的意義，才是作者最念茲在茲的學習標的。另一方面，本書文字優美、敘事流暢，相關的文學比喻（literary metaphor）也極富想像力，足見作者的書寫創作能力極佳。因此，本書無論從數學普及或數學小說的標準來看，都是十分優秀的作品。我們深信讀者一定可以從本書之閱讀，獲得相當深刻的數學經驗。而這，當然也是我極力推薦本書的主要原因。

給讀者

　　本書中出現有各式各樣的數學問題，從簡單到小學生都懂得的部分，到困擾了許多傑出數學家們長達 350 年以上待解的世紀之謎。

　　除了使用語言及圖形來表現故事主人翁的思考脈絡之外，另外也會使用到數學公式來做解說。

　　假如遇有無法理解數學公式涵義的時候，請不妨先跳過所卡住的數學公式，暫且隨著故事的情節發展往下走。蒂蒂和由梨會陪著你一起往前走。

　　對數學有自信的讀者們，在享受故事情節之餘，也不要忘了動動腦試著挑戰書中的數學公式！如此一來，你將可以體會到隱藏在故事背後其他的趣味之處。

　　或許有待暮然回首時你才會發現，自己正置身於這個巨大故事的情境裡，成為故事其中的要角之一呢！

前言

整數的世界。

我們數數。數鴿子、數星星、扳著手指細數假日的到來。童年的時候，不也常常被父母親叮嚀一定「泡澡要確實泡到肩膀」，而一邊忍耐著熱，一邊數到 10。

圖形的世界。

我們畫畫。利用圓規畫圓，利用三角板畫線段，為意外畫出了正六角形而感到驚喜不已。拖著雨傘在地上跑，畫著長長的、長長的直線。暮然回首，只見身後一輪紅彤彤的夕陽。掰掰三角形，明天再相見。

數學的世界。

數學家克羅內克曾經說過，整數是神所創造的。希臘的哲學家和數學家畢達哥拉斯（Pythagoras）將整數與直角三角形連結起來，代數之父丟番圖（Diophantus，希臘傑出的數學家）的著作《數論》（*Arithemetica*）上記載了畢氏定理的論證；而受到丟番圖著作啟發的費馬（Pierre de Fermat），則將畢氏定理演繹出了一個更神秘而美妙的證明。費馬一時心血來潮的小小惡作劇，卻意外地讓歷史上眾多優秀傑出數學家們的煩惱高懸了三世紀之久。

雖源於眾人皆知的畢氏定理，卻沒有人可以解開它，費馬最後定理可以說是數學史上的空前難題。要想解開費馬最後定理的懸問，就必須使用到所有的數學知識及理論。而如果我們只是將尋求費馬最後定理的

過程稱之為解謎，這也未免太輕蔑蔑視費馬最後定理了。

我們的世界。

我們漫步在探索「真實樣貌」的旅程中。發掘出已經遺失了的部分，並且再現那些已然消失了的部分。我們反覆體驗著一再的消失與發現，死亡與復活的過程。同時也體悟到了生命與時間的重量。

思考成長的意義，思索發現的意義。
探究孤獨的意義，瞭解語言的意義。

記憶總有如模糊朦朧的迷途。會清晰浮現在腦海裡的唯有───閃耀而璀璨的銀河。溫暖的雙手、因為緊張而微微顫抖的聲音、栗褐色的長髮……正因為如此，我的記憶也將經由這些部分開始回溯。

而一切的一切，都是從那個星期六的午後開始的──

C O N T E N T S

第 6 章　交換群的眼淚

第 7 章　視髮型為模數

第 1 章

將浩瀚的無窮宇宙放在掌心上

各位，有人說它像是一條河，

也有人說它像是牛奶淌流過後的痕跡，

但這白茫茫的一片究竟是什麼？有人知道嗎？

——宮澤賢治《銀河鐵道之夜》

1.1 銀河

「哥哥，真的是好壯麗哦！」由梨讚嘆著說道。

「是啊！到底有多少顆星星呢？怎麼數也數不完！」我回答道。

由梨是國中二年級生，而我則是高中二年級生。

儘管由梨對我總是「哥哥」地叫個不停。但我和由梨並不是親兄妹。

我的母親和由梨的母親是姊妹。換句話說，我和由梨是表兄妹。

住在附近的由梨，小我三歲，我們兩個從小就玩在一起。而由梨也一直很仰慕與崇拜我。這或許是因為由梨和我都是獨生子、女的關係吧！

由梨很喜歡我那擺滿了許多書的房間。也因此，每到了假日由梨總愛窩在我的房間裡看書。

那一天也像平常假日一樣，我們一起翻閱星星圖鑑。在那本大型圖鑑裡，刊有許多星星的照片。天琴座（Vega，織女星）、天鷹座（Altair，牛郎星）、天津四（Deneb，天鵝座）。南河三（Procyon，小犬

座）、天狼星（Sirius，大犬座）、參宿四（Betelgeuse，獵戶座 α 星）……。所謂星星的照片，雖說只不過是光點的集合，但這些好像有規則，又好像沒有規則的美麗光點，總是叫我們心醉神迷。

「抬頭仰望夜空的人，有分為『數星星的人』及『勾勒星座的人』兩種類型。數星星的人和勾勒星座的人，哥哥你是屬於哪一種類型？」

「我大概是數星星的人吧！」

1.2　發現

「哥哥，高中的功課很難嗎？」一邊甩著栗褐色的馬尾，一邊將圖鑑塞回書架，由梨問道。

「功課？並沒有由梨想得那麼難哦！」我一邊擦拭著眼鏡一邊回答由梨的問題。

「但是，書架上的書每一本看起來都好難哦！」

「架上那些書，與其說是學校的教科書，倒不如說是我感興趣、喜歡看的書。」

「感興趣、喜歡看的書反而比較難?!好奇怪哦！」

「因為感興趣喜歡看的書，它們的內容總是超越了自己理解力的緣故啊。」

「還是老樣子，以數學的書居多呢……」由梨的目光一一掃過書架上的書。為了看清楚擺在較高書架上那些書背上的字，由梨努力地伸直了背。身上那件窄管藍色牛仔褲，非常適合穿在體型窈窕纖細的由梨身上。

「由梨，討厭數學嗎？」

「數學？」由梨轉過身來面向我。「不會啊！說不上喜歡，也說不上討厭。哥哥──你應該是很喜歡對吧！」

「嗯，哥哥我很喜歡數學唷！學校的課結束後，也都會留在圖書室裡演算數學。」

「耶……」

「圖書室位於學校建築的角落，夏涼冬暖，所以我最喜歡圖書室

了。每次去圖書室時，我都會帶著自己喜歡的書。通常大多是數學的書。還有筆記本和自動鉛筆。在那裡，推演算式，然後，沉思……」

「唔……不是寫作業，而是推演算式喔？」

「嗯！回家作業會在下課時間完成，而放學後則是推演算式。」

「那樣做……很快樂嗎……」

「有時候也要畫圖。偶爾，還會發現美麗的東西。」

「咦？只是自己在筆記本上面寫一寫，就會發現美麗的東西嗎？」

「嗯，發現了唷！很不可思議的東西。」

「……由梨也很想知道，該怎麼樣做才能發現美麗而不可思議的東西喵嗚～」

我這個小表妹，不知道為什麼總愛在撒嬌的時候說貓語。

「好啊！現在就來試試看嗎?!」

1.3　找出受到同伴排擠的數字

在桌上攤開了筆記本，我招了招手要由梨過來坐下。由梨拉了把椅子，咚的一聲就在我的左側坐了下來。一瞬間，洗髮精的香氣撲鼻而來。由梨從胸前口袋掏出了安全眼鏡戴上。

「奇怪？這個，是哥哥的字嗎？」

由梨盯著筆記本上娟秀的字跡叫出聲來。啊，是米爾迦的……

「不是。這是哥哥的朋友寫下的謎題。」

「咦？好漂亮的字哦！簡直就像是女孩子寫的一樣。」

那是因為這的確是女孩子寫的字啊！我在心裡默默地回答。

下列數字中，受到同伴排擠的數字是哪一個？		
101	321	681
991	450	811

「哥哥，這是什麼樣的一個謎題啊？」

「嗯，這個謎題是要找出**受到同伴排擠的數字**。在這裡，排列有六個數字對吧！101、321、681、991、450，還有 811。在這些數字當中，只有一個數字『受到同伴的排擠』。而這個謎題就是要找出那個數字。」

「太簡單啦！答案是 450。」

「嗯，正確解答。受到同伴排擠的數字就是 450。理由是什麼呢？」

「只有 450 的尾數不是 1，其他五個數字的結尾都是 1。」

「說得很對……那麼，看妳可不可以再解開下一個謎題呢？這個謎題也是我朋友出的題。」

下列數字中，受到同伴排擠的數字是哪一個？

11	31	41
51	61	71

「咦……？全部數字的尾數都是 1 耶！」

「嗯，這題的規則和上一題『受到同伴排擠數字』的規則不一樣哦！謎題不同，受到同伴排擠的理由也會不一樣。」

「……我不知道！哥哥知道嗎？」

「嗯，馬上就知道了。51 就是那個受到同伴排擠的數字。」

「咦？為什麼？」

「只有 51 不是**質數**。因為 51 可用因式分解成 $51 = 3 \times 17$，所以 51 是合成數。而其他的數字全都是質數。」

「由梨聽得懂嗎？這樣的解說！」

「那麼，下一個謎題的狀況又是如何呢？」

> 下列數字中，受到同伴排擠的數字是哪一個？

100	225	121
256	288	361

「嗯～哥哥，那個受到同伴排擠的數字應該是 256 對吧！其他的數字都並列有兩個相同的數字。像是 100 的 00、225 的 22、288 的 88 之類的。都有相同數字並列著不是嗎？」

「咦？不過，121 的數字沒有並列哦！」

「唔～那是因為有兩個 1 出現，所以即使沒有並列應該也沒關係吧！」

「這樣的話，361 又該怎麼解釋呢？」

「唔……」

「在這個謎題中，受到同伴排擠的數字是 288 唷！」

「為什麼？為什麼？」

「因為只有 288 不是平方數。換句話說，也就是 288 無法變成某個整數的平方。」

$$100 = 10^2 \qquad 225 = 15^2 \qquad 121 = 11^2$$
$$256 = 16^2 \qquad 288 = 17^2 - 1 \qquad 361 = 19^2$$

「……喂，我說哥哥。答得出來的人才奇怪吧！這麼難的問題。」

「這個答案嗎？哥哥我可是花上了一整天的時間才解開的呢！」

> 下列數字中，受到同伴排擠的數字是哪一個？
>
> | 239 | 251 | 257 |
> |-----|-----|-----|
> | 263 | 271 | 283 |

「居然花了一整天的時間來思考解答！哥哥你還真是叫人驚訝呢！」由梨說道。

這個時候，媽媽端著可可亞走進了房間。

「啊，不好意思！非常謝謝您！」

「腳不要緊吧？」媽媽關心地詢問由梨。

「嗯，不要緊～」

「什麼不要緊？」我問道。

「有的時候腳跟的附近會突然痛得很厲害！」由梨回答道。

「該不會是成長痛吧……」

「不要緊的！我已經預約好下週要去醫院檢查了。」

「這樣啊？……如果這個房間裡頭，有由梨會喜歡看的書那就好了。」媽媽望著我的書架說道。

「才沒有這回事呢！我，可是很喜歡哥哥書架上的書唷……啊，這杯可可亞，還真是好喝！」

「太好了！晚餐也要多吃點哦！」

「好的。老是這麼麻煩您，還真是不好意思呢。」

「有沒有什麼想吃的東西呢？」媽媽看著我們兄妹倆。

「這～樣啊！那就吃感覺健康一點的東西好了。」

「而且還要是，氣泡類的東西。」我說

「而且還要是，具異國風味的美食。」由梨忍不住嗤嗤地笑著。

「而且還要是，日式料理？」我也跟著笑了出來。

「喂，我說孩子們……你們兄妹倆到底把媽媽當什麼了？」

——好！就讓我來完美回應這些你們所開出來的，極為具體且富一貫性的要求吧！」

媽媽說完了這些話以後，便離開了房間。我們兄妹倆拍著手目送著媽媽離開。

1.4 時鐘巡迴

「謎題已經猜夠了啦！說說『美麗的發現』是怎麼一回事！」

「那麼，我們改聊聊時鐘巡迴的話題好了。」

「嗯！」

「像這樣，畫出一個圓——由梨應該知道圓吧！」

「當然知道！」

「畫一個圓來代替時鐘。從 12 點的地方開始，將 2 個點、2 個點連成一線。也就是——首先，要從 12 到 2 畫一直線；接著，從 2 到 4 畫一直線；然後，再從 4 到 6、6 到 8，以此類推地畫直線。這樣懂嗎？」

「懂啦！」

「繼續往前畫直線的話，結果會變成什麼樣呢？」

「畫完一圈回到 12 之後，就會形成一個六角形。」

「沒錯！轉完一圈之後，就會出現六角形。連結 2、4、6、8、10、12，結果就會跳過 1、3、5、7、9、11。」

「嗯，我懂。將偶數連結起來，就會跳過奇數。」由梨點著頭表示瞭解。

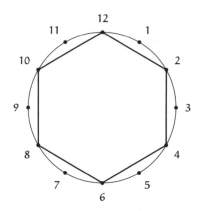

中間相隔一個點，用線將點連結起來

「沒錯！啊！由梨瞭解偶數奇數嗎？」

「喂，我說哥哥！從剛剛開始……你是不是一直都把由梨當做傻瓜啊？」由梨氣嘟嘟地鼓著雙頰問道。

「沒有！沒有！——那麼，接著我們再畫出另外一個時鐘。剛剛是用線將中間相隔一個點的地方連結起來，這次則是要用線將中間相隔兩個點的地方連結起來。這樣一來，依序連結 3、6、9，最後連結會回到 12。」

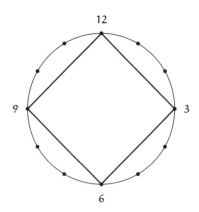

中間相隔兩個點，用線將點連結起來

「這次出現的是菱形耶！哥哥！」

「下一個，我們要將『**步數**』（Step Number）設為 4。」

「步數？」

「將『中間相隔三個點，用線連結起來』，就叫做『步數為 4』。——當步數為 4 的時候，就要將 4、8 還有 12 連結起來。」

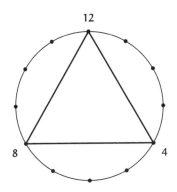

中間相隔三個點，用線將點連結起來（步數為 4）

「出現了三角形。」

「那，我要接著繼續囉！這次要中間相隔四個點，用線將點連結起來。換句話說，也就是——」

「也就是，步數為 5 對吧！」

「對！這次出現的結果很有趣哦！5、10、3、8、1、6、11、4、9、2、7 最後回到 12。」

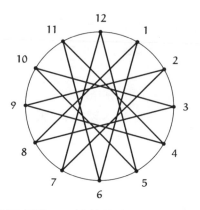

中間相隔四個點，用線將點連結起來（步數為5）

「哇！這真是讓人太意外了！好有趣哦！井然有序地環繞成一圈耶──」

「是啊！由梨剛剛所謂的『井然有序地環繞成一圈』，也就是說『循環了所有的數字』的意思，對吧！」

「嗯，對！環繞一圈的時候，沒有辦法剛剛好回到12，會偏離跳過12。再從偏離的那個數字開始移動──最後就會回到12。這麼一來，結果就經過了所有的數字。」

「是啊！這種鐘面數字盤上的所有數字可以被循環的情況，我們就稱之為『**完全循環**』。要是步數為5的話，就會出現完全循環了。」

「我懂了！」

「這次的步數是6囉！」

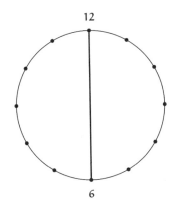

中間相隔五個點，用線將點連結起來（步數為 6）

「步數為 6，還真是無趣！那不就只有 6 和 12 了嘛！」

「那麼，這次由梨妳來畫畫看。哥哥我會在一旁觀看。」

「好，我知道了！只是試著畫看看而已哦──等等我看看，接下來步數是 7 對吧！從 12 開始，七個七個地向右前進。首先會遇到 7，接著是，我想想，是 2 嗎？接在 2 之後的是 9……9、4、11、6、1、8、3、10、5、12。啊，井然有序──所有數字都被循環到了。是完全循環！」

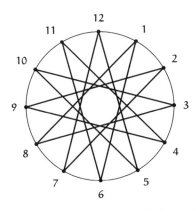

中間相隔六個點，用線將點連結起來（步數為 7）

「有沒有發現什麼東西？」

「什麼東西是指？」

「任何東西都可以。」

由梨看著圖形陷入了沉思。

我盯著由梨神情認真的側臉看。將栗褐色的長髮往後紮的由梨，戴著適合的鏡框，是個認真的國中二年級學生。

「唉唷！人家不知道啦！」

「試著將剛剛的步數 5 與步數 7 的圖形擺在一起看看。」

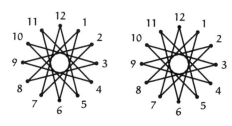

步數 5 與 7

「咦？……啊！順序剛好是完全相反過來的耶！七個七個往右前進地畫下來剛好跟五個五個往左前進的圖形是一樣的。」

「沒錯！那麼，接下來要畫的是步數 8——」

「啊！不行！不行！哥哥，你不可以畫！讓由梨來畫！這個圖形會跟步數 4 的相反呢！」

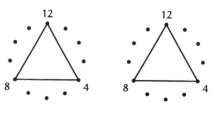

步數 4 與 8

「就是啊！」

「剩下全部，都讓由梨來畫唷！」

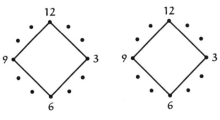

步數 3 與 9

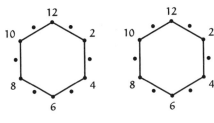

步數 2 與 10

「總覺得好有趣哦！」

「也畫畫看步數 1 與 11 的圖形，由梨！」

「啊，對啊⋯⋯。步數 1，不需要跳過任何數字，只要直接將點和點連起來就可以了。──唔，這也是完全循環的一種嗎？」

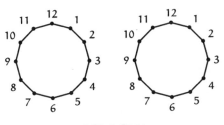

步數 1 與 11

「當步數為 6 的時候，可以說是將 6 本身及與 6 的配對連結在一起唷！由梨～」

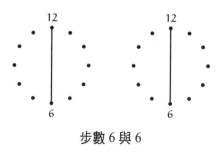

步數 6 與 6

「全部的組合都完成了呢！……沒想到，只是用自己的手畫的圖，居然會有如此驚人的發現！」由梨說道。

「妳倒不如說是，正因為自己動手來畫，才會有如此驚人的發現，來得貼切！」

1.5　完全循環的條件

「哥哥你在圖書室裡都在做這些嗎？」

「嗯。哥哥我啊，最喜歡這一類的遊戲了。開始玩時鐘循環遊戲的時候，我大概還是個國中生吧！當時我可是在筆記上畫了好多個像這樣的圖形呢！」

「那這些圖形有什麼樣的秘密？」

「的確好像有什麼規則似的。」

「嗯，好像有！」

「像是，什麼時候會出現『完全循環』？」

「我想想，就是當步數為 1、5、7、11 的時候，對吧？」

「是這樣沒錯……進行到這裡，先歸納整理一下好了。」

歸納會出現完全循環的步數

當步數為 1、5、7、11 的時候，就會出現完全循環。

當步數為 2、3、4、6、8、9、10 的時候，則不會出現完全循環。

「這不是剛剛就已經知道了嗎？」

「就算是已經知道的原理，也要好好歸納整理一下才可以唷！由梨。針對當步數為幾的時候會出現完全循環的具體例子進行整理。然後再從整理的結果當中，試著找出步數所擁有的法則。雖然『從實際具體的例子當中提出法則』即稱為『歸納』，但是為了進行歸納，還是有必要做更審慎的思考。由梨認為會成為完全循環的規則是什麼呢？」

問題 1-1（完全循環的規則）

完全循環是步數擁有何種性質的時候會出現的呢？

「雖然我搞不太懂，……但這簡直就像是，由梨和哥哥兩個人正聯手進行研究一樣。」

「由梨！不是好像在進行研究一樣，而是真正在進行研究唷！雖然針對的是這種小問題。」

1.6 在哪裡循環？

「我們試著將每一個會出現完全循環的步數羅列成表。不分先後順序。」

1	1	2	3	4	5	6	7	8	9	10	11	12
2	2	4	6	8	10	12						
3	3	6	9	12								
4	4	8	12									
5	1	2	3	4	5	6	7	8	9	10	11	12
6	6	12										
7	1	2	3	4	5	6	7	8	9	10	11	12
8	4	8	12									
9	3	6	9	12								
10	2	4	6	8	10	12						
11	1	2	3	4	5	6	7	8	9	10	11	12

「這個表格，該怎麼看才好呢？」

「最左側的列，由上往下縱排 1～11 的數字所代表的是步數。而右側由左向右橫排，且依照順序由小至大出現的數字，則代表該步數所循環的數字哦！例如當步數為 3 的時候，3、6、9、12 等四個數字就會依序羅列在表格上。——看了這個表格，有沒有發現什麼玄機？」

「……好像有倍數上的關係？」

「什麼意思？」

「嗯……搞不懂。」

「不可以唷！應該要把自己的想法好好地說明清楚才可以。」

「那個啊，我覺得所謂循環的數好像會成為『在循環的數當中最小數字』的倍數耶。」

「喔～例如呢？」

「例如，由上面算來第二行的地方，2、4、6、8、10、12，這些數字全部都是 2 的倍數。然後是剛剛哥哥也提到過的，從上面算來第三行的 3、6、9、12，也全部都是 3 的倍數對吧！因此，當左邊的數字是 1 的時候，全部數字就會輪流出現一遍。也就是完全循環。例如，在步數為 1、5、7、11 的部分。這幾行把 1～12 全部的數字都羅列出來了。因為，所有的自然數都是 1 的倍數嘛！」

「原來如此！的確好像是這樣呢！我們把 1、5、7、11 的部分特別
獨立出來看好了。」

```
 1 │ 1  2  3  4  5  6  7  8  9  10  11  12
 5 │ 1  2  3  4  5  6  7  8  9  10  11  12
 7 │ 1  2  3  4  5  6  7  8  9  10  11  12
11 │ 1  2  3  4  5  6  7  8  9  10  11  12
```

「你看！你看！」

「真的耶！步數會出現完全循環的那一行，一定都會包含 1；而步
數不會出現完全循環的那一行，則不包含 1……」

「嗯嗯，這個就可以成為問題1-1（完全循環的規則）的解答了
吧！」

「不，這個並不是答案。問題所求的是步數的性質。所以，我們必
須得說出在步數等於幾的情況下，循環數中會出現 1。」

「……那是什麼意思？哥哥！」

「『在循環數中最小的數』，我們稱之為『**最小循環數**』。從由梨
剛剛的發現來看，當『最小循環數』等於 1 的時候，就會出現完全循環
對吧！」

「是啊～」

「問題要問的就是，能不能從『步數』計算出『最小循環數』呢！
我們試看看從到目前已經研究的部分開始，將由『步數』對應到『最小
循環數』的排列組合寫下來好了。那麼，妳知道『最小循環數』的計算
方法嗎？」

「步數」→「最小循環數」

1 ⟶ 1

2 ⟶ 2

3 ⟶ 3

4 ⟶ 4

5 ⟶ 1

6 ⟶ 6

7 ⟶ 1

8 ⟶ 4

9 ⟶ 3

10 ⟶ 2

11 ⟶ 1

「唔，不知道耶！剛開始 1、2、3、4 依序出現，但緊接著又突然回到了 1 對吧！」

「來，給你提示。時鐘上的『數字盤裡的數字』從 1～12 共有十二個對吧！請試著配合這十二個數字一起進行思考看看。」

「數字盤裡的數字」→「步數」→「最小循環數」

12與1 ⟶ 1

12與2 ⟶ 2

12與3 ⟶ 3

12與4 ⟶ 4

12與5 ⟶ 1

12與6 ⟶ 6

12與7 ⟶ 1

12與8 ⟶ 4

12與9 ⟶ 3

12與10 ⟶ 2

12與11 ⟶ 1

由梨用手指玩弄著自己的馬尾沉思了一會兒。

「唔唔……。唔唔唔唔……。倍數……？左邊的數字，好像會成為右邊數字的倍數的樣子。」

「喔喔～」

「例如，看到由下往上第四行的部分，左邊是 12 與 8，而右邊是 4 對吧！12 與 8 這兩個數字都是 4 的倍數呀！」

「原來如此！的確好像真的是如此呢……」

「啊！這個我在學校學過耶！我想想，叫公倍數──不對，剛好相反，是叫公因數才對。右邊的『最小循環數』是左邊兩個數字的因數……因為同時是兩個數字的因數，所以才叫公因數！12 與『步數』──換句話說，『數字盤裡的數字』與『步數』的公因數，就會成為『最小循環數』！」

「真厲害！但很可惜還差那麼一點點！並不只是公因數那麼簡單！」

「咦──啊，原來如此！是**最大公因數**啦！」

「是啊！那麼，時鐘會出現完全循環，是在什麼時候呢？」

「最大公因數為 1 的時候。當『數字盤裡的數字』與『步數』的最大公因數為 1 的時候，就會出現完全循環。」

「是的！完全正確！」

「太棒了！」

> **解答 1-1（完全循環的規則）**
> 時鐘會出現完全循環，是在「數字盤裡的數字」與「步數」的最大公因數等於 1 的時候。

「總而言之，『互質』的時候就會出現完全循環。」

「互質？……是什麼意思啊?!」

「『最大公因數為 1』就叫做**互質**唷～」

> **互質**
> 自然數 a 與 b 的最大公因數等於 1。
> 這個時候，我們稱 a 與 b 為**互質**。

「例如，12 與 7 的最大公因數等於 1。也因此，12 與 7 就是互質。另外，12 與 8 的最大公因數等於 4。所以，12 與 8 不為互質。只要使用了互質的表達方式，就可以像這樣將完全循環表現出來——時鐘會出現完全循環，只有在『數字盤裡的數字』與『步數』互質的時候才會發生。」

> **解答 1-1a（完全循環的規則）**
> 時鐘會出現完全循環，是在「數字盤裡的數字」與「步數」互質的時候才會發生。

「嗯。互質嗎？」

「由梨還真是了不起呢！總會開口問『這是什麼意思？』以求確認清楚。剛剛不也是在我列完數字表的時候，開口問了『該怎麼看才好呢？』以求確認嗎？當不太懂那是什麼意思的時候，好好地做確認是相當重要的！由梨是那種『凡事會仔細確認的人』呢！」

「那是因為，由梨是個大笨蛋，不懂的地方實在是太多了嘛！」

「由梨並不是大笨蛋哦！不懂的地方就說『不懂』，這是正確的。真正的笨蛋，是那些明明就不懂還要『裝懂』的人唷～」

「喵哈哈……。明明都說了『不懂』還被誇獎，這種話也只有哥哥你才說得出來呢！但是，被誇鏘鏘鏘還是很開心的喵～」

「誇鏘鏘鏘？」

「沒關係啦！人家害羞嘛！你就別打破沙鍋問到底了啦！」

1.7　超越人類的極限

「哥哥，這個時鐘循環也是……數學嗎？」

「是啊！我認為這是個很奧妙的數學問題唷！」

「可是，該怎麼說呢？……畫時鐘、一圈圈地來回旋轉、製作表格……這麼做雖然有趣，但總覺得像是在遊戲一樣耶！這個，真的是數學嗎？數學究竟是什麼呢？」

「要問什麼是數學？還真是一言難盡。但研究調查整數的性質及關係，可以說是數學的一件大事呢！這些是屬於**數論**的領域。而剛剛由梨和我兩個人一起畫了圖、列了表格、推測了數字的性質，並試著從中發現法則……雖然的確感覺很像是在遊戲，但我認為這就是數學的基礎。一開始並沒有什麼一般的規則。藉由具體的特殊的事實推導到一般的規則，這就是歸納唷！而所謂的『**從特殊推論到普遍**』，正是歸納所強調的。」

「咦？是這樣子的嗎？」

「──那我換個方式說好了。數字盤裡頭的數字通常就只有十二個對吧！只有十二個的話，因為數量很少，所以可以用自己的眼睛一一確

認所有的步數，會不會出現完全循環的狀況。可是，當數字有一百個的話，狀況又會變成什麼樣呢？但如果真變成那種狀況的話，也不能稱為時鐘了！如果數字有一千個的話、有一億個的話……想想看。那個時候，步數要在幾的情況下，才會出現完全循環呢?!」

「數字那麼多的話就無法一一嘗試了，對吧！」

「沒錯！實際上是無法嘗試的。──可是呢！即使無法經由畫圖形來進行實際的確認，但只要能夠求出『數字盤裡的數字』與『步數』的最大公因數，就能知道是不是可以循環全部的數字了。儘管自己無法親自嘗試，儘管世界上沒有任何一個人可以去嘗試，但還是能夠知道答案。這就是數學的力量。」

「……」

「只要能看透隱藏在問題裡的數字規則，就能夠一眼望穿自己無法去到的未來或世界的盡頭。」

「看透規則……」

「數學擁有**無限性**。將無限的時間摺疊，放入信封裡也好；將浩瀚的無窮宇宙放在掌心上，歌詠它也罷，這些都是數學的趣味所在。」

「是嗎……」

「數學還真是驚人呢！」我說。

「數學雖然很驚人，但我更覺得光聊數學就可以聊得這麼開心的哥哥，更叫人感到驚訝呢！居然可以比學校的老師還要熱血，真是嚇倒我了，喵嗚……」由梨一臉的笑。「哥哥以後就去當學校的老師好了！反正你很會教人。如果哥哥是老師的話，由梨的成績一定可以突飛猛進的。」

「可是，等到我成為老師的時候，由梨都畢業了呢！」

「啊，對啊……」

由梨摘下了眼鏡，緩緩地將眼鏡放回了胸前的口袋。不知道為什麼突然扭扭怩怩了起來，一副欲言又止地玩弄著自己的頭髮。沒過多久，便突然地改變了話題。

「……哥哥，一直喊你『哥哥』會不會顯得由梨太孩子氣了啊！」

「沒這回事啦！由梨喜歡怎麼喊就怎麼喊。」

「嗯。說得也是呢！……哥哥！」

「怎麼了？」

「我說啊……」

「嗯？什麼？」

「……知道由梨現在在想什麼嗎？」

我盯著由梨看，由梨也盯著我瞧。她將手往腦後伸去，一把抓起了頭髮，俐落地紮起了馬尾。看上去還真是像隻小馬的尾巴呢！由梨的髮色雖然是栗褐色的，但是隨著光線的變化，不時地閃現著金色的光澤。

「……由梨在想些什麼呢？」我問道。

「跟你說哦……不要，人家我才不告訴你喵～」

由梨說著說著笑了起來，還露出了兩顆可愛的小虎牙。

1.8　真實樣貌是什麼，你們知道嗎？

「話說回來，足足花了哥哥一整天才解開的受到同伴排擠的謎題，答案我還不知道呢！」由梨說道。

> 下列數字中，受到同伴排擠的數字是哪一個？
>
> | 239 | 251 | 257 |
> |-----|-----|-----|
> | 263 | 271 | 283 |

「已經瞭解的話，就簡單多了。239、251、257、263、271、283 這六個數全部都是質數。因為在所有的質數中，只有 2 是偶數；當然，這六個數全部都是奇數。換句話說，也就是用 2 除的時候，所得餘數為 1。」

「嗯，那是理所當然的好不好！」

「那麼，不要『用2除時的所得餘數』來思考，改『用4除時的所得餘數』來思考的話，將它們羅列成表格，就會變成這個樣子。」

$$239 = 4 \times 59 + 3 \quad 251 = 4 \times 62 + 3 \quad 257 = 4 \times 64 + 1$$
$$263 = 4 \times 65 + 3 \quad 271 = 4 \times 67 + 3 \quad 283 = 4 \times 70 + 3$$

「咦？有什麼地方不一樣嗎？」

「在這六個數字當中，只有257被4除之後，餘數是1。而剩下的其他五個數字，被4除之後，餘數都是3。」

「啊，的確是這樣耶！但可是，哥哥……這種地方，一般人不會察覺得到吧！不覺得有種牽強附會的感覺嗎？用4去除，真的有這麼重要嗎？」

「可是……當一組自然數出現的時候，一般人通常馬上就會聯想到『這是偶數？還是奇數？』對吧！因為這是利用2除的所得餘數來進行的分類。偶數的話，餘數為0；奇數的話，餘數則為1。而之所以會利用4除的所得餘數來進行分類，道理其實跟前者很像。因為利用4去除以奇數的時候，餘數不是1就是3。而我竟然花了一整天的時間才發現到『可以利用4除的所得餘數來進行分類』。這讓我十分懊惱。」

「我說哥哥你還真是喜歡數學呢！總覺得哥哥的談話內容，會讓人開心起來。只要是由梨想知道的事情，哥哥就會馬上教我。由梨不過稍微提了一下，哥哥就會告訴我像時鐘循環這樣的例子。一聊到數學的話題，哥哥總能熱血地侃侃而談……真想讓哥哥教我更多更多有關數學的事呢……！對了！哥哥不用當學校的老師也沒有關係！乾脆來當由梨專屬的私人家教不就得了！」

「可是，有人教固然很重要，但自己思考也同樣很重要哦！儘管再怎麼理所當然的事情，也要隨時以『這是真的嗎？』的態度來尋求確認，這一點非常重要。」

「簡直就像『貓咪老師』一樣呢！」

「貓咪老師？」

「在爸爸收藏的一卷老動畫裡出現過的『貓咪老師』。我想想，牠

說了這些台詞哦！」

　　　　各位同學……
　　　　這白茫茫的一片究竟是什麼？有人知道嗎？

「白茫茫的一片？」我反問由梨。

「嗯，指的就是銀河啊！雖然被稱為河，但卻不是真的河流。銀河的真實樣貌，其實是由無數的小星星集合而成的對吧！我想貓咪老師真正要說的應該是請看銀河的真實樣貌。——被貓咪老師點到的喬凡尼不知道銀河真實的樣貌。但是呢！事實上貓咪老師也不知道銀河真正的真實樣貌是什麼哦！不久之後，喬凡尼便搭著銀河鐵道去體驗銀河了……」

「這些內容不就是宮澤賢治寫的？」

「啊，就是那個。《銀河鐵道之夜》！」

「『真實樣貌是什麼？有人知道嗎？』這還真是一個好問題呢！對『真實樣貌』採取詰問的姿態啊……」

　　　　白茫茫一片的「真實樣貌」。
　　　　名為數字的「真實樣貌」。
　　　　我們本身的「真實樣貌」。
　　　　……

這個時候，聽到從廚房傳來了母親的喊聲。

「孩子們，吃飯囉！既健康又帶有氣泡類食物的特性，且深具異國風情的日式料理——麻辣茄子咖哩！」

> 高斯行經過的道路，即有數學的進展。
> 這一條路是歸納的。
> 從特殊推論到普遍！這正是歸納的口號。
> ——高木貞治

第 2 章
畢氏定理

於是，坎帕奈拉不停地轉動並不時地查看著，
變成了圓板一般的地圖。
在那裡頭確實有一條鐵道
沿著那片白茫茫的銀河左岸，
一路往南無限延伸。
——宮澤賢治《銀河鐵道之夜》

2.1 蒂蒂

「學長！」

「咦？」

「啊……讓你嚇了一跳真是不好意思。」蒂蒂抱歉地說道。

現在是午休時間，這裡是學校教室的頂樓，我和蒂蒂一起吃午餐。風雖然有點冷，但天氣晴朗得讓人感覺很舒服。蒂蒂吃的是便當，而我則啃起了麵包。

「不會。嗯……我剛剛在想家裡親戚的事情。」

「是這樣啊！」

蒂蒂笑咪咪地繼續吃著便當。

蒂蒂高中一年級，是小我一屆的學妹，有著一頭短髮和大大的眼睛，嘴邊總是不時掛著微笑。我們常一起唸數學，是和我感情很要好的一個身材嬌小的女孩。雖然大部分的時間都是我在教她，但有時她也會突然靈光乍現地蹦出一些天馬行空的想法，偶爾讓我驚豔不已。

「對了！村木老師的卡片呢？」

「是是是！我早準備好了。」

蒂蒂拿出了卡片，在那張卡片上面只寫著一行字。

問題 2-1

畢氏三元數（Pythagorean triples）是否存在有無窮多組？

「這一次的問題也……很短。」

「是真的很短……」

蒂蒂嘴裡一邊吃著日式蛋捲，一邊開口說道。

「蒂蒂，妳知道畢氏三元數嗎？」

「當然知道！直角三角形斜邊的平方等於兩股平方和，對吧！而且，和斜邊相對的角一定會是直角。」

蒂蒂用手中的筷子在空中畫了一個大大的直角三角形。

「……」

「咦？說錯了嗎？」

「妳說的那個是畢氏定理……」

畢氏定理

直角三角形的三邊中，兩股長之平方和等於斜邊長之平方。

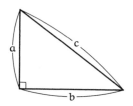

$$a^2 + b^2 = c^2$$

「畢氏三元數」（Pythagorean triples）和畢氏定理（Pythagorean theorem）不一樣嗎？」

「嗯，兩者之間是有所關連啦！所謂的畢氏三元數，指的是三個自然數，若可以構成直角三角形各邊的長度，這一類的三個自然數組便稱為畢氏三元數。」

我解釋一下畢氏三元數的定義。

畢氏三元數

當 a, b, c 為自然數，且滿足

$$a^2 + b^2 = c^2$$

的關係式。這個時候，(a, b, c) 這三個數字即稱為**畢氏三元數**。

「而原始畢氏三元數的定義則是這樣的。」

原始畢氏三元數

當 a, b, c 為自然數，且滿足

$$a^2 + b^2 = c^2$$

的關係式。此外，a, b, c 的最大公因數等於 1。

這個時候，(a, b, c) 這三個數字即稱為**原始畢氏三元數組**。

「換句話說，當直角三角形的三個邊為自然數的時候，這三個數字的組合就是畢氏三元數。再加上如果這三個自然數的最大公因數等於 1 的話，這三個數字則叫做原始畢氏三元數組。而村木老師的問題要問的是，像這一類的原始畢氏三元數組是否存在有無窮多組？」

「是……不、不是。我不是很懂『最大公因數為 1』的意思……」

「那麼，我來舉個例子好了。例如，$(a, b, c) = (3, 4, 5)$ 個數組是畢氏三元數對吧！因為

$$3^2 + 4^2 = 5^2$$

的關係式是成立的。試著計算的話，就會發現 $9 + 16 = 25$，這麼一來便能馬上瞭解了。$(3, 4, 5)$ 不僅是畢氏三元數，也是原始畢氏三元數組。3、4、5 的最大公因數——換句話說，也就是可以同時整除這三個數字的最大數字是 1，對不對!?」

「……學長，我理解得比較慢，對不起！可是，畢氏三元數與原始畢氏三元數組哪裡不一樣，我還是沒有搞懂……」

「沒關係！不懂也不是什麼壞事。我再舉個例子來說明好了。$(3, 4, 5)$ 不僅是畢氏三元數，也是原始畢氏三元數組。可是，當我們分別把這三個數都乘以 2 變成 $(6, 8, 10)$ 的話會怎麼樣呢？此時 $(6, 8, 10)$ 雖然還是畢氏三元數，但卻不是原始畢氏三元數組了。」

「我算算，$6^2 = 36, 8^2 = 64, 10^2 = 100$。那麼，因為 $36 + 64 = 100$ ……的確，

$$6^2 + 8^2 = 10^2$$

是成立的。所以，(6, 8, 10)可以說是畢氏三元數。嗯，到這裡為止我還能夠理解。可是，因為 6、8、10 的最大公因數為 2，所以(6, 8, 10)不是原始畢氏三元數組……。所謂的原始畢氏三元數組，指的是三個數同時都只能被 1 除盡，對吧！」

「對！而村木老師的問題要問的是，像這一類的原始畢氏三元數組是否有無窮多組。」

蒂蒂一言不發地陷入了沉思，一臉認真的表情。原本將筷子放在嘴邊的蒂蒂，怎麼樣都沒有辦法讓嘴巴闔起來；不多久，她帶著一臉懷疑的表情脫口說道。

「學長，好奇怪哦……在直角三角形 a、b、c 三個邊之間，一直存在有 $a^2 + b^2 = c^2$ 的關係對吧！因此，只要不斷地轉換邊長的長度，自然也就可以形成無數個不同的直角三角形，那麼理所當然的原始畢氏三元數組就有無窮多組啊……？」

「靜下心來想想原始畢氏三元數組的條件吧。」

「咦？……啊，不對不對不對不對不對不對不對！」

蒂蒂不斷地來回揮動著手中的筷子。

「『不對』連說了七次。是質數！」我說道。這女孩還是沒有變，冒冒失失的……說不定由梨還比較沉穩鎮定呢！「忘記條件的蒂蒂」依然健在。

「我居然忘了，自然數的條件！因為三個邊當中的兩個邊是自由選擇的，所以會出現自然數。可是，在這個時候剩下的那個邊也一定要是自然數才行啊……」

「沒錯！如果解開這個問題的話，就要從找出更多像(3, 4, 5)這一類的原始畢氏三元數組開始著手。」

「我懂了！就像學長常常掛在嘴邊的那句話，

　　　『舉例說明為理解的試金石』。

對吧！為了進一步確認自己到底懂了沒有，必須要製作實際例子——」

　　蒂蒂真的是一個直率而活力充沛的女孩。可是……

　　「蒂蒂，太危險了！筷子不要這樣揮來舞去的。」

　　「啊……對不起。」

　　蒂蒂慌慌張張地放下了手，整張小臉染上了一片緋紅。

2.2　米爾迦

　　「到哪裡去了？」

　　我一回到教室，米爾迦立刻向我靠了過來。

　　米爾迦高二，是和我同班的才女，尤其擅長數學，可以說是個高手。一頭烏黑的長髮，臉上掛著一副金框眼鏡，擁有高挑的身材和美麗優雅的儀態。米爾迦只要一走近我，身邊的空氣就會立刻緊張地凝結起來。

　　「頂樓……」

　　「待在頂樓，大中午的？」

　　她的臉貼近我，若有所思地深深望進了我的眼底。從她身上傳來的柑橘香氣漸漸變濃郁。銳利的眼神似乎將我看穿，毫無保留地刺進我的心裡。糟糕！我好像激怒她了。

　　「嗯……」

　　「居然……瞞著我？」米爾迦懷疑地瞇起了眼。

　　「嗯……妳想想看，午休的時候米爾迦不是沒有在教室裡嗎？所以，我猜想妳可能是到永永班上去了。」

　　到底為什麼要這樣拚命地找藉口解釋呢？不知道為什麼？我總覺得自己在米爾迦面前抬不起頭。

　　「我剛剛去了教職員室。」米爾迦臉上的表情和緩了下來。「我把這段期間的報告送去給村木老師看，一如往常地，新的卡片來囉！是個很奇妙的問題。」

　　村木老師是我們的數學老師。雖然是個古怪的傢伙，但是他很喜歡我和米爾迦，總是給我們出些耐人尋味的數學作業。雖然這些數學作業跟上課或考試的內容完全無關，但總能讓我們感到神清氣爽，精神為之

一振。我和蒂蒂及米爾迦，對於能和這樣的村木老師交手比畫相當樂在其中。

米爾迦把手上的卡片遞給我。

> **問題 2-2**
> 以原點為中心的單位圓周上，是否存在有無窮多個有理點？

「所謂的**有理點**……是指 x 座標與 y 座標上的點都是有理數對吧！」我說道。而有理數是可以用 $\frac{1}{2}$ 或 $-\frac{2}{5}$ 等整數比，也就是以分數形式來表示的數。因此，有理數在座標上所形成的點，即稱為有理點。

「沒錯！」米爾迦點頭表示贊同。在以原點為中心的單位圓周上，很明顯的有 $(1, 0)$、$(0, 1)$、$(-1, 0)$、$(0, -1)$ 等四個有理點。而問題是除了這四個有理點之外，是不是有『無窮多個』有理點呢？」

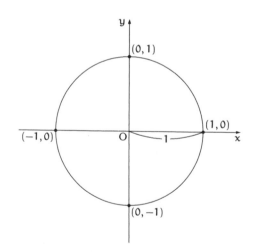

以原點為中心的單位圓，及四個明顯的有理點

以原點為中心的**單位圓**——即半徑為 1 的圓——其與座標軸相交的點的確為有理點。因此，0、1、−1 這些整數也是有理數的一種。

「這麼說起來，單位圓周上的有理點似乎真的有無窮多個呢……」我像是有點半自言自語地說道。

「為什麼？」米爾迦的眼鏡反射著光。

「因為，根本沒有辦法畫出，可以穿越這些排列滿滿的有理點之間的圓來……了嗎？」我回答道。

「那樣的解釋根本稱不上是數學。」米爾迦用手指直直地指向我。「用我們的手也好，用圓規也好，都是無法畫出真正的圓的。而在現實世界中，不管我們把圓畫得多麼正確，還是不知道有理點到底有沒有通過——對不對？」

「嗯，說得也是。」我承認了自己的錯誤。真正的圓的樣貌……。

「可是，在我們的現實世界中存在有強大無敵的優秀道具——我們有數學。不是嗎？」

「……我懂了啦，米爾迦。我剛剛做了輕率的發言。不管怎麼樣，當 a、b、c、d 為整數時，用 $(\frac{a}{b}, \frac{c}{d})$ 之類的形式來表示點的座標，再從單位圓周的條件中拚命努力計算的話，不就可以懂了嗎！」

「這樣啊……的確方法還不賴。」米爾迦用像是吟頌詠唱的方式做出了宣言。

「整數的構造，用質因數來表示」。

「有理數的構造，用整數比來表示」。

然後，米爾迦惡作劇似地揚起了嘴角接著說。

「原本，我想的是別的事情。」

「別的事情指的是什麼？」

「你啊！中午是不是一個人吃著午餐呢？之類的——」

「咦？」冷不防地就遭到暗算了呢！

「——或者是，圓周上的有理點可不可以跟『無窮多個什麼』對應之類的。」米爾迦斷然地將話題又轉回了數學上。

「午餐是和蒂蒂在頂樓一起吃的……」

「正直而老實的人啊！我將授予你騎士的封號及寶劍。」

說著說著，米爾迦在我眼前伸手拿出了雀巢奇巧巧克力（Kit Kat）。

我畢恭畢敬地接受了米爾迦所冊封的巧克力。

下午的上課鈴聲響起。

我已經不知道什麼是什麼了。

2.3 由梨

「啊，哥哥你來啦！好開心喵～」由梨說道。

「身體感覺怎麼樣？」

放學後，我從學校搭乘巴士前往中央醫院。

我一走進病房，由梨便摘下了臉上的安全眼鏡，一臉雀躍地露出了微笑。由梨好像是半躺在病床上看書的樣子，馬尾上綁著黃色的絲帶。

「不知道為什麼，問題居然變得這麼嚴重！」由梨說道。

是幾天前的事──一起吃過茄子咖哩的第二天──由梨便進了醫院檢查腳痛的問題。可是，沒想到就這樣直接住了院。據說是因為檢查出了腳骨出現異常的關係。

「妳好！由梨妹妹，很高興認識妳！」

蒂蒂從我的身後露出臉來跟由梨打招呼。

「哥哥，這一位是……？」

「這是我的學妹蒂蒂。我們兩個人一起來探望妳啊！」

「由梨，這束花送妳。」

蒂蒂將在花店買來的小花束遞給了由梨。由梨接過了花束，沒說話只點頭，勉強算是打了招呼。

「學長？由梨喊你哥哥是？」蒂蒂問。

「我和由梨是表兄妹，從以前由梨就習慣這麼叫我。」

我在一旁的折疊椅上坐了下來。跟著坐下來的蒂蒂不時地在病房內左右張望著，好奇地四處打量著。

「……前幾天一起做過的時鐘循環問題，真的是好有趣呢！」由梨

開口說了話。「『數字盤裡的數字』與『步數』互質的話，就會出現完全循環對不對!?由梨最喜歡聽哥哥談論數學了！哥哥可是我專屬的私人家教呢！」

「學長的教法真的是很厲害呢！我也從學長那裡——」

「我說哥哥！」由梨打斷蒂蒂的話。「那一天晚上，我們一起吃的麻辣咖哩，還真的是很辣對不對!?因為實在是太辣了，害我還狂喝了好多水呢！然後，吃過晚飯從哥哥那裡還聽到了費馬最後定理的故事，非常的有意思呢……只要將畢氏定理方程式的次數改變，這個方程式在任何情況下就不會有自然數的解，這一點相當的不可思議，喵嗚……」

由梨雀躍的語氣，讓蒂蒂只好保持緘默。當尷尬不愉快的氣氛正要開始瀰漫整個病房的時候，由梨的母親恰巧走了進來，這才叫我鬆了一口氣。

「唉呀！學校下課了啊？——制服還真是滿漂亮的呢——這一位是女朋友嗎？——唉呀呀！謝謝你們來探望由梨——其實啊……」

聽了由梨母親一陣喋喋不休之後，我們走出了病房。

這個時候，由梨的母親突然隨後追了過來。

「不好意思！由梨有話想跟妳女朋友說……可以把她借給我們一下嗎？」

「咦？我……嗎？」

我在電梯前等待，大約一分鐘之後，蒂蒂回來了。一臉沉思的表情，不知道在想些什麼。

2.4　畢達哥拉斯果汁機（Pytagora Juice Maker）

我們往車站的方向走，走進了「Beans」咖啡店。

「由梨說有話想跟妳說，都說了些什麼？」我問道。

「沒有……沒說什麼！」蒂蒂含糊其詞地不肯告訴我，反而指著店內櫃檯的方向問：「學長，那個是什麼？」

一台新型的果汁機放置在櫃檯上，機器內螺旋軸正高速地轉動著。

放置在果汁機旁的柳橙，看起來似乎是準備放進轉動的果汁機裡榨的。機身上面寫著「畢達哥拉斯果汁機」。畢德哥拉斯？

「啊！我要點那個！」

柳橙在果汁機裡頭骨碌碌地滾動著，當柳橙一進入螺旋軸內，便應聲自動地切成半。可以將柳橙被榨成汁的整個過程看得一清二楚。蒂蒂聚精會神地盯著那台機器，而我則盯著專心的她。蒂蒂還真是個好奇心旺盛的孩子呢！

「這杯果汁好好喝哦！學長！」蒂蒂一邊喝著現打的新鮮果汁，一邊讚嘆著。「——對了！後來，我找到了好幾組原始畢氏三元數組哦！」

蒂蒂打開了筆記本。

$$(3,\ 4,\ 5) \qquad 3^2 + 4^2 = 5^2$$
$$(5, 12, 13) \qquad 5^2 + 12^2 = 13^2$$
$$(7, 24, 25) \qquad 7^2 + 24^2 = 25^2$$
$$(8, 15, 17) \qquad 8^2 + 15^2 = 17^2$$
$$(9, 40, 41) \qquad 9^2 + 40^2 = 41^2$$

「是怎麼找到的呢？」

「在 $a^2 + b^2 = c^2$ 的關係式中，將 a 按照順序遞增；接著，再將 b 和 c 代入適當的自然數來找。就因為這樣，我發現到了一件事。當 (a, b, c) $=(3, 4, 5)$ 時，$c - b = 5 - 4 = 1$ 會成立對吧！而在這五組原始畢氏三元數組當中，有四組會符合 $c - b = 1$。所以我想這其中一定在存有解題的線索才對！」

「可是，會出現那樣的結果，會不會是因為妳用錯方法？當 a 的數字較小時，就會形成只有某一邊較短的直角三角形。就像是 $(9, 40, 41)$ 會形成細長的直角三角形對吧！正因為是細長的直角三角形，所以斜邊與另一邊的長度會很接近，我想這是很理所當然的！」

「是這樣嗎……」

過了一會兒，蒂蒂才又開口說話。

「如果能有一台像『畢達哥拉斯果汁機』一樣，只要從上面把柳橙

放進去，就會從下面出現原始畢氏三元數組的機器的話，那就省事多了！」

　　「當放入不同的柳橙時，還會出現不一樣的原始畢氏三元數組的話更好——老實說，我還是不瞭解其中的意義。」

　　我們一起笑了起來。

2.5　我家

　　夜晚。

　　家人都已經沉入了夢鄉，我獨自一個人面對著書桌，思索著數學。身邊沒有任何人，也沒有人會找我說話，這是一天中我最寶貴的時刻。

　　聽課可以成為刺激，而看書也會有所助益。可是，如果沒有大量足夠的時間用來動手及動腦的話，不管是上課也好，看書也好，就都完全沒有意義了。

　　今天，我想仔細地思考蒂蒂的數學問題。

　　「原始畢氏三元數組是否存在有無窮多組」？

　　首先，要把原始畢氏三元數組整理成表格。會不會從表格中領悟出什麼東西呢？

a	b	c
3	4	5
5	12	13
7	24	25
8	15	17
9	40	41

2.5.1　調查奇偶性

　　我發現了 c 一定會是奇數這件事情。因此，我試著將表格中的奇數圈了起來。

a	b	c
③	4	⑤
⑤	12	⑬
⑦	24	㉕
8	⑮	⑰
⑨	40	㊶

試著將表格中的奇數圈起來

咦？在 a 與 b 兩者當中似乎有一方一定會是奇數。……可是，這種情況是偶然的嗎？還是可以說是普遍的呢？我寫下了這個疑問。

> **問題 2-3**
> a 與 b 同為偶數的原始畢氏三元數組(a, b, c)是否存在？

我思考著。

嗯，這個問題不難。a、b 兩者皆為偶數的情況，是絕對不可能出現的。為什麼呢……假使 a、b 兩者皆為偶數的話。這麼一來，在

$$a^2 + b^2 = c^2$$

的關係式當中，c 也會變成偶數。因為，如果 a 與 b 兩者為偶數的話，a^2 與 b^2 也會是偶數。而 $a^2 + b^2$ 兩個偶數相加之後的總和 c^2，當然也一定會是偶數。因為偶數平方之後所得到的數只可能是偶數，所以 c 為偶數。

換句話說，如果 a、b 兩者皆為偶數的話，c 也會自動地變成偶數。可是，這樣的結果卻與 a、b、c 三者最大公因數為 1 的定義相反。為什麼呢？因為一旦 a、b、c 皆為偶數的話，a、b、c 三者之間最大公因數就會變成 2 以上的數的緣故。

也因此，我們可以說「a 與 b 兩者不可能同為偶數」。這樣的發現會不會成為解決蒂蒂卡片問題的線索呢？目前還不是很清楚。可是，不容置疑地這的確是很重要的事實。

對於漫步在算式森林裡的我而言，這個重要的事實就像是作為路標

的絲帶一般。而「a 與 b 兩者不可能同為偶數」也像是另一個路標。為了預防有突發事件出現，先在枝頭繫上絲帶。這麼一來，當有尋找森林出口需要的時候，或許就會派得上用場了。

> **解答 2-3**
> a 與 b 兩者皆為偶數的原始畢氏三元數組(a, b, c)並不存在。

2.5.2　使用算式

呼！在原始畢氏三元數組當中，a 與 b 兩者皆為偶數的情況並不存在……。那這麼說起來，「兩者為奇數」的情況是不是存在呢？

> **問題 2-4**
> a 與 b 皆為奇數的原始畢氏三元數組(a, b, c)是否存在？

現在，假設 a 與 b 為奇數。然後，依照前面所進行的步驟來調查奇偶性。

如果 a 是奇數的話，a^2 就會是奇數。如果 b 是奇數的話，b^2 就會是奇數。$a^2 + b^2$ 為奇數＋奇數，所得結果則會為偶數。因為 $a^2 + b^2 = c^2$，所以 c^2 是偶數。如果 c^2 是偶數的話，c 也會是偶數——也就是說，c 為 2 的倍數。這麼一來，也可以說，

　　　「c^2 即為 4 的倍數」。

因為 2 的倍數的平方為 4 的倍數。嗯，狀況不錯哦！還有、還有、除此之外還可以說成什麼呢？……好！

來使用算式吧！

假設「a、b 兩者皆為奇數」。然後，使用自然數 J、K 將 a、b 改寫為下列式子。

$$\begin{cases} a & = 2J - 1 \\ b & = 2K - 1 \end{cases}$$

在這個算式當中代入畢氏定理。

$$
\begin{aligned}
a^2 + b^2 &= c^2 && \text{畢氏定理} \\
(2J - 1)^2 + (2K - 1)^2 &= c^2 && a = 2J - 1, b = 2K - 1 \text{ 代入} \\
(4J^2 - 4J + 1) + (4K^2 - 4K + 1) &= c^2 && \text{展開之後} \\
4J^2 - 4J + 4K^2 - 4K + 2 &= c^2 && \text{整理過之後} \\
4(J^2 - J + K^2 - K) + 2 &= c^2 && \text{將相同項 4 提出來}
\end{aligned}
$$

這個算式的左邊 $4(J^2 - J + K^2 - K) + 2$，無法提出相同項 4，所以會留下 + 2 的尾數。換句話說，也就是「無法被 4 整除」。

而另一方面，右邊的 c^2 為 4 的倍數，也就是「可以被 4 整除」。

左邊無法被 4 整除，右邊可以被 4 整除。結果互相矛盾。

因此，根據反證法，則「a 與 b 皆為奇數」的假設不可能為真。因此，a、b 兩者不可能皆為奇數的事實獲得證明。

解答 2-4

a 與 b 兩者皆為奇數的原始畢氏三元數組 (a, b, c) 並不存在。

於是，得到了 a 與 b 兩者任一方為奇數，而其他則為偶數的結果。換句話說，也就是 a 與 b 兩者的奇偶性並不一致。這麼一來，就會變成了「a 是奇數、b 是偶數」或者是「a 是偶數、b 是奇數」兩者之一的情況。在這裡，將

　　「a 為偶數、b 為奇數」

視為假設。因為 a 與 b 是對稱的，當「a 為偶數、b 為奇數」有所爭議

時，只要將 a 與 b 的奇偶性在文字上相互交換就可以了。

好！就憑著這股氣勢繼續！……話雖然這麼說，但肚子卻不爭氣地餓了起來。

2.5.3　乘積的形式

我走到廚房。拿了一片媽媽珍藏的 Godiva Chocolatier 巧克力。

說到巧克力，今天米爾迦好像有送我雀巢奇巧巧克力（Kit Kat）。我想起了米爾迦說的話。

「整數的構造，用質因數表示」。

的確，利用質因數分解的話，就可以瞭解整數的構造了。可是，該怎麼將 $a^2 + b^2 = c^2$ 進行質因數分解呢？……我想想，不是用質因數的積，而是用「乘積的形式」，不知道這樣做行不行得通呢？

$$a^2 + b^2 = c^2 \qquad \text{畢氏定理}$$

$$b^2 = c^2 - a^2 \qquad \text{將 } a^2 \text{ 移項，製造「平方差」}$$

$$b^2 = (c + a)(c - a) \qquad \text{「和與差之積即為平方差」}$$

如此一來，就會出現 $(c - a)(c + a)$ 這種「乘積的形式」。……可是，$c + a$ 也好、$c - a$ 也好，並不一定都會是質數。照這樣根本就不能說是質因數分解。這條路是不是行不通呢……？

……嗯，啊，我這個笨蛋。又不是「忘記條件的蒂蒂」，居然對條件完全置之不理。現在，要以 a 視為是奇數，b 視為是偶數這樣的條件來思考。因為 a 是奇數、b 是偶數，所以 c 一定是奇數。這樣一來，a 與 c 兩者都會是奇數；因此，$c + a$ 為偶數，而 $c - a$ 也為偶數。為什麼會這樣呢？這是因為一般說來，下列的關係會成立的緣故。

$$\text{奇數} + \text{奇數} = \text{偶數}$$

$$\text{奇數} - \text{奇數} = \text{偶數}$$

因為 c 與 a 兩者皆為奇數的緣故，所以下列的關係會成立。

$$c + a = 偶數$$
$$c - a = 偶數$$

$c + a$ 與 $c - a$ 為偶數。b 也是偶數……。好！試著利用算式來表現「偶數」看看。將 A、B、C 三個自然數，寫成下列的式子。

$$\begin{cases} c - a = 2A \\ b = 2B \\ c + a = 2C \end{cases}$$

唉呀！這麼一來，A 該不會就變成小於 0 了吧！……不會！不會變成小於 0！因為 a、b、c 是直角三角形的三個邊，而斜邊 c 一定會長於另一個邊 a——也就是說，變成 $c > a$。因此，$c - a > 0$，即 $2A > 0$。接著，針對 A、B、C 進行調查。

$a^2 + b^2 = c^2$	畢氏定理
$b^2 = c^2 - a^2$	將 a^2 移項，製造「平方差」
$b^2 = (c + a)(c - a)$	「和與差之積即為平方差」
$(2B)^2 = (2C)(2A)$	使用 A, B, C 來表現
$4B^2 = 4AC$	計算所得結果
$B^2 = AC$	兩邊同時除以 4

於是，畢氏定理——自然數 a、b、c 的「和的形式」，就轉變成了自然數 A、B、C 的「乘積的形式」。只調查 a、b、c 的奇偶還算是順利。可是儘管這樣，也還是無法確定這個方法是正確的。

$B^2 = AC$ 這個式子的左邊為平方數，右邊是乘積的形式。雖然已經成功轉變為乘積的形式了——接下來該怎麼繼續往下進行呢!?

2.5.4 互質

$B^2 = AC$ 這個式子，到底具有什麼含意呢？

我在房間裡來回踱步思考著，環視書架上的書，同時回想起了由梨挺直了腰的背影，以及自己常說的那句台詞。

「就算是已經知道的原理，也要好好歸納整理起來才行唷」。

那麼，就來把那些已經瞭解的部分整理一下好了。

- $c - a = 2A$
- $b = 2B$
- $c + a = 2C$
- $B^2 = AC$
- a 與 c 互質……。

等一下啦！a 與 c 是互質的嗎？從原始畢氏三元數組的定義當中，我們知道了「a、b、c 的最大公因數為 1」這件事。然而三個數字的最大公因數為 1，可是這並不意味著其中兩個數字的最大公因數也一定是 1。例如，3、6、7 三個數字的最大公因數雖然是 1，但是 3 與 6 的最大公因數卻是 3……。

……不對！搞錯了！在原始畢氏三元數組的情況下，一定要符合「a 與 c 的最大公因數為 1」的條件。為什麼呢？是因為有 $a^2 + b^2 = c^2$ 這個關係式存在的緣故。

現在，設 a 與 c 的最大公因數 g 比 1 大。如此一來，就會有像 $a = gJ, c = gK$ 之類的自然數 J、K 存在。於是……

$$a^2 + b^2 = c^2$$
$$b^2 = c^2 - a^2$$
$$b^2 = (gK)^2 - (gJ)^2$$
$$b^2 = g^2(K^2 - J^2)$$

就像這樣，b^2 變成了 g^2 的倍數。因此，b 變成了 g 的倍數。也就是

說，a、b、c 這三個數字變成了 g 的倍數。但是，這個結果與 a、b、c 三個數字互質的條件相反。因此，a 與 c 的最大公因數 g 比 1 大的假設不為真。換句話說，a 與 c 的最大公因數為 1，亦即 a 與 c 互質。

同理可證，a 與 b、b 與 c 也都互質。

已經知道了 a 與 c 是互質的。嗯⋯⋯回到剛剛的主題，這個時候 A 與 C 的情況又如何呢？A 與 C 也會互質嗎？

問題 2-5

當 a 與 c 互質，且 $c - a = 2\text{A}, c + a = 2\text{C}$ 時，可以說 A 與 C 也是互質的嗎？

我認為 A 與 C 可以說是互質的。——但光只是思考充其量也不過是推測，必須動手證明才可以。

這個命題，不知道使用反證法可不可以立即得到證明呢？

反證法——為否定結論、推得矛盾的方法，實際上是證明原命題的逆否命題。

因為想要證明的命題是「A 與 C 為互質」，所以我們必須**假設**否定命題的結論，即「A 與 C 不為互質」。而此時 A 與 C 的最大公因數也不為 1——換句話說，也就是最大公因數會大於或等於 2。設 A 與 C 的最大公因數為 d（$d \geq 2$）。因為 d 是 A 與 C 的最大公因數，所以 d 是 A 的因數，也是 C 的因數。反過來也可以說，A 與 C 兩者為 d 的倍數。就是說，會存在有像

$$\begin{cases} \text{A} = d\text{A}' \\ \text{C} = d\text{C}' \end{cases}$$

般的自然數 A', C'。而另一方面，

$$\begin{cases} c - a = 2\text{A} \\ c + a = 2\text{C} \end{cases}$$

也會成立。那麼，接著用 A' 與 C'來表示 a 與 c。

$$(c + a) + (c - a) = 2C + 2A \qquad \text{為了消去 } a \text{ 將兩者相加}$$

$$2c = 2(C + A) \qquad \text{整理兩邊之後}$$

$$c = C + A \qquad \text{兩邊同時除以 2 之後}$$

$$c = dC' + dA' \qquad \text{用 A' 與 C' 來代表 A、C}$$

$$c = d(C' + A') \qquad \text{將相同項 } d \text{ 提出來}$$

$c = d(C' + A')$ 這個算式，我們可以解讀成「c 為 d 的倍數」。

這一次我們要消去 c。

$$(c + a) - (c - a) = 2C - 2A \qquad \text{為了消去 } c \text{ 將兩者相加}$$

$$2a = 2(C - A) \qquad \text{整理兩邊之後}$$

$$a = C - A \qquad \text{兩邊同時除以 2 之後}$$

$$a = dC' - dA' \qquad \text{用 A' 與 C' 來代表 A、C}$$

$$a = d(C' - A') \qquad \text{將相同項 } d \text{ 提出來}$$

$a = d(C' - A')$ 這個算式，我們可以解讀成「a 為 d 的倍數」。

因為 a 與 c 都變成了 d 的倍數，所以 $d \geqq 2$ 也會成為 a 與 c 的公因數。換句話說，也就是「a 與 c 的最大公因數會大於 2」。可是，在問題中 a 與 c 互為質數，亦即「a 與 c 的最大公因數為 1」。好！這麼一來已經推導至矛盾了。

一開始假設否定命題的結論「A 與 C 不為互質」出現了矛盾。根據反證法，這個假設被否定了，因此而證明了「A 與 C 為互質」。

> 解答 2-5
> 當 a 與 c 互質，且 $c - a = 2A, c + a = 2C$ 時，可以說 A 與 C 也是互質的。

我們知道了「A與C互質」的事實。說不定這個或許也是——另一個重要的事實呢？是作為路標的第二條絲帶。

我將第二條絲帶繫上了枝頭，然後深呼吸。雖然我感到有些疲憊，但還有在森林裡漫步的活力。接著，該往哪個方向繼續前進呢？

直到剛剛為止還在思考的 $B^2 = AC$，是「平方數」等於「互質整數的乘積」的形式嗎……這個問題有可能會是路標嗎？

2.5.5 質因數分解

舞台整個由 a、b、c 轉移到了 A、B、C。

問題 2-6
- A, B, C 三數皆為自然數。
- $B^2 = AC$成立。
- A 與 C 互質。
這個時候，有沒有發現到什麼有趣的事呢？

「有趣的事？」到底是什麼啦！我忍不住追問著自己。

似乎與原本的問題「原始畢氏三元數組是否存在有無窮多組」，偏離太遠了……

我再次回想起了米爾迦唱的歌。

「整數的構造，用質因數表示」。

對了……如果將 A、B、C 進行質因數分解，會變成什麼樣的形式呢？是下列這樣的形式嗎？

$$A = a_1 a_2 \cdots a_s \qquad a_1 \sim a_s \text{ 為質數}$$
$$B = b_1 b_2 \cdots b_t \qquad b_1 \sim b_t \text{ 為質數}$$
$$C = c_1 c_2 \cdots c_u \qquad c_1 \sim c_u \text{ 為質數}$$

在 $B^2 = AC$ 的關係式中，試著利用這些代入觀察看看。

$$B^2 = AC \qquad\qquad \text{A、B、C 之間的關係式}$$
$$(b_1 b_2 \cdots b_t)^2 = (a_1 a_2 \cdots a_s)(c_1 c_2 \cdots c_u) \qquad \text{將 A、B、C 進行質因數分解}$$
$$b_1^2 b_2^2 \cdots b_t^2 = (a_1 a_2 \cdots a_s)(c_1 c_2 \cdots c_u) \qquad \text{展開左邊}$$

呵呵。將 B^2 進行質因數分解之後，質因數 b_k 就變成了 b_k^2 這樣的平方形式。

原來是這樣啊！只要將平方數進行質因數分解，每一個質因數都會有偶數個。試著用 18^2 舉個例子來思考一下。進行因式分解 $18^2 = (2 \times 3 \times 3)^2 = 2^2 \times 3^4$，不管是質因數 2 也好，3 也好，都會有偶數個。想一想就會瞭解這是理所當然的結果啊！

質因數分解的唯一性——因為質因數分解的方法只有一種——而在 $B^2 = AC$ 的左邊與右邊，質因數數列完全一致。在左邊出現過的質因數，全部一定會出現在右邊的某個地方。換句話說——唉呀！

我懂了！

在這裡「A、C 互質」的條件——也就是第二條絲帶——開始發揮作用了。A、C互質。也就是A、C的最大公因數為 1……換句話說，也就是 A 與 C 沒有共同的質因數。只要想到 B 的某個質因數 b_k，就不難發現這個質因數一定會包含在 A 或 C 的質因數當中並「湊在一起」。

如果用剛才 $2^2 \times 3^4$ 的例子來說明的話……這個數可以用互質的自然數A、C的乘積來表示。只要一個質因數 2 進入 A 的質因數分解中，那麼 2^2 也應該會全部進入 A 的質因數分解當中。只要一個質因數 3 進入 A 的質因數分解中，那麼 3^4 也應該會全部進入 A 的質因數分解當中。質因數的集合並不需要個別區分成 A 與 C。以 $2^2 \times 3^4$ 來說，只有以下四

個組合。

A	C
1	$2^2 \times 3^4$
2^2	3^4
3^4	2^2
$2^2 \times 3^4$	1

質因數一定會分布在 A 或 C 的任一邊。也因為質因數會有偶數個……所以 A 與 C 兩者不就都變成了平方數了嗎？

> 解答 2-6
>
> ● A, B, C 三數皆為自然數。
> ● $B^2 = AC$ 成立。
> ● A 與 C 互質。
>
> 這個時候，A 與 C 會變成平方數。

太厲害了！太厲害了！因為 A 與 C 是平方數，所以可以使用自然數 m、n 來表現出像下面一樣的式子。

$$\begin{cases} C = m^2 \\ A = n^2 \end{cases}$$

雖然變數太多情況會有點複雜——但還是能夠繼續往前進。如果一不小心迷了路，只要回頭重新翻閱筆記應該就不會有問題了。

因為 A 與 C 並沒有共同的質因數，所以想當然爾，m 與 n 就會互質。

首先，因為 $a = C - A$

因此也可以說

$$a = C - A = m^2 - n^2$$

在這裡，因為 $a > 0$，所以 $m > n$。此外，為了要讓 a 成為奇數，所以 m、n 的奇偶性並不會一致。

其次，因為 $a = C + A$

因此，$a = C + A = m^2 + n^2$

的關係式就會成立。

然而，因為 $b = 2B$——這裡需要稍微動手計算一下。

$$B^2 = AC$$

$$B^2 = (n^2)(m^2) \quad \text{因為 } A = n^2, C = m^2$$

$$B^2 = (mn)^2 \quad \text{整理過後}$$

$$B = mn \quad \text{因為 } B > 0 \text{ 且 } mn > 0，$$
$$\text{所以可以同時摘掉平方根簡化}$$

在這裡，我們得知

$$b = 2B = 2mn$$

的關係式成立。

結果發現，a、b、c 可以用互質的 m 與 n 來表現。

$$(a, b, c) = (m^2 - n^2, \ 2mn, \ m^2 + n^2)$$

相反地由上面像 m 與 n 一樣所組成的三個數組 (a, b, c)，就一定會變成原始畢氏三元數組。這個結果只要進行計算的話就可以獲得確認。

$$a^2 + b^2 = (m^2 - n^2)^2 + b^2 \quad \text{因為 } a = m^2 - n^2$$

$$= (m^2 - n^2)^2 + (2mn)^2 \quad \text{因為 } b = 2mn$$

$$= m^4 - 2m^2n^2 + n^4 + 4m^2n^2 \quad \text{展開之後}$$

$$= m^4 + 2m^2n^2 + n^4 \quad \text{整理 } m^2n^2 \text{ 項之後}$$

$$= (m^2 + n^2)^2 \quad \text{因式分解之後}$$

$$= c^2 \quad \text{使用了 } c = m^2 + n^2$$

a、b、c 互質，也可以用簡單的計算來表示。

一面調查奇偶性，並注意互質的條件，一面進行質因數分解——我因而得到了原始畢氏三元數組的通式。

原始畢氏三元數組的通式

滿足

$$a^2 + b^2 = c^2$$

的關係式、彼此兩兩互質的自然數組(a, b, c)之三個數a, b, c可以寫成下面的式子（a、b兩者互換也沒有關係）。

$$\begin{cases} a = m^2 - n^2 \\ b = 2mn \\ c = m^2 + n^2 \end{cases}$$

- m, n 互質。
- 滿足 $m > n$。
- m, n 兩者當中一方為偶數，另一方為奇數。

因此，被隱藏在原始畢氏三元數裡頭的構造便會一一浮現。只要能夠充分理解前面所談及的部分，蒂蒂的問題也就會迎刃而解了。

因為不同的質數之間彼此互質的關係，所以如果使用質數列的話，應該就可以創造出無窮多個原始畢氏三元數組了。……例如，設 $n = 2$，m 為 > 3 的質數。如果讓 $m = 3, 5, 7, 11, 13, \cdots$ 像這樣做變化，經由 m、n 在配對上的變化，便可以製造出三個不同的正整數(a, b, c)所組成數組。亦即可以從無窮多個質數當中，製造出無窮多個原始畢氏三元數組。

雖然繞了遠路，但絕對沒有走錯路。

解答 2-1
原始畢氏三元數存在有無窮多組。

2.6　給蒂蒂的說明

「這麼難！我絕對不可能想得出來啦⋯⋯」蒂蒂舉起雙手做出投降的手勢說道。

「噓～」

第二天，在放學後的圖書室裡，我向蒂蒂說明了昨天晚上推演出的解法。沒錯！就是只要將這兩種叫做 m、n 的水果投入果汁機中，然後便會攪打出一杯名為原始畢氏三元數組綜合果汁的方法。

「對不起！⋯⋯學長，這個解法雖然很厲害，但如果光靠我一個人的話，是絕對沒有辦法想出來的。所以啊——雖然說很厲害，卻又因為太過厲害了以致於無法成為參考。這樣的解法，我是沒辦法立刻舉一反三想出來的⋯⋯」

「我並不是立刻想出來的哦！思索問題的時候，簡直就像是步履蹣跚地走在森林中一樣。不然，接下來我們一起來思考問題的本質所在好了！」

「好⋯⋯」

「『為整數』這個條件是相當的強而有力。」我開始解說。

◎　◎　◎

「為整數」這個條件是相當的強而有力。

原始畢氏三元數組的最大特徵，就是數的範圍並不是實數而是整數。說得再嚴謹一點，即為自然數的範圍。要是實數的話，值就會呈連續性，也就是按照順序出現的值。可是，整數卻不一樣。整數的值是離散的，而且在數線上的分布是疏朗的。

在針對整數進行思考的時候，「調查奇偶性」可說是有效方針。所謂的「調查奇偶性」，指的就是調查出這個數字是奇數？還是偶數？實數並無奇偶數的分別。而整數則有奇偶數之別。當整數＝整數的關係式成立時，兩邊數字的奇偶性會一致。除此之外，像奇數＋奇數＝偶數，

偶數×整數＝偶數，對計算上也會很有幫助。

也可以充分利用「**整數的構造用質因數表示**」的特性。只要一將整數進行質因數分解，整數的構造就會被打亂。因為質因數分解具有唯一性，當整數＝整數的關係式成立時，左邊的質因數分解會與右邊的質因數分解完全一致。我們要利用這個特性。

但是到底該怎麼使用這個特性呢？

這麼一來，就會落入「**乘積的形式**」裡去了呢！構成乘積的數稱為**因數**。例如，剛剛曾出現在對話中的 AC 乘積。這時的 A 與 C 都屬於因數哦！一個質數除了 1 和自己本身兩個因數以外，並沒有其它因數。所以當質數在進行質因數分解的時候，無法超過兩次。也因此，當兩個因數的乘積出現時，其中一個質因數就會包含在這個因數中的任一方。一個質因數並不可能分解出兩個因數。所以，我才會使用「和與差的乘積為平方差」的方式，來求得兩個整數的乘積。

當然，在實際研究問題的時候，將語言「**利用算式來表示**」的技巧也是不可或缺的。例如，將「偶數」寫成 $2k$，而「奇數」則寫成 $2k-1$，「平方數」的話就要寫成 k^2。進行像這樣利用算式來表達語言的練習，也是相當重要的。以前蒂蒂不也曾說過「不是英文作文而是數學作文」的嗎？將「奇數」寫成 $2k-1$ 這個用法，或許可以比喻成是數學作文的慣用句吧！

「**互質**」也很重要。因為所謂的兩數互質，亦即兩個數之間並沒有共同的質因數；而這正也是「質因數之所以無法各自分別做出歸納」的原因。

這麼一來，多少開闢出了一條通路，找出作為路標的絲帶。或許在尋尋覓覓的這段期間內，就可以看得見森林的出口了……也說不定。

◎　◎　◎

「呼……」蒂蒂嘆了一口氣。

「累了嗎？」

「不累不累，沒關係！關於剛剛提到的『利用算式來表示』，學長

導入了大量的變數對吧！像是使用算式來表示『偶數』或『平方數』的時候等等……。我啊，對這些變數最沒有辦法了。一旦導入變數，問題反而好像愈變愈困難了。」

「原來如此！」

「求整數出現時的技法步驟依序為，調查奇偶性、進行質因數分解、變成乘積的形式之後，再除以最大公因數，讓它們彼此『互質』……」

「但也不是每次都會這麼順利吧！」

「沒錯！那個我知道！這些步驟充其量只能作為思考時的方向及線索。也就是說還是有可能會走錯路，對吧！」

「……沒關係！『走錯路的話，只要回頭再重走一遍不就好了』嘛！──仔細思考村木老師所出的這個問題，似乎就不難見到若隱若現的『整數的真實樣貌』。而更進一步深究這個問題的話，搞不好就可以一步步接近數的本質了……」

2.7　非常謝謝你

蒂蒂突然急速壓低了嗓音說道。

「學長──我現在在想什麼？你知道嗎？」

「咦？──不，我不知道。」

不久前由梨好像也問過我類似的問題呢！

　　　「知道我在想什麼嗎？」

「我說，學長啊！雖然要說出口讓人感到很難為情……但我還是想向學長說聲『非常謝謝你』。我認真地思考過了『原始畢氏三元數是否存在有無窮多組』這個問題，真的是非常認真地思考過了。今天，聽了學長的一席話讓我獲益匪淺，我學到了『整數』的問題具有獨特的型態──奇偶性、質因數分解、乘積的形式、平方數與互質。似乎可以感

覺到整數發出了『吱吱咯咯』的聲響。整數很容易讓人有比二次方程式或微積分來得簡單的錯覺。可是，事實上卻並非如此呢！乍看之下雖然好像很簡單，但絕對不是笨蛋可以解得出來的。這也讓我對整數的態度大為改觀⋯⋯。而這一切都是因為學長肯耐著性子為我解說的緣故。我總是在聽了學長的話之後，就能學到不同於上課或書本裡頭的『什麼』。那些明明早就已經知道的事，總也能夠藉由學長的一席話而溫故知新進而有所領悟。」

說著說著，蒂蒂的雙頰慢慢地紅了起來。

「我將截至目前所『已經知道』的各種知識，一一收納整理了。瞭解了畢氏定理！瞭解了整數！⋯⋯或者該說自己是有『瞭解的打算』會更貼切也說不一定⋯⋯」

蒂蒂的獨白接著下去。

「這一次，我才真正地瞭解到自己對整數的理解根本還不夠透徹。可是——就因為有學長在的緣故，我才能屢挫不餒。目前，我雖仍然迷失在森林裡，但是，我感覺得到總有一天自己一定可以走出這片混沌的迷霧森林⋯⋯這些話好像可以說是在講數學，但又好像不是在講數學⋯⋯」

蒂蒂雙頰緋紅成一片，一路紅上了耳根，接著便向我深深地一鞠躬。

「學長！非常謝謝你帶給我如此奇悅的旅程。」

2.8　單位圓周上的有理點

第二天放學後。我和米爾迦在教室裡。

「只要能夠找得出『無窮多個的什麼』的話，問題應該就沒有這麼難了吧！」米爾迦話一說完便站到了黑板前。接著開口說道，讓我們用愉快而輕鬆的方式來證明「單位圓周上存有無窮多個有理點」吧！

米爾迦手拿著粉筆，緩緩地在黑板上畫了一個大大的圓。我的雙眼追逐著黑板上那既圓且大的美麗軌跡。

「首先要對問題進行再一次的確認。」米爾迦說道。

◎　◎　◎

首先要對問題進行再一次的確認。(x, y)為座標平面上的點。以原點為中心，半徑為 1 的圓的方程式如下，

$$x^2 + y^2 = 1$$

在這個圓上「有無窮多個有理點」的命題，與方程式 $x^2 + y^2 = 1$「擁有無窮多個有理數解」的命題等價。

現在，拉一條斜率為 t 的直線 ℓ，且直線 ℓ 通過圓周上的點 P $(-1, 0)$。

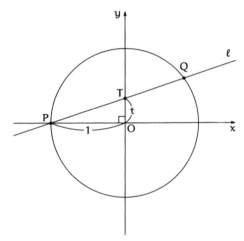

直線 ℓ 相切於單位圓上

因為斜率為 t 的直線 ℓ 會通過 y 軸上的點 T$(0, t)$，則其方程式如下所示。

$$y = tx + t$$

直線 ℓ 除了與圓相交於點 P 之外，一定還會與圓相交於 P 點以外的另一個點上。而這個相交的點，我們稱為點 Q。只要解開下面的聯立方程式，就可以用 t 來表示點 Q 的座標。這是因為對應在方程式圖形上的交點座標，即為聯立方程式的解。

$$\begin{cases} x^2 + y^2 = 1 & \text{圓的方程式} \\ y = tx + t & \text{直線 } \ell \text{ 的方程式} \end{cases}$$

求此聯立方程式的解。

$$x^2 + y^2 = 1 \qquad \text{圓的方程式}$$
$$x^2 + (tx + t)^2 = 1 \qquad \text{將 } y = tx + t \text{ 代入}$$
$$x^2 + t^2x^2 + 2t^2x + t^2 = 1 \qquad \text{展開之後}$$
$$x^2 + t^2x^2 + 2t^2x + t^2 - 1 = 0 \qquad \text{將 1 移項之後}$$
$$(t^2 + 1)x^2 + 2t^2x + t^2 - 1 = 0 \qquad \text{將相同項 } x^2 \text{ 提出來}$$

因為 $t^2 + 1 \neq 0$，所以上面的關係式就會成為 x 的一元二次方程式。雖然也可以使用一元二次方程式的公式解來求解，但光從點 P $(-1, 0)$ 的 x 座標，我們就能得到 $x = -1$ 的一個解。也因此，可以從中提出相同因數 $x + 1$。

$$(x + 1) \cdot \big((t^2 + 1)x + (t^2 - 1)\big) = 0$$

換句話說，也就是可以變成下列關係式。

$$x + 1 = 0，\text{或者是 } (t^2 + 1)x + (t^2 - 1) = 0$$

因此，可以像下面的式子一樣用 t 來表示 x。

$$x = -1, \quad \frac{1 - t^2}{1 + t^2}$$

如果使用直線方程式 $y = tx + t$ 的話，y 也可以用 t 來表示。因為 $(x, y) = (-1, 0)$ 並不是點 Q，所以只要求 $x = \dfrac{1 - t^2}{1 + t^2}$ 的解。

$$y = tx + t$$
$$= t\left(\frac{1-t^2}{1+t^2}\right) + t$$
$$= \frac{t(1-t^2)}{1+t^2} + t$$
$$= \frac{t(1-t^2)}{1+t^2} + \frac{t(1+t^2)}{1+t^2}$$
$$= \frac{t(1-t^2) + t(1+t^2)}{1+t^2}$$
$$= \frac{2t}{1+t^2}$$

這麼一來，就可以得到 $x = \dfrac{1-t^2}{1+t^2}, y = \dfrac{2t}{1+t^2}$。而所求解即為點 Q 的座標。

$$\left(\frac{1-t^2}{1+t^2}, \frac{2t}{1+t^2}\right)$$

那麼，我想也差不多該到與圓周上的有理點「是否有無窮多個」這個問題一對一正面交鋒的時候了。現在，要注意到 y 軸上的點 T。點 Q 的座標是使用點 T 的 y 座標(t)，運用加減乘除組合而成的。也就是——**點 T 若為 y 軸上的有理點的話，那麼點 Q 亦為有理點。**

這是因為用有理數加減乘除之後所得到的數仍為有理數的關係。點 T 為無窮多個可在 y 軸上自由移動的有理點，如果點 T 不同的話，交點 Q 也會隨著改變。基於上述理由，可以證明單位圓的圓周上確實有無窮多個有理點存在。

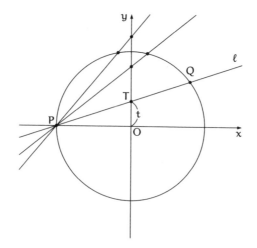

移動點 T，點 Q 也會跟著移動

◎ ○ ◎

「原來如此……」我說道。

「還沒有察覺到嗎？」米爾迦問道。

「察覺到什麼？」

「你今天還真是相當遲鈍！我指的是蒂德拉（蒂蒂的全名）的事情哦！」

「我們今天中午沒有在一起嗎！」我幹嘛舊事重提自找罪受？

「我沒有在問你那種事情。難道你沒看過蒂德拉拿到的卡片嗎？思考一下，若 a、b、c 為自然數，而畢氏定理為 $a^2 + b^2 = c^2$，當兩邊同時除以 c^2 時，會得到什麼？」

$$\left(\frac{a}{c}\right)^2 + \left(\frac{b}{c}\right)^2 = 1$$

「啊啊！$(x, y) = (\dfrac{a}{c}, \dfrac{b}{c})$，即為方程式

$$x^2 + y^2 = 1$$

的解！單位圓從畢氏定理中出現了!?」

「真希望你是說單位圓周上的有理點出現了。不同的原始畢氏三元數組會對應到不同的有理點 $(\dfrac{a}{c}, \dfrac{b}{c})$。『原始畢氏三元數組有無窮多個』與『單位圓周上的有理數點有無窮多個』等價。這兩張卡片在本質上其實是相同的問題唷！」

「！」我感到驚訝。

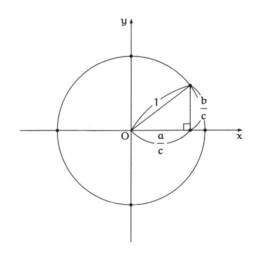

單位圓與畢氏三元數的關係

「你居然會這麼驚訝，這才叫我吃驚呢！你真的是直到這一刻才恍然大悟的嗎？」米爾迦說道。

我居然沒有察覺到……

在蒂蒂的卡片上面寫著整數的關係。

而米爾迦的卡片上面則描述著有理數的關係。

　　我明明都看過了她們兩個人的卡片，卻沒察覺到其實問的都是同一個問題……。

　　「真是無地自容啊！」我說道。

　　「唉呀！你要是因為這種小事而陷入低潮，也會叫我感到很為難耶！卡片的合體技（合併應用）不就是村木老師一向最愛的慣用伎倆嗎!?老師使用了兩張卡片來暗示謎題。『尋求方程式的解』為代數的命題，而『用圖形捕捉事物』為幾何的命題。代數與幾何——我想村木老師該不會是想讓我們看看這兩個世界吧！」

　　「兩個世界……」我說道。

　　「數星星的人和勾勒星座的人，哥哥你是哪一種類型？」

在那裡，谷山志村猜想登場了，
這個宏大的推測無異是在兩個完全迥異的世界中，
搭起了一座橋樑。沒錯！
這一群名為數學家的傢伙們，最喜歡的就是搭建橋樑了。
——《費馬最後定理》

第 3 章
互質

3.1　由梨

「你～好」，我的小表妹由梨用枴杖推開了房門走進房間。

今天是星期六，這裡是我的房間。現在是早上剛過十點。

燦爛的陽光穿透窗戶照進了房間。

「腳的狀況怎麼樣了？」我問道。

「唔，應該沒什麼大礙了吧！手術時間不太長，因為打了麻醉藥也不怎麼痛哦！雖然照過了 X 光片，但也不是什麼大不了的手術。只不過是稍微切掉了一點腳踝部分的骨頭而已。最討人厭的是進行手術削骨時所產生的振動。直到現在，我都還覺得隆隆隆隆的聲音在我體內響個不停呢……」

由梨靠著枴杖的支撐在椅子上坐了下來。

「才剛剛出院，怎麼不多待在家裡好好休息呢！」

「好啦！那個不重要！哥哥，由梨有個請求……那個……可不可以教由梨數學呢？」

「怎麼這麼突然？什麼樣的數學問題？」

「前一陣子，哥哥問到由梨『會出現完全循環的步數，其性質為何？』這個問題時，由梨不是沒能馬上說出最大公因數這個正確解答

嗎！最大公因數的概念，由梨在學校學過呀！本來以為自己雖然是個笨蛋，但這種最基本的東西應該還是會懂才對。可是呢！在聽過哥哥的解說之後，由梨才理解到自己並沒有真正融會貫通。」

「……」

「哥哥！由梨想要更用功、認真地把數學唸好。」

「咦……」

「有什麼好奇怪的喵？」

「沒有！沒有！一點都不奇怪。我只是覺得由梨相當了不起唷！可以清楚地意識到自己『沒有融會貫通』。我之所以感到驚訝，那是因為蒂蒂——就是之前跟我一起到醫院探望妳的那個學妹——她也說了和妳一模一樣的話！……說了『感覺好像沒有融會貫通』哦！」

「是嗎……」

「現在，我非常瞭解由梨所說的話！舉倍數的例子來說明。在自然數當中，一說到 2 的倍數，就會聯想到 2、4、6、8、10……等數字。如果是說到 12 的因數，稍微想一下就可以得到 1、2、3、4、6、12 的答案。問題如果只是這樣那還算是簡單，但要直搗問題核心的話，就會發現問題相當艱澀深奧。能夠質疑自己是否瞭解倍數或因數的『真實樣貌』，可說是一件相當了不起的事情哦！」

「是……嗎……」

「因數、倍數、還有質數……。這些數的定義其實都很簡單。可是從這些數衍生出來的世界，卻是相當瑰麗豐富及奧妙的。事實上，在數論方面，目前仍然針對『質數』持續進行研究。」

「咦？有關於質數的知識，數學界還沒有完全瞭解嗎？數學家們目前仍然持續地進行研究嗎？」

「沒錯！由梨並不光是在學習質數喔！只要一路往前，就可以和現代最先端的數學產生關連哦！當然，要走到那一步還必須經歷好長好長一段路就是了。」

3.2 分數

　　我將筆記攤開，由梨也像往常一樣從口袋裡掏出安全眼鏡戴上，坐近我的身旁。可能是因為陽光所產生的錯覺，有一瞬間由梨的馬尾就像是金髮般閃閃發亮著。

　　「由梨對分數的計算拿不拿手？」

　　「普普通通啦！」

　　「那麼，分數與分數之間的加法，應該怎麼計算呢？比如說，像這個例題。」

$$\frac{1}{6} + \frac{1}{10}$$

　　「這個簡單。將兩個分母通分之後，再將它們相加起來就可以了。我看看，6 要乘以 5、10 要乘以 3，兩個分母都要變成 30。然後……」

$$\frac{1}{6} + \frac{1}{10} = \frac{1 \times 5}{6 \times 5} + \frac{1 \times 3}{10 \times 3} \qquad \text{分子與分母要同時乘以相同的數字}$$

$$= \frac{5}{30} + \frac{3}{30} \qquad \text{進行通分}$$

$$= \frac{5+3}{30} \qquad \text{將兩個分子相加}$$

$$= \frac{8}{30} \qquad \text{相加之後得到}$$

$$= \frac{\overset{4}{8}}{\underset{15}{30}} \qquad \text{進行約分}$$

$$= \frac{4}{15} \qquad \text{約分之後得到}$$

　　「……這麼一來就可以了吧！哥哥！」

　　「非常正確！通分之後，將兩個分子相加。最後，再進行約分。」

「嗯！」

「通分的時候要使用最小公倍數，而約分的時候要使用最大公因數對吧！」

「咦？……算了！經妳這麼一說，好像就是這麼一回事。」

「在自然數當中，將 6 的倍數與 10 的倍數依照順序排列時，第一個出現的相同數字，就是 6 與 10 的**最小公倍數**。也就是 30。」

6 的倍數	6	12	18	24	㉚	36	⋯
10 的倍數	10	20	㉚	40	50	60	⋯

「在約分的時候，利用分子 8 與分母 30 的最大公因數 2，同時除以分子與分母。當我們將 8 的因數與 30 的因數依序排列時，在共同數字中出現最大的那個數字，就叫做**最大公因數**。也就是 2。」

8 的因數	1	②	4	8			
30 的因數	1	②	3	5	6	10	15	30

$$\frac{1}{6} + \frac{1}{10} = \frac{5}{30} + \frac{3}{30} \quad \text{通分：將 6 與 10 的最小公倍數 30 當作分母}$$

$$= \frac{8}{30}$$

$$= \frac{\overset{4}{8}}{\underset{15}{30}} \qquad \text{約分：用 8 與 30 的最大公因數 2 同時除以分子與分母}$$

$$= \frac{4}{15}$$

「接下來是問題時間，在分數 $\frac{4}{15}$ 當中，分子 4 與分母 15 是什麼關係？」

「人家不懂啦！」

「太快了！太快豎白旗投降了！」

「人家又沒有學過 4 與 15 的關係，怎麼會知道啦！」

「不對！由梨的專屬私人家教一定說過唷！」

「咦？──專屬私人家教指的是哥哥你嗎？有講過嗎？」

「答案是……『互質』。4 與 15 兩者之間是『互質』的關係。剛剛

我們用 8 與 30 的最大公因數 2 同時除以分子與分母對吧！除下來所得到的就是 4 與 15 這兩個數字。因為是用最大公因數相除之後所得到的結果，因此 4 與 15 的最大公因數為 1。在數字之間的最大公因數為 1 的情況下，即稱為彼此『互質』對吧！」

「那麼，所謂的約分，是不是就是指要讓分子與分母彼此互質呢？」

「說的沒錯！讓一個分數的分子與分母彼此互質，我們稱之為**最簡分數**。也就是說這個分數已經完全約分簡化了的意思。將兩個數用最大公因數來除，並讓它們彼此『**互質**』，像這樣的**計算方式**可以說是最基本的，要好好謹記在心哦！」

「這樣啊！」

3.3　最大公因數與最小公倍數

「現在讓我們來練習一下最大公因數與最小公倍數。」我將問題寫了下來。

> **問題 3-1**
> 我們分別將自然數 a、b 的最大公因數用 M，最小公倍數用 L 來表示。
> 這個時候請用 M 與 L 來表示 $a \times b$。

「人家不懂啦！哥哥！」

「太快了！剛剛不是才說過不可以太快豎白旗投降的嗎？」

「因為人家沒有學過這樣子的公式嘛！」由梨嘟起小嘴不滿地說道。

「就算是沒學過公式，還是可以用思考的啊！……懂了嗎？來！我們一起想看看。」

「好吧！」

「我們要盡可能具體地思考問題本身。特別是當問題中出現有 a、

b、M、L 這麼多的變數時，最重要的就是要分別代入具體的數字來進行思考。」

「可以隨便代入任何具體的數字嗎？那麼，就試著用 $a = 1$ 且 $b = 1$ 代入看看好了！$a \times b = 1 \times 1 = 1$。所以這麼一來 a、b 的最大公因數，嗯，就是 1 囉！也就是說，M = 1。然後，最小公倍數 L 就會 L = 1。……不知道為什麼在出現了一堆 1 之後，反而更搞不懂是怎麼回事了。」

「我說由梨啊！……如果把全部的東西都放在腦中來思考的話，就會毫無頭緒地搞得一團亂了。試著好好地把它們整理成表格吧！」

a	b	$a \times b$	M	L
1	1	1	1	1

「還真是麻煩啊！」

「吶，由梨。當 $a = 1$、$b = 1$ 時，a 跟 b 兩者都是最小的自然數，並且兩者是相等的。這麼一來就會成為相當特殊的例子哦！所以，試著讓 $a \neq b$，並且用稍微大一點的數字來思考看看。例如，$a = 18$、$b = 24$，看看結果會變成什麼樣。」

「我懂了！我試試看。當 $a = 18$、$b = 24$ 時……」

$$a = 18 = 2 \times 3 \times 3$$
$$b = 24 = 2 \times 2 \times 2 \times 3$$

「由梨使用了質因數分解呢！」我說道。

「對──因為將兩邊都有出現的部分集合起來，就是最大公因數……所以，2 出現一個、3 也出現一個，因此，最大公因數為 $2 \times 3 = 6$。」

「完全正確。最大公因數 M = 6。那麼，最小公倍數是多少呢？」

「最小公倍數，顧名思義就是要從公倍數當中找出最小的倍數，也就是要將只有出現在單邊的部分集合起來……2 有三個、3 有兩個對吧！所以最小公倍數為 $2 \times 2 \times 2 \times 3 \times 3 = 72$。」

「最小公倍數 L = 72。接著，再將它們整理成表格。」

$$
\begin{array}{ccc|cc}
a & b & a \times b & M & L \\
\hline
1 & 1 & 1 & 1 & 1 \\
18 & 24 & 432 & 6 & 72
\end{array}
$$

「用 6 與 72 要如何才會產生出 432 這個數字呢？」我問道。

「……不就是 6 跟 72 相乘的結果!?指的是不就是 $a \times b$ 會等於 M×L 呢？」

「請動手計算確認一下。」

$$a \times b = 18 \times 24 = 432$$

$$M \times L = \ \ 6 \times 72 = 432$$

「我就說嘛！果然是這樣！兩邊的結果都是 432 唷！」

「沒錯！$a \times b = $M×L 這個關係式是成立的。那麼在這裡，要試著說明到讓我們從心底適應熟悉。」

「什麼？」

「就是將 $a = 18, b = 24$ 的質因數分解再寫一次啊！這一次，我們要試著讓相同的數字上下對齊。」

$$
\begin{array}{ccccccc}
a & = & & & 2 & \times & 3 & \times & 3 \\
b & = & 2 & \times & 2 & \times & 2 & \times & 3
\end{array}
$$

「也試著將 $M = 6, L = 72$ 用同樣的方式寫一遍。」

$$
\begin{array}{ccccccc}
M & = & & & 2 & \times & 3 \\
L & = & 2 & \times & 2 & \times & 2 & \times & 3 & \times & 3
\end{array}
$$

「將兩個表格一對照起來，也就能接受 $a \times b = $ M×L 的結果了，對吧！」

「聽得我真是一頭霧水。」

「是嗎？由梨剛剛說過這些話對吧！」

　　「最大公因數就是將兩邊都有出現的部分集合起來」。

　　「最小公倍數就是要將只有出現在單邊的部分集合起來」。

「哥哥還真的很會仔細地聽我說話呢！」

「由梨剛剛說的『兩邊都有出現的部分』或『只有出現在單邊的部分』中出現的『的部分』指的是什麼呢？」

「指的就是 2 或 3 啊！」

「我想也是。經過質因數分解之後所出現的一個個質數，我們叫做**質因數**──跟著我唸『質因數』，由梨。」

「咦？『質因數』……為什麼要這麼做？」

「在出現新的數學用語時一定要親口覆誦，這樣才會將它深深地烙印在『心的索引』裡面。」

「這樣啊！那接下來呢？」

「讓相同的數字上下對齊之後，只要稍微改變整理的方式，就會發現 $a \times b$ 與 $M \times L$ 兩者都會有相同的質因數出現。」

$$
\begin{array}{rcccccccccc}
a & = & & & & & 2 & \times & 3 & \times & 3 \\
b & = & 2 & \times & 2 & \times & 2 & \times & 3 & & \\
\hline
a \times b & = & 2 & \times & 2 & \times & 2^2 & \times & 3^2 & \times & 3
\end{array}
$$

$$
\begin{array}{rcccccccccc}
M & = & & & & & 2 & \times & 3 & & \\
L & = & 2 & \times & 2 & \times & 2 & \times & 3 & \times & 3 \\
\hline
M \times L & = & 2 & \times & 2 & \times & 2^2 & \times & 3^2 & \times & 3
\end{array}
$$

「的確，這麼看來 $a \times b = M \times L$ 也是理所當然的事情。這是因為相乘的部分都是相同的緣故啊！」

「『的部分』嗎？」

「啊……那是因為相乘的質因數都是一樣的。」

「嗯。所謂的質因數分解，指的就是把一個自然數分解成質因素的乘積。質因數分解是相當重要的。質因數之所以會這麼重要，那是因為它可以讓我們看得見自然數的構造。」

「質因數分解，原來有這麼重要啊……」

「思考到這裡，也就能清楚地瞭解到 $a \times b = M \times L$ 的關係了。$a \times b$ 為『a 全部的質因數』與『b 全部的質因數』的乘積。而 $M \times L$ 在結果上也是相同的。最大公因數的 M 為『a 與 b 全部重複到的質因數』相乘的結果，而最小公倍數 L 則為『除去 a 與 b 重複到的全部質因數』相乘的結果啊！」

解答 3-1

我們分別將自然數 a、b 的最大公因數用 M，最小公倍數用 L 來表示。這時，

$$a \times b = M \times L$$

的關係式會成立。

「那麼，問題來囉！當 a 與 b 質因數分解成下列關係式時，情況又會變得如何呢？這時 a 與 b 是什麼關係？」

$$
\begin{aligned}
a &= 2 \times 3^4 & \times 11 \\
b &= \quad 5^2 \times 7^2
\end{aligned}
$$

「唉呀！完全沒有共同的部分呢！」

「共同『的部分』——指的是什麼啊？」

「就是質因數啊！在 a 與 b 之間沒有共同的質因數啦！」

「這種情況應該可以用專業的數學用語來描述吧——」

「我知道我知道我知道我知道我知道！」

「『我知道』連說了五次！是質數！」

「也就是說 a 與 b 之間是『互質』的關係！」

「沒錯！完全正確！」

「哥哥！……由梨，或許已經愈來愈習慣『互質』了！」

「這真是個好消息！」

3.4 凡事會仔細確認的人

「一動腦，肚子就會跟著餓起來。我想吃那個！」

由梨用手指著糖果罐。

「……討厭！是薄荷口味的！我喜歡檸檬口味的！——謝謝！前一陣子，哥哥說由梨是屬於那種『凡事會仔細確認的人』對吧！可是，由

梨覺得哥哥才是那個『凡事會仔細確認的人』哦！──學校裡的老師們啊，並不會一一仔細確認由梨和同學們到底是不是真的懂了呢！雖然老師都會開口問：『各位同學，你們都懂了嗎？』但往往也都只是嘴巴說說而已，根本不管學生的反應如何，只顧著趕進度呢！在這種情況下，怎麼可能會有學生敢說『我不懂』咧！通常經老師這麼一問，教室裡頭的學生都會鴉雀無聲。而看到這種情況，老師也就會什麼都不說地繼續往下講。到底是為了什麼要這麼急呢？有的時候，問題也需要時間慢慢思考之後才能開口發問的啊……」

「……」

「我啊！之所以會想跟著哥哥學習，那是因為只要跟哥哥一說話，我就會湧現『毫無顧忌什麼都能說』的感覺唷！就算老實說『不懂啦』，哥哥也不會生氣。即使在說『我懂了』之後再改口說『我果然還是不懂』，哥哥也還是不會生氣。不管問了幾次，哥哥也都會耐心地一直講解到由梨懂為止。就是這樣讓由梨覺得很……嗯嗯～」

由梨雙手交叉胸前，不斷點著頭述說自己的想法。

「……唉！算了！不管怎麼樣，由梨都比以前更有想學習的熱情了！」

「那麼，我可以繼續出下一個問題了嗎？」

「對不起！在問題開始之前我可以先去一下洗手間嗎？」

「唉呀！好啊！不用不好意思，直接去就好了……」

「才不是不好意思呢！因為只靠單腳站立行動很不方便的說。」

啊！我怎麼沒想到！枴杖。我拉起了由梨的手。

「謝謝！哥哥，你還真是體貼呢！順便再把肩膀借我一下吧！」

「我們身高差這麼多，這樣恐怕不太好走……嗚哇！有點重耶！」

「噓！怎麼可以對淑女說出這麼失禮的話呢!?」

我扶著這一位自稱為淑女的由梨小姐，慢慢地朝洗手間前進。由梨的身上不知道為什麼散發著一股「暖烘烘的太陽香氣」。

米爾迦從另一頭現身了。

3.5　米爾迦

咦？……為什麼米爾迦會出現在我家呢？

「玩兩人三腳的遊戲嗎？看起來很有趣呢！」米爾迦板著臉神情正經地說道。

「咦——啊……咦？」我整個人都混亂了起來。

（哥哥。你可以把手放開沒有關係了！）由梨小小聲地說道。

「啊——這樣嗎？好。」

「剛好大家都在。你班上的米爾迦同學來囉！」跟在米爾迦後頭的媽媽也出現了。「等等，我就把茶送到你房裡頭去哙！」

……米爾迦坐在我的房間裡。感覺還真是奇妙！

媽媽端著茶和小點心進來。

「你們慢慢聊，千萬不要客氣哦！」

「好！」米爾迦優雅地回答道。

「那個，找我有什麼事嗎？」我問道。

「你的升學意見調查表不小心混進我的書包裡來了。」

「謝謝！」有人會只為了這個原因就特地搭電車跑到別人家裡來嗎？

從洗手間回來的由梨，用手肘頂了頂我（哥哥，快點介紹介紹）。

「這是我的小表妹由梨。現在國中二年級。」

「我知道。」米爾迦回答道。

咦？為什麼米爾迦會連由梨是我表妹的事情都知道呢？

「這一位是同班同學米爾迦，跟我同一屆。」

「如果是同班同學的話，當然就是同一屆啊！」由梨說道。

唉呀！說得也是呢！

米爾迦凝視著由梨。由梨也緊盯著眼前的米爾迦好一會兒，不知為何慌忙地垂下了眼。看起來應該是在視線壓力勝負上輸給了米爾迦。

「你和由梨長得很像。」米爾迦說道。

「會嗎……？我現在正在要教由梨數學呢！」

「這樣啊！」米爾迦回答道。

「我們正在研究『當 a 與 b 的最大公因數為 M，最小公倍數為 L 時，該怎麼用 M 與 L 來表示 $a \times b$ 的結果』這個問題的答案，對吧！」由梨對著我說道。

「M×L！」米爾迦立刻說出答案。

沉默。

米爾迦飛快地閉上了雙眼，手指不住地來回轉著圈圈，接著睜開了雙眼。

「那麼，現在輪我來解說質數的指數表現式的部分好了。」

3.6 質數的指數表現式

3.6.1 實例

開始進行質數的指數表現式解說。

當自然數進行質因數分解時，我們所要關注的是質因數的指數。舉個例子說明，將 $n = 280$ 依照下列步驟進行質因數分解。

$$280 = 2 \cdot 2 \cdot 2 \cdot 5 \cdot 7 \qquad \text{將 280 進行質因數分解之後得到}$$
$$= 2^3 \cdot 3^0 \cdot 5^1 \cdot 7^1 \cdot 11^0 \cdots \qquad \text{關注質因數指數的部分}$$
$$= \langle 3, 0, 1, 1, 0, \ldots \rangle \qquad \text{只將指數的部分集合起來}$$

像(3, 0, 1, 1, 0,…)這種表記法，我們通稱為**質數的指數表現式**。此外，像 3, 0, 1, 1, 0,…這些數字我們則稱之為**成分**。成分的序列雖然可以變成無限數列，但因為最後變成無限數列時會以 0 的姿態持續下去，所以在實質上還是屬於有限數列。

所謂的 3^0，指的是含有質因數 3 的個數為 0 個——換句話說，也就表示不含有 3 這個質因數在內。因為 3^0 等於 1，所以通常只需要把它視

為乘以 1 就可以了。

自然數 n 的質數的指數表現式，一般都會寫成像下面一樣的關係式。

$$n = 2^{n_2} \cdot 3^{n_3} \cdot 5^{n_5} \cdot 7^{n_7} \cdot 11^{n_{11}} \cdots$$

$$= \langle n_2, n_3, n_5, n_7, n_{11}, \ldots \rangle$$

在這裡，n_p 所代表的是當自然數 n 在經過質因數分解之後，質數 p 的個數會出現幾個。舉例說明，當 $n = 280$ 時，經過質因數分解之後就會得到 $n_2 = 3, n_3 = 0, n_5 = 1, n_7 = 1, n_{11} = 0,\ldots$。

因為質因數分解的唯一性，這個質數的指數表現式，與自然數是 1 對 1 相對應著。換句話說，也就是任一自然數都可以用質數的指數表現式來表示；相反的，在質數的指數表現式當中，也會有其對應的自然數存在。

那麼，接下來要出個問題給由梨囉！

◎　◎　◎

「那麼，接下來要出個問題給由梨囉！下面的質數的指數表現式所代表的是哪個自然數？」米爾迦在筆記上寫下了這個問題。

$$\langle 1, 0, 0, 0, 0, \ldots \rangle$$

「我想……應該是 2。」由梨回答道。

「答對了！這個自然數是 2。」米爾迦說道。

$$\langle 1, 0, 0, 0, 0, \ldots \rangle = 2^1 \cdot 3^0 \cdot 5^0 \cdot 7^0 \cdot 11^0 \cdots$$

$$= 2$$

由梨輕輕地點了一下頭。我總覺得今天的由梨跟平常不太一樣。

「緊接著下一個問題來囉！這個自然數是多少？」米爾迦問道。

$$\langle 0, 1, 0, 0, 0, \ldots \rangle$$

「是不是 3？」由梨用微弱不確定的聲音回答道。

「答對了！由梨很聰明。」米爾迦說道。

$$\langle 0,1,0,0,0,\ldots \rangle = 2^0 \cdot 3^1 \cdot 5^0 \cdot 7^0 \cdot 11^0 \cdots$$
$$= 3$$

「知道這是哪個自然數嗎？」米爾迦繼續接著發問。

$$\langle 1,0,2,0,0,\ldots \rangle$$

「不知道！」由梨馬上舉起白旗回答道。

「不可以這樣。」米爾迦的眼神立刻變得嚴厲起來。「這種回答的速度，就代表由梨根本沒有在做思考。由梨應該更有耐性一點才可以。」

米爾迦一番相當嚴厲的言詞讓由梨整個人都嚇傻了。

「因為人家是真的不懂嘛！」由梨嘟嘟嚷嚷地說道。

「由梨一定知道答案。只不過是因為害怕答錯，所以才不肯把答案說出來。」米爾迦的臉冷不防地逼近由梨的臉。「因為害怕，所以才會認為

『與其答錯，倒不如說不知道來得好』

吧！」

「……」由梨沒有做任何的反駁。

「膽小鬼！」

「是 27 啦！」由梨用半帶著哭音的語調回答道。

「不對！」米爾迦立刻駁回由梨的答案。「最後不是用加法。」

「啊！是這樣啊！是用乘法嗎？答案是 50。」由梨若無其事地說出了答案。

「答對了！50 才是正確的解答。」

$$\langle 1,0,2,0,0,\ldots \rangle = 2^1 \cdot 3^0 \cdot 5^2 \cdot 7^0 \cdot 11^0 \cdots$$
$$= 2 \cdot 25$$
$$= 50$$

「米爾迦大小姐，由梨懂了耶！質數的指數表現式！」

「這樣啊！……那麼，這個自然數是多少？」米爾迦問道。

$$\langle 0, 0, 0, 0, 0, \ldots \rangle$$

「我不知道。」由梨回答道。

「由梨。」米爾迦加重了語氣發出警告道。

「0？」由梨回答道。

「不對！這個 0 妳是怎麼計算出來的？」

「因為全部都是 0，所以答案是 0。」由梨回答道。

「怎麼計算出來的？」米爾迦再次重複了相同的問題。

「因為全部都是——啊！原來是這樣啊！因為 $2^0 \cdot 3^0 \cdot 5^0 \cdot 7^0 \cdot 11^0 \cdots$，所以答案是 1。」

「解開了！」

$$\begin{aligned}
\langle 0, 0, 0, 0, 0, \ldots \rangle &= 2^0 \cdot 3^0 \cdot 5^0 \cdot 7^0 \cdot 11^0 \cdots \\
&= 1 \cdot 1 \cdot 1 \cdot 1 \cdot 1 \cdots \\
&= 1
\end{aligned}$$

「由梨，回答得真好！」

米爾迦的臉上，露出了像是可以包容一切的溫柔笑容。

3.6.2 加快節奏

在喝了一口茶之後，米爾迦的手指像節拍器一樣左右搖晃了起來，拍子穩定節奏清晰地詢問著由梨。

「在質數的指數表現式 $\langle n_2, n_3, n_5, n_7, n_{11}, \cdots \rangle$ 當中，只有一個成分是 1，而其餘會等於 0 的數字 n，我們怎麼稱呼它？」

「……是質數嗎？」由梨回答道。

「沒錯！那麼，所有的成分都會是偶數的自然數，又該怎麼稱呼呢？」

「我不知……啊等一下，我想想看！」

由梨從米爾迦的手上接過了自動鉛筆，一面在筆記本上動手做筆記，一面開始思考。

　　米爾迦真是有兩把刷子……居然管得動由梨。的確，由梨的缺點就是一遇到問題動不動就喜歡說不懂立刻放棄。

　　「……雖然我的答案不見得是對的，但我試著找出了規則，列出了會成為自然數的數字？」由梨說道。

　　「例如，像哪些數字呢？」米爾迦問道。

　　「像是 4 或 9 或 16 之類的數字……」

　　「說得好！由梨的理解非常正確呢！我們通常把那些數字稱為平方數哦！」

　　「平方數！」由梨覆誦著米爾迦的話。

　　「來！問題發問！1 是不是平方數呢？」

　　「是！」

　　「用質數的指數表現式來表示 1 的時候，全部的成分會是偶數嗎？」

　　「因為 1 ＝(0, 0, 0, 0, 0, …)……所以，沒錯！全部的成分的確會是偶數！」

3.6.3　乘法

　　米爾迦順著兩人的談話繼續往下講課。

　　「那麼，接下來我們要利用質數的指數表現式來試試看乘法的部分。設兩個自然數 a、b 的質數的指數表現式如下列關係式所示。」

$$a = \langle a_2, a_3, a_5, a_7, \ldots \rangle$$
$$b = \langle b_2, b_3, b_5, b_7, \ldots \rangle$$

　　「這個時候，兩數 $a \cdot b$ 的乘積可以用下列關係式來表示。」

$$a \cdot b = \langle a_2 + b_2, a_3 + b_3, a_5 + b_5, a_7 + b_7, \ldots \rangle$$

　　「這也算是指數律的一種，相當深奧十分有趣哦！而原本預想應該比加法來得更複雜的乘法，其實只要將成分與成分相加起來，就可簡單完成了。這是為什麼呢？我們試著利用平常使用的進位法來排列看看吧！」

進位法 　　　　　　　　　　 質數的指數表現式

12×30 $\xrightarrow{\text{質因數分解}}$ $\langle 2,1,0,0,\ldots\rangle \times \langle 1,1,1,0,\ldots\rangle$

↓乘法 　　　　　　　　　　　　　　 ↓

360 　　　　　　　　　　　　 $\langle 3,2,1,0,\ldots\rangle$

進位法與質數的指數表現式

「艱澀難懂的乘法之所以能夠利用簡單的加法來解的原因，那是因為質數的指數表現式本身，其實已經是經過了複雜麻煩的質因數分解之後的結果。質數的指數表現式可以讓數的構造明朗化。」

米爾迦邊盯著由梨包裹著緞帶的腳踝邊說道。

「我們可以將質數的指數表現式，比喻成讓數的骨頭構造清楚現形的 X 光片哦！」

3.6.4 最大公因數

「接下來，我們要談的是最大公因數。」米爾迦說道。「兩個自然數 a、b 的最大公因數是否可以使用質數的指數表現式來表示呢？由梨，請思考一下。」

$$a = \langle a_2, a_3, a_5, a_7, \ldots \rangle$$
$$b = \langle b_2, b_3, b_5, b_7, \ldots \rangle$$

「好！我會仔細思考的！」由梨話一說完便陷入了思考⋯⋯不一會兒，由梨抬起了頭。「米爾迦大小姐，一定要用算式來表現嗎？靠由梨所知道的算式是沒有辦法解出來的⋯⋯」

「請試著利用國語將自己所要表達的東西說出來。」

「我想要表達的是『兩數當中比較小的那個』⋯⋯」

「比較小的那個？還是不大的那個？」

「咦⋯⋯啊！不大的那個！」

「如果有想寫下來的東西就先寫下來，之後只要再給函數下新的定義就可以了。例如，我們可以像這樣定義這個叫做 $\min(x, y)$ 的函數。」

$$\min(x, y) = （x 與 y 兩數當中不大的那個數）$$

「下定義？」

「賦予必要的函數清楚的意義。」米爾迦解釋道。

「自己下定義沒有關係嗎？」由梨疑惑地問道。

「當然沒有關係！不定義的話就無法使用了──對吧？」米爾迦說道。「我們也可以這樣子定義。」

$$\min(x, y) = \begin{cases} x & （x < y \text{ 的情況下}） \\ y & （x \geq y \text{ 的情況下}） \end{cases}$$

「試著用 $\min(x, y)$ 來表現最大公因數吧！」由梨說道。

（a 與 b 的最大公因數）＝

　　$\langle \min(a_2, b_2), \min(a_3, b_3), \min(a_5, b_5), \min(a_7, b_7), \ldots \rangle$

「這樣就對了，由梨！」米爾迦點著頭表示讚許。

「……是這樣啊！原來可以自己下定義啊！」由梨說道。

突然間，米爾迦急急地壓低了嗓音。

「那麼，緊接著我們就要和領航員一起──出發前往無限次元空間去囉！」

米爾迦平常總是習慣將向量（vector）說成領航員。

3.6.5　前往無限次元空間

出發前往無限次元空間囉！

我們可以將質數的指數表現式 $\langle n_2, n_3, n_5, n_7, \cdots \rangle$ 當作無限次元的向量來看待。正因為是無限次元，所以座標軸自然也會有無數個。各個座標軸都與質數相對應，而 $\langle n_2, n_3, n_5, n_7, \cdots \rangle$ 都會成為各座標軸的成分。

任一自然數都會與無限次元空間內的某一個點相對應。

所謂的對任一自然數進行質因數分解這件事情，其實指的就是要找出這個自然數的點座落在座標軸上的投影。

那麼，彼此「互質」的任兩自然數在幾何學上又是如何對應的呢？

任兩自然數如果彼此互質的話，那麼它們的最大公因數就會等於1。1用質數的指數表現式來表示的話，即為$(0, 0, 0, 0, \cdots)$。所謂的求最大公因數，其實求的就是質數的指數表現式每一個成分的$\min(a_p, b_p)$。「a與b互質」與「對所有質數p來說，$\min(a_p, b_p) = 0$都會成立」相對應。

$$a \text{ 與 } b \text{「互質」} \iff \text{對所有質數 } p \text{ 來說 } \min(a_p, b_p) = 0$$

換句話說，在所有的質數p當中，a_p或b_p任一方有一者必為0。也可以說是因為兩個向量的投影並不會座落在同一個座標軸上的緣故。

總而言之，這是因為兩個向量之間具有「直交性」（互相垂直、正交）。根據這個直交的特性，有些數學家便將a與b「互質」的結果寫成了$a \perp b$。因為$\perp$這個符號給人的印象就是直交。

$$a \text{ 與 } b \text{「互質」} \iff a \perp b$$

「互質」為數論上的表現，而「直交」則為幾何上的表現。

深具內涵的幾何特性，讓我們的表現更為之豐富。

◎　◎　◎

「深具內涵的幾何特性，讓我們的表現更為豐富。」米爾迦做出結語。

由梨似乎完全被米爾迦強烈的氣勢給壓倒了，一言不發地陷入了沉默。不！不只有由梨！就連我也是如此！我已經不知道該說些什麼才好了！

3.7 米爾迦大小姐

等我送米爾迦到車站回到家，才剛要踏入家門，由梨便緊抓著我問道。

「哥哥……之前『找出受到同伴排擠數字的謎題』是那個人出的題對不對？」

「對啊！妳怎麼知道？」

「字跡啊！看字跡就知道了！……啊～啊～我的頭髮如果可以再長一點的話就好了……。可是，髮色沒辦法改變，還是褐色。那一頭烏溜溜的長髮根本就是犯規嘛！米爾迦大小姐，真的是太厲害了……」

米爾迦大小姐？

「我怎麼會那麼沒有用！一下子就被她的氣勢給壓倒了。由梨搞不好已經成為米爾迦大小姐的粉絲了……。送米爾迦大小姐回去時，也稍微聊到了蒂德拉。蒂德拉該不會也像米爾迦大小姐一樣這麼棒吧……」

「既然妳提到蒂德拉，」我說道。「在醫院的時候，妳有把蒂德拉叫回去對吧!?當時，妳到底都跟蒂德拉說了些什麼？」

由梨一邊玩弄著頭髮，斷斷續續地回答道。

「我只不過是跟她說表妹屬旁系血親四等親而已啊……」

世界上的數學家們啊！再也無法等待了。

如果可以導入新記法的話，

許多的公式就能夠更明確地寫出來。

當 m 與 n 互質的時候，便寫成 $m \perp n$，

那麼不妨就把它解讀成 m 是與 n 相對的質數好了。

——Ronald L. Graham/Donald E. Knuth/Oren Patashnik

《*Concrete Mathematics: A Foundation for Computer Science (2nd Edition)*》

No.

Date　　・　・　・

「我」的筆記

實際動手畫畫看質數的指數表現式的向量。可是，因為無法將無限次元畫出來，所以用二維來代替。也就是說質數屬於二維的世界。而在這個世界裡，質數的指數表現式的成分也就變成了兩個。

$$\langle n_2, n_3 \rangle = 2^{n_2} \cdot 3^{n_3}$$

沒有直交的例子（不互質的例子）

$$\begin{cases} a & = \langle 1,2 \rangle = 2^1 \cdot 3^2 = 18 \\ b & = \langle 3,1 \rangle = 2^3 \cdot 3^1 = 24 \end{cases}$$

$$\begin{aligned} (a \text{ 與 } b \text{ 的最大公因數}) &= \langle \min(1,3), \min(2,1) \rangle \\ &= \langle 1,1 \rangle \\ &= 2^1 \cdot 3^1 \\ &= 6 \end{aligned}$$

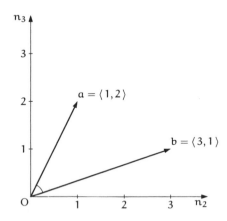

No.

Date　・　・　・

直交的例子（互質的例子）

$$\begin{cases} a & = \langle 0,2 \rangle = 2^0 \cdot 3^2 = 9 \\ b & = \langle 3,0 \rangle = 2^3 \cdot 3^0 = 8 \end{cases}$$

$$\begin{aligned}
(a \text{ 與 } b \text{ 的最大公因數}) &= \langle \min(0,3), \min(2,0) \rangle \\
&= \langle 0,0 \rangle \\
&= 2^0 \cdot 3^0 \\
&= 1
\end{aligned}$$

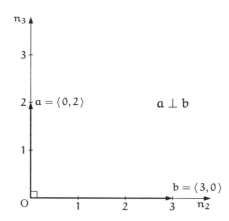

第 4 章
反證法

然而，他再怎麼屏著呼吸凝神細看，
那片天空都不像是白天老師說的
那般空曠寂寥而毫無生氣。
何止如此，他愈看就愈覺得
那裡頭存在著一片片的小森林或牧場，就像原野一樣。
——宮澤賢治《銀河鐵道之夜》

4.1　我家

4.1.1　定義

「哥哥、哥哥、哥哥我在叫你啦！」

這裡是我的房間，今天是星期六。到剛剛為止都還滾來滾去看著書的由梨，突然匆匆忙忙地一邊高聲叫喊著，一邊衝向我的書桌。看起來由梨的腳已經完全恢復得差不多了。

「怎麼啦？妳剛剛不是還在看書嗎？」

「無聊死了啦！趕快出點什麼謎題給我解解悶啦——」

「好好好……那麼，我就出一個名聞遐邇的證明題好了。」

問題 4-1
試證明 $\sqrt{2}$ 不為有理數。

「這麼難的問題，人家不懂啦……等一下！──嗯嗯，這個我在學校有學過哦！但是老師的說明實在太複雜難懂了！設 $\sqrt{2}$ 為有理數的話，就可以說 $\sqrt{2}$ 是有理數。如果可以說 $\sqrt{2}$ 是有理數的話，$\sqrt{2}$ 就是有理數……對不起！果然我還是沒辦法。」

「數的範圍──算了！那麼，我們一起來思考這個問題好了！」

「嗯！一起思考嗎？好啊！好啊！」

「在解答數學問題時，最重要的就是要仔細閱讀問題本身。」

「這種事情不用講，我也知道啦！不好好仔細讀問題的話，就沒有辦法解開啊！」

「可是，有很多人就算不閱讀數學問題，也可以把問題解開哦！」

「有這種人嗎？」

「當然有──雖然這種說法對那些人有點不好意思，但是有些人就是可以在不懂問題意思的情況下，還能夠把問題解開呢！」

「問題的意思……不是讀了就會懂嗎？」

「理解問題『深淺』的能力差別，是因人而異的唷！」

「理解力深淺什麼的，就算哥哥說了我還是不太懂耶──」

「在閱讀問題本身的意思時，最重要的就是要確認**定義**。」

「到底要怎麼定義呢？」

「就是要確認『定義中的定義』啊！」我露出了微笑說道。「所謂的定義，其實有在語言上求嚴密精確的意思哦！在『試證明 $\sqrt{2}$ 不為有理數』的這個問題中，我們必須要回答以下兩個問題。」

- 所謂的 $\sqrt{2}$ 是什麼？
- 所謂的有理數是什麼？

「真的是好麻煩哦喵！非要這樣一個一個地好好回答不行嗎？」
由梨不停地搖晃著她那顆腦袋瓜，搖到連馬尾也跟著左右甩動。

「不行哦！因為如果連定義都不知道的話，就無法解開問題囉！」

「這樣嗎?!好吧！我知道什麼是 $\sqrt{2}$ 耶！」

「那麼，可以試著說明一下嗎？所謂的 $\sqrt{2}$ ……是什麼？」

「這個簡單！$\sqrt{2}$ 平方之後會得到 2 對吧？唉呀！這是正平方根的時候喔！而 $\sqrt{-2}$ 在平方之後也會得到 2。」由梨一臉得意地說明著，並且信心滿滿地用力點著頭。

「唉呀……我就知道由梨一定懂！可是，這樣的說明方式實在不怎麼高明。改試著比較下面兩種說法看看。」

×「$\sqrt{2}$ 平方之後會得到 2 對吧？唉呀！這是正平方根的時候喔！」
○「所謂的 $\sqrt{2}$，指的就是該數字在平方之後會等於正 2。」

「我知道啦！老ㄙㄨ。『所謂的 $\sqrt{2}$，指的就是該數字在平方之後會等於正 2』……這樣總可以了吧！」

「嗯！這樣比較好！那麼，接下來請解釋有理數的定義。不知道妳懂不懂呢？」

「我想想看！『所謂的有理數，指的就是用分數來表達的數』是不是這個意思呢？」

「就差這麼一點！太可惜了！」

「咦？有理數指的不就是像 $\frac{1}{2}$ 或 $-\frac{2}{3}$ 這一類的分數嗎?!」

「如果是這樣的話，那 $\frac{\sqrt{2}}{1}$ 是不是也是有理數呢？」我問道。

「啊！那種的就不算是有理數了。應該說用 $\frac{整數}{整數}$ 來表達的數就是有理數，這種說明方式比較正確。」

「很接近正確答案了。但是分母的部分絕對不能為 0 哦！所以，我們應該要將有理數解釋成 $\frac{整數}{除了\,0\,以外的整數}$ 才對。」

「所謂的整數……，指的就是像…, $-3, -2, -1, 0, 1, 2, 3, \cdots$ 等等之類的數字對吧?!」

「沒錯！整理歸納起來就是——」

- 所謂的整數……指的就是像…, $-3, -2, -1, 0, 1, 2, 3, \cdots$ 等等之類的數。

- 所謂的有理數，就是用 $\frac{整數}{除了\,0\,以外的整數}$ 來表達的數。

「唉！沒想到光只是閱讀問題本身就這麼累人了喵～」由梨說道。

「習慣之後就不會感到麻煩了！確認定義的習慣可是相當重要的喔！」

「問題並不是清清爽爽的而是黏呼呼的，讓人讀都讀不下去。」

「黏呼呼的？」

「只要沉著一點冷靜下來，就能讀懂了不是嗎？非追根究柢才能讀個明白不可。」

「妳想怎麼說都可以啦……剛剛，我們已經說明過了整數和有理數的定義。在閱讀數學書籍的時候，要一邊追問『定義是什麼？』一邊閱讀。」

「如果有不懂的用語出現時應該怎麼辦才好呢？」

「這個時候就要閱讀那本書的**索引**。」

「所謂的索引，指的是放在書最前面的那個部分嗎？」

「不是！不是！放在書最前面的部分叫做**目錄**唷！放在書最前面的目錄是依照章節順序安排的，通常會以簡潔精鍊的方式來表達章節間的關聯與邏輯過程。而索引則是放在書的最後面，其作用為列出書中所提及的詞句和主題，以及出現它們的頁碼。要尋找用語說明時，就會使用到索引的部分。像教科書或參考書這一類的書籍，因為有查閱用語的必要，所以一定會附有索引的部分。」

「索引嗎——可是，哥哥老師，由梨累了。雖然完全沒有解出任何問題，但想放輕鬆，一起喝個下午茶嘛！」

「孩子們！熱騰騰香噴噴的鬆餅好了！」從廚房傳來媽媽的呼聲。

「時間點抓得真好！我和阿姨還真是心有靈犀呢！」由梨說道。

「我想應該是食欲的神奇力量吧！」我說道。

4.1.2 命題

餐桌。上面擺著剛烤好的鬆餅。

「試證明 $\sqrt{2}$ 不為有理數。」我說道。

「拜託吃東西的時候請不要聊這種有礙消化的話題。」媽媽說道。

「這一罐是楓糖漿嗎？」由梨盯著眼前的罐子看。

「是啊！加拿大原產的楓糖漿哦！保證 100% 純正天然！」

「好好吃喔！」由梨嚐了一口鬆餅後讚道。

「由梨真是個貼心的好孩子呢！」媽媽整個人笑咪咪的，開始動手清洗平底鍋。

「再等一下下紅茶就泡好了唷！」

「接下來呢？」由梨問我道。

「從現在開始請試著說說看所欲證明的命題。」

「什麼是命題？」

「沒錯！沒錯！就是要像這樣！這種確認定義的態度非常好哦！所謂的**命題**，指的就是利用具真假值語義的句子來判斷數學主張的真偽。例如像是『$\sqrt{2}$ 不為有理數』或『質數存在有無窮多個』，這些就是命題哦！說得更簡單一點，『$1+1$ 會等於 2』也是命題唷！」

「我懂了！不就是命題嘛！對吧！……請把奶油遞給我！」

「來！給妳！那我要出謎題囉！『$1+1$ 會等於 3』是不是命題呢？」

「不是命題。因為 $1+1$ 明明就等於 2 啊！」

「不不不！『$1+1$ 會等於 3』也是命題哦！它是一個偽命題。換句話說，也就是一個不正確的命題。因為命題是利用具真假值語義的句子來判斷數學主張的真偽，所以有真命題，就會有偽命題。」

「有無法判斷到底是不是正確的這種主張嗎？」

「舉個例子說明好了。像『楓糖漿很好吃』雖然是由梨的主張，但卻不是命題。因為楓糖漿好不好吃，會隨著喜好的不同因人而異。這種主張並沒有涉及數學上的真偽判斷，所以不是命題。——那麼，接下來我們要證明的命題是什麼呢？」

「接下來要證明的命題是……『$\sqrt{2}$ 不為有理數』對吧！」

「嗯！沒錯！在解證明題時，一定要仔細確認接下來所要證明的命題。不分青紅皂白地四處亂闖是行不通的哦！」

「我懂了！」

「命題確認了之後——就要試著檢討寫下來的算式。」我囫圇吞棗

地將鬆餅急塞進嘴裡。

「吃相這麼難看，真沒規矩！請細嚼慢嚥好好地品嚐。」端著紅茶壺走近餐桌的媽媽喊道。

4.1.3 算式

我在餐桌上將紙攤開後，隨即和由梨繼續剛才的話題。

「使用**算式**寫出來做表達是很重要的哦！也就是要將問題引入算式的世界中。而所謂的算式，就是數學家們為我們所特別準備的便利道具。如果不使用算式的話，就沒有辦法解出答案。」

「該怎麼使用算式來表達『$\sqrt{2}$ 不為有理數』呢？我一點頭緒都沒有。」

「所謂的有理數，就是用 $\dfrac{整數}{除了\ 0\ 以外的整數}$ 來表達的數。──所以，我們可以將有理數完全寫成『a 分之 b』這樣的分數形式。」

$$\frac{b}{a}$$

「我懂了！」

「這樣不行啦！由梨妳應該要在這裡提出『a、b 是什麼？』的疑問。一有文字出現，就應該要立刻進行確認的啊！──在這裡，a、b 所代表的是整數。而附帶條件是，分母 a 不為 0。因此，

『$\sqrt{2}$ 不為有理數』

的這個命題，應該要寫成

『滿足 $\sqrt{2}=\dfrac{b}{a}$ 的整數 a、b 並不存在』

這麼一來，就變成了我們所欲證明的命題。」

「這樣啊！我懂了！」

「那麼，在這裡……

『有滿足 $\sqrt{2}=\dfrac{b}{a}$ 的整數 a、b 存在』

我們要這麼假設。」

「咦?這樣不就是和我們想要證明的命題相反了嗎?」

「沒錯!可是,『相反』並不是符合邏輯的用語。符合邏輯的用語為『否定』。現在,我們要假設所欲證明的命題為否定。」

「否－定－對嗎?」

「沒錯!像 $\frac{1}{2}$ 與 $\frac{2}{4}$ 與 $\frac{3}{6}$ 與 $\frac{100}{200}$ 這一類的分數,因為是分子分母同時乘以 0 以外的相同整數而得到完全相等的分數,所以 a、b 的組合會有無窮多個。在這裡,我們要將分數 $\frac{b}{a}$ 已經約分完的分母 a、分子 b 分別冠上名稱。那麼,如果我們將假設稱為『有滿足 $\sqrt{2} = \frac{b}{a}$ 的整數 a、b 存在』的話,下列的式子就會成立。」

$$\sqrt{2} = \frac{b}{a}$$

「我想想看,a、b 是整數對不對?」

「沒錯!並且分數 $\frac{b}{a}$ 是最簡分數。在這個時候,a、b 是什麼關係呢?」

「互質對不對?」

「哦!回答得相當神速呢!」

「當然啦!因為由梨可是『互質』達人呢!」

「那是什麼啊……接下來,我們要把左邊的 $\sqrt{2}$ 先平方,並整理一下關係式的部分。」

$$\sqrt{2} = \frac{b}{a} \qquad \text{假設：所欲證明命題的否定}$$

$$2 = \left(\frac{b}{a}\right)^2 \qquad \text{兩邊同時平方之後}$$

$$2 = \frac{b^2}{a^2} \qquad \text{展開右邊之後}$$

$$2a^2 = b^2 \qquad \text{兩邊同時乘以 } a^2 \text{ 之後}$$

「等一下啦!為什麼兩邊要同時平方呢?」

「考考你!」

「儘管考……」

「$\sqrt{2}$ 的定義為何？」

「所謂的 $\sqrt{2}$，指的就是該數字在平方之後會等於正 2。」

「對啊！『平方之後會變成 2』是 $\sqrt{2}$ 相當重要的特性。所以，當然要先試著將兩邊同時平方一下啊——那麼，就會得到

$$2a^2 = b^2$$

的結果。a、b 又是什麼呢？」

「a、b 是互質的整數對吧！」

「沒錯！還有不要忘記 $a \neq 0$。……不時要確認『變數代表著什麼』的動作是相當重要的。」

「是這樣嗎？聽起來總覺得數學簡直就像是一門確認的學問呢！」

「因為焦點已經轉移到整數上了，所以下一個步驟我們要試著『調查奇偶性』。調查奇偶性——換句話說，也就是調查該數為奇數？還是偶數？——調查奇偶性可是相當便利的數學道具哦！左邊的 $2a^2$ 究竟是奇數呢？還是偶數呢？」

「我怎麼會知道？——不對！我知道！是偶數啦！」

「沒錯！所謂的 $2a^2$，即為 $2 \times a \times a$。因為是乘以 2，所以

$$2a^2 \text{ 則為偶數}$$

對吧！也因此，關係式 $2a^2 = b^2$ 的左邊為偶數的話，右邊當然也會是偶數。

換句話說，也就可以說是

$$b^2 \text{ 為偶數}$$

平方之後會成為偶數的整數指的是什麼呢？」

「……偶數嗎？」

「沒錯！因此，換言之

$$b \text{ 為偶數}$$

也就是說，b 可以寫成

$$b = 2B$$

這樣的關係式。」

「原來是這樣啊……不對啦！那個 B 是什麼？」

「厲害！厲害！這個反擊超厲害的！B 是整數哦！因為 b 是偶數的緣故，所以會有滿足 $b = 2B$ 的整數 B 存在。」

「為什麼一定非要用 B 這種文字敘述不可呢？比起『會有滿足 $b = 2B$ 的整數 B 存在』的表達，『b 為偶數』這樣的說法不是會來得更簡單嗎？」

「這是因為想要用算式來進行思考的緣故啊！所以才會用偶數這個用語來表達算式！」

「我覺得算式的用法比較討人喜歡。」

「是啊！算式可是相當便利的交通工具呢！如果想去到更遠的地方，就要盡可能地使用算式。莽莽撞撞突然開始奔跑的話，是行不通的。那麼，因為 b 可以寫成 $b = 2B$，所以 $2a^2 = b^2$ 可以變形成如下所示的關係式。」

$$2a^2 = b^2$$

$$2a^2 = (2B)^2 \qquad 將 b = 2B 代入之後$$

$$2a^2 = 2B \times 2B \qquad 展開右邊之後$$

$$2a^2 = 4B^2 \qquad 計算完右邊之後$$

$$a^2 = 2B^2 \qquad 兩邊同時除以 2$$

「那麼，就可以得到

$$a^2 = 2B^2$$

的結果。a 或 B 是什麼呢？」

「是整數對吧！到底要確認幾次才可以啊！」

「要不斷地確認，一直要確認到厭煩極了，近乎自言自語的地步才可以！附帶再提一下，$a \neq 0$ 哦……那麼，當焦點已經轉移到整數身上時，我們下一個要採取的是什麼步驟呢？」

「是什麼步驟呢……啊！調查奇偶性嗎？」

「正確解答！是『調查奇偶性』哦！式子 $2a^2 = b^2$ 的右邊為偶數。

$$2B^2 為偶數$$

換句話說，也就是左邊也會是偶數。也就會得到

$$a^2 為偶數$$

的結果。平方之後會成為偶數的整數是什麼呢？……」

「就說了是偶數啊！……到底要問幾次啦！」

「嗯！因為 a^2 是偶數，所以 a 也會是偶數。因此也就是說，a 可以寫成

$$a = 2A$$

這樣的式子。A 所代表的是某一個整數哦！」

「哥哥……我總覺得你說的話跟剛剛很像耶！」

「是啊，是很像！話說回來，難道妳不會覺得很不可思議嗎？」

「什麼事情不可思議？」由梨疑惑地歪著頭問。

「經由式子的變形，就可以瞭解 a 或 b。」

「……有嗎？——啊啊，像是 a 是偶數之類的嗎？」

「沒錯！像是 a 與 b 兩者都是偶數的結果。」

「所以呢？」

「a 與 b 兩者都是偶數的話，也就是說兩者皆會是 2 的倍數哦！由梨！」

「……奇怪了？前面不是有提到 a 與 b 是『互質』的關係嗎？」

「對對！」見到由梨的反應我不由得面露微笑，由梨果然對數學條件很敏感。

「a 與 b『互質』這個條件所代表的是 a 與 b 的最大公因數應該是 1 ……換句話說也就表示了 a、b 兩者不可能會是 2 的倍數。」

「由梨，這是為什麼呢？」

「因為，如果 a、b 兩者是 2 的倍數的話，a 與 b 的最大公因數就會大於 2。」

「說得很好！這就是問題的關鍵重點所在了。這麼一來，我們便可以瞭解到以下的兩個命題都是成立的。」

「*a* 與 *b* 是互質的」←之前的假設

「*a* 與 *b* 不是互質的」←關係式變形之後所推導出的結果

「咦？」

「像這種『是○○』及『不是○○』兩者都成立的結果，我們稱之為矛盾。」

「所謂的矛盾，指的是混亂不堪這件事……嗎？」

「不是！不是！好好聽清楚我說的話。不要隨隨便便就從數學性的邏輯思考中亂脫隊啦！數學怎麼可能壞掉、變得混亂不堪啊！所謂的矛盾，指的是對命題 P 而言，在結果上出現了『是 P』及『不是 P』兩者都成立的情況唷！這就是矛盾的定義。」

矛盾的定義

決定 P 為命題。

所謂的矛盾，是指在結果上出現了「是 P」及「不是 P」兩者都成立的情況。

「在一開始，我們就這樣假設過了對吧！*a*、*b* 為互質的整數，則 $\sqrt{2}=\dfrac{b}{a}$ 的關係式就會成立。」

「嗯！剛才有這樣假設過。」

「我們的假設，是真還是偽並不清楚。可是，結果非真即偽，只會是兩者其中之一。從假設開始進行邏輯上的推論，最後就會引起矛盾。妳想之所以會推導至矛盾的結果是因為哪個環節出了問題呢？」

「嗯～！我認為並不是有哪裡出了差錯。」

「嗯！我們兩個人的推論在邏輯上並沒有出現任何問題。可是，只有一個地方有爭議，那就是擅自判定了命題的真偽。也就是

『有滿足 $\sqrt{2}=\dfrac{b}{a}$ 的整數 *a*、*b* 的存在』

的這個假設。而之所以會推導至矛盾的結果，就是因為我們擅自判定了這個假設為真的緣故。因此，即可證明「有滿足 $\sqrt{2}=\dfrac{b}{a}$ 的整數 a、b 的存在」的假設不為真。」

「先擅自判定『這個是真的！』——然後，在推導至矛盾之後，再連忙說聲『抱歉！不好意思啦！』這樣就結了嗎？」

「就是這樣！但是，在推導至矛盾的途中一定不能出現任何錯誤的推論哦！」

「那倒是！」

「那麼，已經知道『有滿足 $\sqrt{2}=\dfrac{b}{a}$ 的整數 a、b 的存在』的假設不為真了。換句話說，也就是『有滿足 $\sqrt{2}=\dfrac{b}{a}$ 的整數 a、b 並不存在』。」

「光靠這些步驟就可以證明 $\sqrt{2}$ 不為有理數了嗎？」

「是的。可以用 $\dfrac{\text{整數}}{\text{除了 0 以外的整數}}$ 的形式來表達的數，即為有理數。相反地，只要不能用 $\dfrac{\text{整數}}{\text{除了 0 以外的整數}}$ 的形式來表達的數，就不是有理數。……感覺就像是以定義為基礎，然後再進行證明，不知道這樣的形容妳懂不懂？」

「我儘量啦！……可是，證明這種事情還真是麻煩呢！」

「我們剛剛一起進行的證明方法叫做**反證法**。」

「反證法？」

「所謂的反證法，就是『假設所欲證明的命題為否，再將其推導至矛盾的證明方式』。這是經常會使用到的證明方法哦！」

「啊！剛剛那段話就是反證法的定義對吧！」

反證法的定義

所謂的反證法，就是「假設所欲證明的命題為否，再將其推導至矛盾的證明方式」。

解答 4-1（$\sqrt{2}$ 不為有理數）

使用反證法。

1. 設 $\sqrt{2}$ 為有理數。

2. 這個時候，會有滿足下列關係式的整數 a、b 存在($a \neq 0$)。
   - a, b 為互質。
   - $\sqrt{2} = \dfrac{b}{a}$

3. 兩邊先同時平方，再去掉分母之後，會得到 $2a^2 = b^2$。

4. 因為 $2a^2$ 為偶數，所以 b^2 也會是偶數。

5. 因為 b^2 為偶數，所以 b 也會是偶數。

6. 也因此，會有滿足 $b = 2B$ 的整數 B 存在。

7. 將 $b = 2B$ 代入 $2a^2 = b^2$ 的關係式當中，發現 $a^2 = 2B^2$ 會成立。

8. 因為 $2B^2$ 為偶數，所以 a^2 也會是偶數。

9. 因為 a^2 為偶數，所以 a 也會是偶數。

10. 因為 a、b 兩者皆為偶數，所以 a、b 不是互質。

11. 這樣的結果與「a、b 互質」的條件矛盾。

12. 也因此，$\sqrt{2}$ 不為有理數。

「接下來，我們整理歸納一下今天說過的部分！」

- 首先要閱讀問題本身
- 要反覆不斷地確認定義
- 要試著習慣「所謂的○○，指的就是○○的意思」的說法
- 用算式來表達
- 整數一旦出現的話，就要「調查奇偶性」
- 變數一旦出現的話，就要開口問「這個變數是什麼？」

「除此之外，我們也學到了反證法……怎麼了？」

「……真的很難耶！可是，瞭解了證明進行的氣氛是怎麼一回事。也瞭解到了定義及算式的重要啦！……可是，實在記不住這麼長篇大論

的證明步驟喵嗚～」

「妳的觀念錯了！就算把剛剛的證明整個完全死背起來也不具任何意義。應該試著自己一個人翻開筆記，握著自動鉛筆，再一次靠著自己的力量重頭到尾證明一次。」

「嗯……咦？靠自己的力量嗎？」

「沒錯！靠著自己的力量。可是，因為證明的過程大概不會太順利，所以如果無法好好證明的話，也不要太沮喪哦！有可能會在某個證明的環節中就卡住了！儘管有靠著自己的力量瞭解的打算，但還是可能會無法如願順利地完成證明哦！如果在哪個環節上卡住了，就要回頭翻書或者是翻自己以前做的筆記，好好地用心下功夫。直到可以順利完成證明之前，要不斷地不斷地反覆練習。……藉由這樣的反覆練習，就可以讓學習數學的基磐變得更穩固哦！並不是要妳死背！是要妳理解數學的構造，鍛鍊出追尋邏輯過程的力量，並培養靈活運用數的性質以重新組合問題的力量。」

「Aye-aye sir！熱血麻辣教師！」

4.1.4　證明

我們兩個回到了房間。

「哥哥，我想吃糖。」說著說著由梨便順手從書架上拿起了糖果罐。「檸檬口味、檸檬口味在哪裡？奇怪?!已經沒有檸檬口味了。沒辦法！勉強拿哈密瓜口味了。哥哥，你不要把人家的檸檬口味吃光啦！」

「話說回來，這糖果也不是由梨妳的吧……」

「我說哥哥啊……證明真有這麼重要嗎？」由梨一邊舔著哈密瓜口味的糖果，一邊問道。

「當然重要啊！數學家們最重要的工作之一莫過於以證明的形式將研究所得的結果留在這個世界上。在歷史上一路走來有無數的數學家完成了許多志業，而現代的數學家們，藉由『證明』的方式好讓自己也在漫長的歷史上添下註腳。」

「是這樣啊！原來證明是數學家們的工作啊……」

「是啊！數學家們可是拚了老命的在證明哦！」

「雖然在學校也學過證明，但卻從沒有感受到像哥哥說的那種震撼衝擊。證明問題只讓我感到比計算問題來得更棘手麻煩而已，沒想到原來證明問題這麼的重要啊！數學家們重要的工作……可是，用『拚了老命的在證明』這種說法，會不會說得太誇張了點啊？」

「的確！不進行證明也不會死，我真是有點說得太過頭了！可是呢！……為了某件事『傾注了大量的時間』，這種行徑難道不就叫『拚了老命』嗎？畢竟，在活著的時候可以做的事情是相當有限的。在這個世界上能夠使用的時間，是有限的。而在這『有限』的生命中，數學家撥出了一部分的時間耗費在證明上。」

「有——限？」

「……儘管人類的壽命有限，數學家卻可以把它們化為無限！光是這一點妳不覺得很厲害嗎?!像『對所有的整數 n……』這種表現，也簡直叫人無法想像呢！光用一個字母 n，居然就能夠代表無窮多個整數。只用一個字母，就抓住了無限。變數也是過去的數學家所思考出來的道具之一哦！」

「只用一個字母，就抓住了無限……。啊！指的不正是『將浩瀚的無窮宇宙放在掌心上』這件事情嗎？……數學家這群傢伙，是不是特別喜歡無限這種東西啊！」

「說不定是真的特別喜歡呢！那麼，由梨知不知道『○○對所有的整數 n 都是成立的』的否命題是什麼呢？」

「不就是『○○不成立』嗎？」

「妳說的是『○○對所有的整數 n 都不成立』嗎？」

「對！」

「不對！那就錯了唷！『○○對所有的整數 n 都是成立的』的否命題是『○○對某個整數 n 不成立』或『有對整數 n 不成立的○○存在』。舉個例子來說，在這個糖果罐中——『所有的糖果都是檸檬口味的』而其否命題即為

『有一顆糖不是檸檬口味的』

或者是

『有一顆不是檸檬口味的糖存在』

如果是完全否定的話，題意就會變成沒有一顆糖是檸檬口味的。全都是哈密瓜口味之類的說法。」

「只要有一個淪陷，就『無一』倖免是嗎？」

「就是這個意思哦！由梨，反證法是從否命題來開始進行證明的。因為想要證明對全部的糖果而言哪個結論會成立，所以要先假設不讓這個結論成立的條件，即罐中有其它不同口味的糖果存在，並進一步推導至矛盾。這樣一來，我們就可以集中精神針對這個不同口味的糖果來進行思考了。──這也就是為什麼反證法常常會被拿來使用的原因之一哦！」

「原來如此喵～」

「命題的證明，也與永恆有關。所謂的永恆，指的就是時間的無限性。已經被證明了的命題，在證明出該命題的數學家逝世之後，後進的數學家也會針對這個已經被證明了的命題進行再證明。證明是相當嚴謹，且難以被推翻的。數學上的證明，可以說就像是超越時空的時光機器一樣。就像是時間過得再久也不會傾倒的建築物一樣。證明，是壽命有限的人類接觸永恆的唯一機會。」

「哥哥，你相當酷哦！」由梨嘲弄似地笑著說道。

「恐怕也只有由梨會說我很酷呢……可是，被誇鏘鏘鏘了還是很開心的喵～」我回答道。

「停！不准模仿由梨啦──！」

4.2　高中

4.2.1　偶數奇數

「……就像這樣，我教了由梨如何證明 $\sqrt{2}$ 不為有理數。」我說道。

現在是放學後，我們在音樂教室裡頭，不按照座位順序悠閒地坐著。永永面對著鋼琴專心地彈著巴哈。永永現在彈的是巴哈的二聲部創意曲，而我和蒂蒂和米爾迦正聊著天。雖然是和我們聊著天，但在聊天當中，米爾迦卻一直都面朝著永永的方向。

永永是和我同一所高中二年級的女生。雖然和我與米爾迦是同一個學年，但卻被分在不同的班級。永永是鋼琴同好會「Fortissimo」的社長，除了上課時間以外，幾乎所有的時間都花在鋼琴上了。

「學長，你真的很會教人耶。」蒂蒂說道。「『互質』啊?!……用英文要怎麼說呢？」

「我想正確的說法應該是 Relatively Prime。」我說道。

「Relatively Prime——是兩個正整數互質——的意思對吧！」蒂蒂點著頭。「或許也可以說成是兩個正整數為了互質，而在數上所進行的一連串活動。」蒂蒂的英文相當強。透過英文來理解的話，或許反而更能領悟到精髓而理解得更透徹。

「還知道其它的證明方法嗎？」之前一直盯著永永方向看的米爾迦，突然間回過頭來朝著我們問道。原本還以為米爾迦陶醉在永永的琴音當中，沒有聽我們說話，但沒想到還是有在聽嘛！並且還聽得一字不漏。

「其它的證明方法？」我問道。

「使用反證法。」米爾迦繼續往下說。設 $\sqrt{2}$ 為有理數，則會有滿足

$$\sqrt{2} = \frac{b}{a}$$

的整數 a、b 存在。兩邊同時平方後去分母，

$$2a^2 = b^2$$

的關係式就會成立。到目前為止的步驟都和你的證明一樣……那麼，請接招。」

「$2a^2$ 在進行完質因數分解之後，所含有的質因數 2 的個數到底有幾個？」

「我怎麼可能會知道 2 的個數有幾個啊！」我回答道。

「的確，我們不可能知道個數有幾個。可是，卻可以知道個數是整數哦！」米爾迦說話斷行清楚的語氣令人感到焦急。

「個數——是整數唷！」

「一說到整數就會聯想到什麼？」

「調查奇偶性——對嗎？」

這麼回答的人是蒂蒂。

咦？

不是調查 $2a^2$ 的奇偶性，而是要調查質因數 2 的個數的奇偶性？

「那麼，我們就照著蒂蒂說的，試著調查質因數 2 的個數的奇偶性吧！」米爾迦說道。「$2a^2$ 所含質因數 2 的個數到底是奇數個呢？還是偶數個呢？」

「啊！會有奇數個的可能嗎？」我說話的音量不自覺地提高了許多。

原來是這樣啊！我懂了！因為 a^2 是平方數，所以質因數的個數就會有偶數個。當然這麼一來，質因數 2 的個數也會有偶數個。但是如果再多乘以一個 2 成為 $2a^2$ 的話，那麼質因數 2 的個數就會變成有奇數個了……。

「沒錯！在關係式 $2a^2 = b^2$ 的左邊，質因數的個數會有奇數個。那麼右邊呢？」

「因為 b^2 是平方數的緣故，所以質因數 2 的個數會有偶數個……」我回答道。

「所以呢？」米爾迦連珠砲似地繼續發問著。

「質因數 2 兩邊的個數，奇偶性不一。相互矛盾。」我說道。

　　「質因數 2 的個數是奇數個」←關係式左邊

　　「質因數 2 的個數不是奇數個」←關係式右邊

「推導至矛盾了。」米爾迦說道。「由反證法可得知，$\sqrt{2}$ 不是有理數。Quod Erat Demonstrandum——證明完成。」

米爾迦跟著突然豎起了一根手指。

「好！就這樣完成了一項工作。」

原來是這樣啊……著眼於『質因數兩個數上的奇偶性』，然後推導至矛盾的結果啊！並且還不需要用到 a, b 兩數必須互質的條件呢！真是有趣！

解答 4-1a（用其它的方法證明 $\sqrt{2}$ 不為有理數）

使用反證法。

1. 設 $\sqrt{2}$ 為有理數。

2. 會有滿足 $\sqrt{2} = \dfrac{b}{a}$ 的整數 a、b 存在$(a \neq 0)$。

3. 兩邊同時平方後去分母，$2a^2 = b^2$ 的關係式就會成立。

4. 關係式的左邊為質因數 2 的個數是奇數個。

5. 關係式的右邊為質因數 2 的個數不是奇數個。

6. 結果推導至矛盾。

7. 故得證，$\sqrt{2}$ 不為有理數。

蒂蒂一臉不解的表情。

「蒂蒂怎麼了？」米爾迦問道。

「在剛剛的證明中，出現了

$$2a^2 = b^2$$

這樣的等式。」蒂蒂說道。「通常像這樣的等式，都會主張左邊與右邊的值會相等，對吧！可是，剛剛米爾迦學姐所使用的好像不是『兩邊的值會相等』的方式……因此，我有點摸不著頭緒。」

「嗯，蒂蒂指出了相當有趣的問題呢！你有什麼意見呢？」米爾迦將話鋒轉向我。

「我嗎？──雖然是在比較兩邊質因數 2 所含的個數，但的確也可以說不是在比較兩邊質因數 2 所含的個數──吧！可是，米爾迦的證明應該是對的……。因為是等式，所以進而推斷左邊與右邊的整數構造會相等這一點也是正確的。因為整數的構造是藉質因數來表示的──」

米爾迦的手指在我的眼前晃了兩、三次。

「廢話太多了。只要言簡意賅地說出『根據質因數分解的唯一性，出現在兩邊的質因數，其所含的個數都會一致』就可以了。」

「是這樣啊……」蒂蒂說道。「在這個地方也出現了質因數分解唯一性的說法了呢……」

的確是這樣呢！說到底問題的解決關鍵還是在質因數分解的唯一性上啊……嗯！儘管如此，我的體內還是靜靜地湧現了──懊悔。是思考的演練不夠純熟的緣故嗎？算了，相較之下……

「米爾迦，這個證明方式還真是有趣呢！」

「是嗎……」

米爾迦在說了這句話之後，目光便從我身上移開，立刻從座位上站了起來，開始對一直彈著鋼琴的永永說話。

這麼說起來，米爾迦在採對決姿態的時候，是絕對不會像這樣輕易地就把眼神移開的。可是，好像也有從頭到尾都會把眼神移開的時候就是了。像是在被人讚美之類的時候……米爾迦這該不會是在害羞吧!?

4.2.2　矛盾

米爾迦和永永開始四手聯彈。這首曲子也是巴哈嗎？

「在數學上好像常常會用到反證法對不對？」蒂蒂移到我的身旁坐下之後說道。「蒂蒂我啊……對反證法很沒輒。假設所欲證明的命題為否定這個步驟倒還好，只是要我記住命題假設實在是太困難了。因為，通常會留在我心裡的命題都是錯誤的……」

「嗯！的確會有這樣的困擾呢！如果命題是錯誤的，再怎麼使用正確的論證方式，出現的還是錯誤命題所推導至的錯誤結果。反證法真的是既複雜又困難呢！不僅如此，這樣一來在最後也很難將結果推導至矛盾呢！」

「沒錯！」蒂蒂用力地點著頭表示贊同，我嗅到了從她身上散發出來的甘甜香氣。「就是這個樣子唷！很難將結果推導至矛盾。不知道為

什麼？每次只要一提到『將結果推導至矛盾』，我總覺得自己好像做錯了事情一樣。唔唔唔……」

「所謂的將結果推導至矛盾，即代表得到了

$$『是\ P』且『不是\ P』$$

的結果。P 可以是任何的命題。寫成數學公式就像下面這個樣子。

$$P \overset{且}{\wedge} \neg P$$

啊！在教科書中雖然 P 的否定寫成 $\overline{P}$，但在數學公式書上卻寫成¬P。……雖然說是要將結果推導至矛盾，但並不見得一定要在自己的證明當中得到 P 與¬P 的結果。舉例來說，P 可以是已經證明完畢的命題——換句話說，就是定理——也沒有關係。這種情況下，在自己的證明當中只要導出¬P 的結果，之後再說明『與定理 P 互相矛盾』就可以囉！」

蒂蒂睜大了眼睛，對我所說的話聽得出神。

「剛剛在米爾迦的證明當中，導出了『質因數 2 的個數是奇數個』與『質因數 2 的個數不是奇數個』這樣的兩個命題。這就是推導出 P 與¬P 的例子。」

P	質因數 2 的個數是奇數個
¬P	質因數 2 的個數不是奇數個

「……我似乎被『矛盾』這一個詞給迷惑住了。剛剛學長不也語調平靜，狀似無謂地談到了『推導至 P 與¬P 兩個命題』對吧！好像只有我一個人在提到矛盾這兩個字時，才會出現令人難以想像的混亂狀況。我一定是被成語故事中矛盾的強烈刻板印象給附身了啦！」在蒂蒂身上好像出現了拿矛去刺盾的行徑。

「嗯！我想我懂妳的感受。」

蒂蒂輕輕地啃著指甲，陷入了短暫的沉默。不久之後，慢慢開口說道。「利用反證法來表示矛盾時，雖然可以用 P 與¬P，但是這個命題 P 並沒有限定，對嗎？換句話說……也就是使用反證法來進行數論證明時，可以利用幾何或解析的定義，再進而推導至矛盾的結果就行了對吧?!」

「好！停！矛盾和數學上的分野並沒有關係。」

「不管是哪個定理 P 與其相對的¬P 產生撞擊都沒有關係……。可是，知道什麼是定理不是很重要嗎？」

「這麼說也是！可是，如果只要證明得了的話，就算 P 不是有名的定理，而是一個名不見經傳的小命題也無所謂唷！只要證明得了的話。」

「好的！我會在每次推導出矛盾結果的時候，盡量試著想起 P∧¬P 的。——那、那個……學長？」蒂蒂的聲音突然急驟地愈變愈小。

「怎麼了？」

「那、那個啊……」

鋼琴聲也跟著停了。

蒂蒂小小地叫了聲（唉呀）。

「天真女王和未熟王子！回家囉！」永永喊道。

「你們這些村夫愚婦，是時候該陪同米爾迦女王一起打道回府啦！」

在數學領域中，經常被使用來證明定理 P，
也常被使用在其它部分的方法，
即假設 P 偽（flase），並將結果推導至矛盾
（即推導至偽或者是與偽等價的結果）
……經常抄捷徑：不直接表示 flase，而是藉由證明像與 Q∧¬Q 之類的
flase 等價的東西來表示。
——David Gries/Fred B. Schneider 《*A Logical Approach To Discrete math*》

第 5 章
可以分解的質數

用鏟子，用鏟子。

不要碰壞那邊那個隆起。

哎呀！從遠一點的地方開始挖。

不對！不對！

怎麼會那麼笨手笨腳的！

——宮澤賢治《銀河鐵道之夜》

5.1 教室

5.1.1 益智遊戲

「我來了！」蒂蒂說道。

現在是正午。而我剛從福利社買完麵包回到教室。

「奇怪？」為什麼蒂蒂會出現在二年級的教室裡呢？

「這張桌子，請借給我！」

蒂蒂（向後轉）嘴裡一邊說著，一邊將旁邊空著的桌子掉頭，移動桌子並讓桌子朝向米爾迦的方向併攏。

「是我把蒂蒂叫來的。」米爾迦解釋道。

兩個女孩正坐在一起吃午餐。蒂蒂吃著便當。而米爾迦──還是老樣子像平常一樣只吃巧克力。我一邊啃著麵包，一邊來回盯著她們兩個人。

類型雖然十分不同，但兩個人的確都是典型的美少女……。蒂蒂是坦率活潑的陽光美少女，而米爾迦給人的感覺則是氣宇軒昂精神抖擻的

女戰士。

「學姐的午餐一直都是雀巢奇巧巧克力嗎？」蒂蒂問道。

「有時候是松露巧克力。」米爾迦回答道。

「我的意思不是這樣啦！我是說像吃不吃飯或麵包呢……？」

「誰會曉得這種事情啊！話說回來，難道妳沒有其它比較有趣的問題嗎？」

「有個很適合蒂蒂的益智遊戲。」我說道。

「什麼？什麼？那是什麼問題？」蒂蒂睜大了眼睛追問道。

「那就是，請問平方之後會變成 -1 的數是什麼？」

問題 5-1
請問平方之後會變成 -1 的數是什麼？

「請問平方之後會變成 -1 的數是什麼？——簡單！簡單！我知道答案了。答案是 $\sqrt{-1}$。或者也可以說是虛數單位的 i。」蒂蒂自信滿滿地說出了肯定的答案。

「果然！果然！我就知道妳會說出這個答案。」我說道。

米爾迦閉起了雙眼，輕輕地搖著頭。

「咦？不對……嗎？」

「米爾迦——」我試探地問道。

「$\pm i$」米爾迦立即回答道。

「答案是正負 i 嗎——啊～是這樣啊！平方之後會變成 -1 的不只有 $+i$！還有 $-i$ 呢……！」

$$\begin{cases} (+i)^2 & = -1 \\ (-i)^2 & = -1 \end{cases}$$

解答 5-1
平方之後會變成 -1 的數為 $\pm i$。

蒂蒂臉上的表情開始變得不滿。

「學長——為什麼要出這種類似陷阱題的問題給我呢……」

「我並沒有特意要出陷阱題哦!這個問題可是相當認真的呢!」我反駁道。

「沒錯!」米爾迦附議我的話說道。「平方之後會變成 -1 的數,即為方程式 $x^2 = -1$ 的解。因為是二次方程式的緣故,所以解一定會有兩個,在解題的時候應該要這麼思考才可以。n 次方程式的解之所以會有n個,是基於代數基本定理(但是,要注意出現重根的部分)。這個問題絕對不是什麼陷阱題哦!」說著說著米爾迦咬了一口巧克力。

「有 $+i$ 與 $-i$ 兩個解嗎……是這個樣子啊!」蒂蒂回了米爾迦的話之後,便開始吃著便當裡頭的漢堡排。

我們三個陷入一陣沉默,不發一語地吃著自己的午餐。吃完巧克力的米爾迦伸手拿起蒂蒂放在桌上的卡通圖樣的筷子盒,一副興味盎然地盯著看。停了一會兒,蒂蒂再次開口說道。

「i 這個數字還真是不可思議呢!平方之後會變成 -1,怎麼樣都覺得沒有辦法接受這個答案呢!也說不上來到底是哪裡不自然……」

「對蒂蒂來說,-1 這個答案是不自然的嗎?」米爾迦問道。

「-1 嗎?不會啊!雖然說不上不自然,但又總覺得……」

「好吧!那麼,我們就一起來思考一下方程式與數之間的關係好了。首先從 $x + 1 = 0$ 的部分開始好了。」米爾迦向我伸出了手。

……好像是要我拿出筆記本和自動鉛筆的命令吧!

5.1.2 利用一次方程式定義數

首先從 $x + 1 = 0$ 的部分開始好了。試著解開這個簡單的一次方程式。

$$x + 1 = 0 \qquad \text{與 } x \text{ 有關的一次方程式}$$
$$x = -1 \qquad \text{將 1 往右移項}$$

這麼一來，我們便能得到 $x = -1$ 的解。可以說是一點難度都沒有。

那麼，接下來再試著思考一下同樣的方程式，當 $x \geq 0$ 的範圍時的解為何？

$$x + 1 = 0 \qquad 但 x \geq 0 的話$$

現在，我們假設有「只知道大於 0 數字的人」存在。這一類的人當然就會對 $x + 1 = 0$ 感覺到不自然。一定也會有「因為 0 是最小的數，所以怎麼可能會有數字是在加了 1 以後等於 0 的!?怎麼想都覺得不可能。這樣的數字根本不存在」這種想法在腦子裡打著轉。搞不好還會因此而驚嘆起竟有「加了 1 之後會等於 0 的」這種神秘數字也說不定呢！

哎啊！居然把蒂蒂給逗笑了呢！可是，這個例子可不是在說笑哦！人類對像 −1 這種負數比較能夠適應是最近十八世紀才發生的事情。事實上，在十七世紀帕斯卡（Blaise Pascal，法國數學家與物理學家）都還認為 0 減掉 4 會等於 0。以人類適應負數的時間放進超過好幾千年的數學歷史當中來看的話，當然就會被視為是最近的事囉！而第一位將正數與負數兩者明確地放在數線上的數學家，就是十八世紀最偉大的數學家，也是我們現代數學家的精神導師歐拉（Leonhard Euler）。

讓我們回歸正題。我們可以試著對只知道大於 0 數字的人這麼說。

「將滿足方程式 $x + 1 = 0$ 的數，定義為 m」

而只知道大於 0 數字的人，有可能會因此而說出「m 那種數不存在」這樣的話。可是，相對地我們可以這樣回答。

「可以將 $m + 1$ 置換成 0 形式的數，就是 m 哦」！

所謂像 m 這種形式的數……使用一般的話語來說的話，指的就是 −1。我們將這個叫做 m 的數「定義」為方程式 $x + 1 = 0$ 的解。也可以說成是用方程式的形式來表示必須滿足 m 的「公設」。對於原本已經習慣了負數概念的我們而言，這種拐彎抹角的說法還真的是讓人感到彆扭呢！

到目前為止我們所舉的都是一次方程式的例子。

我們將一次方程式的解，定義為 m（事實上，就是 -1）。

接下來，我們要使用的是二次方程式。

而我們要利用二次方程式的解，來定義 i 這個數。

5.1.3 利用二次方程式定義數

試著思考下列的二次方程式。

$$x^2 + 1 = 0$$

在實數當中，並沒有任何一個數字可以滿足這個二次方程式。為什麼呢？這是因為如果 x 為實數的話，x^2 一定是比 0 還大的數。比 0 還大的數在加上 1 之後，不可能會得到 0 的結果。也因此，「只知道有實數存在的人」看到這樣的方程式一定會感到不適應。

莫非還要再次歌頌「平方之後會變成 -1 的神秘」？不不不、我們要做些別的事情來取代這個行為；那就是，我們要試著利用方程式 $x^2 + 1 = 0$ 來定義新的數。

「將滿足方程式 $x^2 + 1 = 0$ 的數，定義為 m」

這個步驟和剛剛將滿足方程式 $x + 1 = 0$ 的數，定義為 m 的步驟很相似。當然，因為滿足方程式 $x^2 + 1 = 0$ 的數會有兩個，所以正確說起來，我們應該要明確地將滿足方程式 $x^2 + 1 = 0$ 的其中一個數定義為 i。

只知道實數的人一定會說「i 那種數才不存在呢」。可是，相對地，你就應該要這麼回答他。

「可以將 $i^2 + 1$ 置換成 0 形式的數，就是 i 哦！」

和剛剛的 m 是一樣的。我們就把 i 這個數「定義」成為了方程式 $x^2 + 1 = 0$ 的解。也就是將滿足 i 的「公設」利用方程式的形式表現出來。

……然而，一般人並不習慣這種使用方程式的解來定義數的思考方式。這是因為無法親眼目睹的緣故。對人類而言，為了要能夠掌握數的概念，圖形是相當重要的。在負數的情況下，「數線是往負的方向延伸

而去」的概念是理解的關鍵。而在虛數的情況下，「兩根數線」的概念則是理解的關鍵。

第一根數線，是表示實數的直線，即所謂的**實軸**。

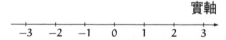

實軸

第二根數線，是表示虛數的直線，即所謂的**虛軸**。

藉由實軸與虛軸兩根數線所構成的平面——**複數平面**——由此，我們便能夠理解**複數**這個東西。

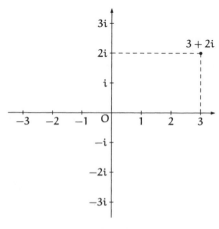

複數平面

為了普及複數的概念，我們有必要從一維躍進為二維。

◎　　◎　　◎

在米爾迦的解說告一個段落後，蒂蒂舉起了手……手裡還握著筷子。

「米爾迦學姐，我有問題想要問──」

這個時候響起了午課的預備鈴聲。

「啊!?」蒂蒂帶著一臉的遺憾，動手收拾著便當盒。──打完招呼後，便起身回到自己的教室去了。「剩下的部分，只好留到放學後在圖書室內繼續囉！」

5.2　複數的和與乘積

5.2.1　複數的和

放學後，我急急忙忙衝向圖書室，米爾迦和蒂蒂早就已經開始了討論。

「每一個複數都可以用平面上的點來表示──這個說法我不是很懂耶！不不不，複數 $3 + 2i$ 與平面上$(3, 2)$的點是對應的，這一點我倒是懂……我老是有數是數，點是點，這兩種東西根本不相干的感覺。究竟『數』與『點』之間有著什麼樣的關係呢！」

「數的本質是計算。我們就用點來試著進行計算好了。思考看看怎麼計算出複數的和與乘積。」米爾迦說道。

◎　　◎　　◎

思考看看怎麼計算出複數的和與乘積。

不管複數的和也好，複數的乘積也好，兩者的圖形──在幾何上──都可以被表現出來。

複數的和，似乎可以用平行四邊形的對角線來表示。因為是 x 與 y 兩者的總和，所以不會有不自然的感覺，而理解起來也不困難。可以說

是兩個向量的總和。

「複數的和」　　⟷　　「平行四邊形的對角線」

利用圖形來舉例表現的話，也比較能夠掌握圖象。兩個複數 $1 + 2i$ 與 $3 + i$ 的和等於 $4 + 3i$。可以看得出來圖中的平行四邊形吧？

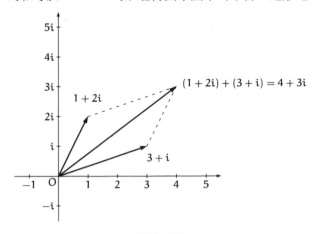

複數的和

5.2.2　複數的乘積

這裡我們要談的是**複數的乘積**。

接下來，我們要求出下面複數 α 與 β 的乘積。

$$\begin{cases} \alpha & = 2 + 2i \\ \beta & = 1 + 3i \end{cases}$$

首先，我們先用普通的計算方式進行計算。

$$\begin{aligned} \alpha\beta &= (2 + 2i)(1 + 3i) & \text{由於 } \alpha = 2 + 2i, \beta = 1 + 3i \\ &= 2 + 6i + 2i + 6i^2 & \text{展開之後} \\ &= 2 + 6i + 2i - 6 & \text{使用 } i^2 = -1 \text{ 代入之後} \\ &= -4 + 8i & \text{分別計算實部與虛部} \end{aligned}$$

然後，接下來我們將 α、β、$\alpha\beta$ 當作複數平面上的向量畫上去。

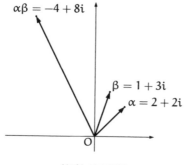

複數的乘積

光只看這個圖形的話，並不能發現這三個數在幾何上的關係。

可是，只要加入點 $(1, 0)$，再稍微拉一條輔助線畫出個三角形的話，**兩個相似的三角形**就會像星座一樣浮出軸面。而說到這個圖形，只要將右下角的小三角形維持三邊比率不變，並將其擴大‧旋轉的話，就會變成左邊那個大的三角形了。三邊比率是否相等，可以透過座標的計算來確認。

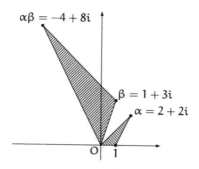

複數的乘積（相似三角形的作圖方式）

利用「相似的三角形」可以表達出「複數的乘積」。……可是，這樣做到底具有什麼意義呢？為了能夠研究得更徹底一些，接著我們要使用**極式**來表現複數。複數不只可以使用 xy 座標來表示，也可以使用複數到原點的距離（**絕對值**）及複數與軸所形成的角度（**幅角**）來表示。

所謂的複數的**絕對值**，指的就是複數到原點 O 的距離。

而所謂的複數的**幅角**，指的則是複數與正 *x* 軸所形成的角。

例如，下面所顯示的是 2 + 2*i* 這個複數的圖形。

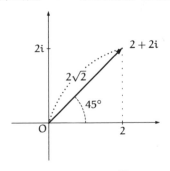

複數 2 + 2*i* 的絕對值 2√2 與幅角 45°

這麼一來，就可以知道複數 2 + 2*i* 的絕對值為 2√2，而幅角為 45°了。我們之所以知道從原點O的距離為 2√2，是從畢氏定理所推得的。看得出來這個圖形是兩邊相等的直角三角形嗎？

我們將 2 + 2*i* 的絕對值記作|2 + 2*i*|，而 2 + 2*i* 的幅角則記作 arg(2 + 2*i*)。

$$\begin{cases} x \text{ 座標 } 2 \\ y \text{ 座標 } 2 \end{cases} \longleftrightarrow \text{ 複數 } 2 + 2i \longleftrightarrow \begin{cases} \text{絕對值 } |2 + 2i| = 2\sqrt{2} \\ \text{幅角 } \arg(2 + 2i) = 45° \end{cases}$$

那麼 αβ 的絕對值會是多少呢？

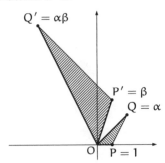

因為△OPQ 相似於△OP'Q'，所以邊長的比相等。則

$$\frac{\overline{OQ'}}{\overline{OP'}} = \frac{\overline{OQ}}{\overline{OP}}$$

上面的關係式就會成立。去掉分母就會變成

$$\overline{OQ'} \times \overline{OP} = \overline{OQ} \times \overline{OP'}$$

這樣的關係式。在這裡，因為 $Q' = \alpha\beta, P = 1, Q = \alpha, P' = \beta$，所以也可以說成 $\overline{OQ'} = |\alpha\beta|, \overline{OP} = |1|, \overline{OQ} = \alpha, \overline{OP'} = |\beta|$，如此一來就會變成

$$|\alpha\beta| = |\alpha| \times |\beta|$$

這樣的關係式。

換句話說，也就是「複數的乘積」的絕對值，會跟「複數的絕對值」的乘積相等。

這一次，我們改研究 $\alpha\beta$ 的幅角。

$$\angle POQ' = \angle P'OQ' + \angle POP'$$

但是，因為 $\triangle OPQ$ 相似於 $\triangle OP'Q'$，所以可以得到

$$\angle POQ = \angle P'OQ'$$

也因此，

$$\angle POQ' = \angle P'OQ' + \angle POP'$$
$$= \angle POQ + \angle POP'$$

在這裡，因為 $\angle POQ' = \arg(\alpha\beta), \angle POQ = (\alpha), \angle POP' = \arg(\beta)$，所以我們可以得到下面的關係式。

$$\arg(\alpha\beta) = \arg(\alpha) + \arg(\beta)$$

換句話說，也就是「複數的乘積」的幅角與「複數的幅角」的和會相等。

如果使用極式來整理歸納前面所提過的部分，那麼就會得到

「複數的乘積」 $\longleftrightarrow$ 「絕對值的乘積」與「幅角的和」

這樣的關係式。

$$\begin{cases} |\alpha\beta| & = |\alpha| \times |\beta| \\ \arg(\alpha\beta) & = \arg(\alpha) + \arg(\beta) \end{cases}$$

　　絕對值變成了乘積，雖然是很自然的事情；但幅角變成了和，卻是相當有趣的結果。幅角也可說含有指數律的特性。

　　那麼，如果說能理解複數乘積在幾何上的意義的話，那麼也就能夠理解複數平方之後在幾何上的意義了。現在，我們就利用複數平面的概念，來重新探討中午所進行的益智遊戲「平方之後會變成 -1 的數」吧！

5.2.3　複數平面上的 $\pm i$

　　我們將「平方之後會變成 -1 的數」放在複數平面上試著再進行討論。如果用代數的眼光來看方程式 $x^2 = -1$ 的話，

　　　　平方之後會變成 -1 的數是什麼？

就會衍生出上面這樣的問題。另一方面，我們再改用幾何的眼光來看的話，

　　　　連續進行兩次的放大‧旋轉之後，會變成 -1 的數是什麼？

就會衍生出上面這樣的問題。

　　究竟 -1 到底是什麼呢？在複數平面上，-1 代表了「加上絕對值之後，就會變成 1；而幅角則為 $180°$」的點。再者，因為複數的乘積可以利用「絕對值的乘積與幅角的和」計算出來，所以平方之後會變成 -1 的複數 x，即為「絕對值平方之後為 1，幅角乘以兩倍之後為 $180°$」的數。

　　平方之後會變成正整數的數為 $\sqrt{1} = 1$。幅角乘以兩倍之後，會得到 $180°$ 的幅角為 $90°$。也就是說——絕對值為 1，且幅角為 $90°$ 的複數，在平方之後會得到 -1。的確，這樣的結果和複數 i 完全一致。

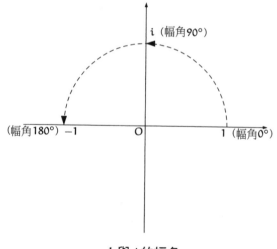

−1 與 i 的幅角

可是，$x^2 = -1$ 的解應該會有兩個，即± i。另外一個解 $x = -i$，到底消失到哪裡去了呢？幅角會在乘以兩倍之後變成 180° 的角度，實際上也會有＋ 90° 和 −90° 兩種哦！＋ 90° 和 −90°，正好與＋ i 和 −i 相對應。雖然−90° 在乘以兩倍之後是 −180°，但事實上 −180° 和＋ 180°都是相同的角度。

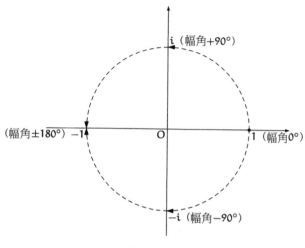

＋ i 和 −i 的幅角

　　如果可以像這樣把「絕對值為 1，幅角為±90° 的複數」當作是± i 來看的話，也就不會對「± i 在平方之後會變成 −1」的特性，感到有任何的不自然了。換句話說，不管是連續「向右轉」或「向左轉」兩次，結果都會等於「向後轉」。

　　如果用幾何相關來表示數的性質的話，很容易就能掌握到整體的樣貌了。利用複數平面上的「點」來標示出複數這種「數」，的確是相當了不起的想法。

◎　◎　◎

　　「的確是相當了不起的想法。」米爾迦說道。

　　我和蒂蒂都被米爾迦一連串的解說給震攝住，頓時陷入了一片沉默。

　　「我說，米爾迦！」我說道。「因為實數也包含在複數內，所以相同的規則也可以運用在實數的乘積上對不對。」

　　米爾迦不發一語地點著頭，我見狀便繼續往下說。

　　「例如，像『為什麼負負會得正(−×−＝＋)呢？』之類的問題──

$$負 × 負 ＝ 正$$

這一類的問題，如果把它想成是複數平面上的旋轉來思考的話，就會覺得自然而不突兀了。例如，思考

$$(-1) \times (-1) = 1$$

這個關係式。所謂的 −1 在連續相乘兩次之後，即相當於將 −1 的幅角 180° 乘以兩倍的意思。換句話說也就是變成了 360° 的旋轉，這跟完全沒有旋轉是一樣的。因為完全沒有旋轉所代表的意思就是幅角為 0°，同時也代表了是跟 1 這個數對應沒錯吧！」

　　「蒂蒂，剛剛學長說的話，妳懂嗎？」米爾迦問道。

　　「啊！懂……我想我懂。」蒂蒂回答道。

　　「懂就好！就像學長說的一樣，負負會得正是很自然的事情。如果

要問到底自然到什麼樣的程度呢？差不多就像是

　　　　向後轉兩次就會回到原位

那樣的自然吧！」

　　啊啊！我心裡想——這簡直就像是之前在請教米爾迦「ω的華爾滋」時的感覺一樣。只看到實數就想說明負數的乘積，在直覺上是無法接受的。可是，如果將它想像為是在複數平面上旋轉的話，負數的乘積也就會變得協調而不突兀了。試著在心裡描繪更寬廣的複數世界，這麼一來，也就能輕鬆理解那個被埋藏在裡頭的實數世界了。從高次元往下俯瞰，相對地，數的構造的探索也會變得容易的多……。

　　蒂蒂突然開口說道。
　　「米爾迦學姐……總覺得，我好像慢慢有點懂了！利用複數平面來讓數與點互相對應。數的計算，則是透過點的移動來對應。透過這樣的方式，來不斷加深對這兩者的瞭解——對吧！」
　　「就是這麼一回事！蒂德拉。就是讓數與點互相對應，讓代數與幾何互相對應。」米爾迦說道。

代數	⟷	幾何
複數全體的集合	⟷	複數平面
複數 $a + bi$	⟷	複數平面上的點(a, b)
複數的集合	⟷	複數平面上的圖形
複數的和	⟷	平行四邊形的對角線
複數的乘積	⟷	絕對值的乘積、幅角的和（放大・旋轉）

「複數平面是代數與幾何邂逅的舞台——」
米爾迦一邊說著，一邊用手指輕輕碰著自己的嘴唇。
　　「——在這個名為複數平面的舞台上，代數與幾何深情地擁吻著。」
　　這句話，讓蒂蒂羞紅了臉而低下了頭。

5.3　五個格子點

5.3.1　卡片

第二天放學後，我獨自一個人走出了校門。

同樣地，今天我也留在圖書室裡演算數學。可是，米爾迦今天居然提早回家了，而蒂蒂也始終沒有現身。雖然順利完成了許多的計算——但總覺得這樣很無趣。

正當我往回家的路上走去時，「……學、長」從後頭傳來的叫聲喊住了我。蒂蒂跑了過來。

「……學長。呼、呼——我、我終於追上你了！」

「我還以為妳已經先回家了呢！」

「呼……圖、書、圖書室……晚到，我只是晚到了點而已。」蒂蒂顧不得自己還上氣不接下氣地繼續說道。蒂蒂做了個深呼吸。「……呼。那個蒂蒂我啊！今天早上去過教職員休息室了。」

「嗯！」

「在跟村木老師聊過複數平面的問題之後，便拿到了新問題的卡片。」

蒂蒂取出了卡片來。

問題 5-2（五個格子點）

設 a、b 為整數。在複數平面上，與複數 $a + bi$ 相對應的點，我們稱之為格子點。現在，在複數平面上有五個格子點。不管這五個格子點位在哪裡，我們從這五個點裡頭，選兩個適當的點 PQ，則線段 PQ 的中點 M 也會成為格子點。試證明上述所言。唯五點中任三點不共線，所以中點 M 必異於這五點。

「學長，你解得開這個問題嗎？」

口氣似乎有些意味深長。

「咦？……因為給的條件只有『格子點』，所以好像有點難解。」

我邊走邊閱讀著手上的卡片，思索著。蒂蒂一下從我的臉下偷窺著我的表情，一下在我的周圍來回打轉，一刻都靜不下來。像小動物一般的蒂蒂。

……所謂的線段PQ的中點M，指的就是將線段PQ一分為二的點。而所謂的中點即在圖形上──幾何的表現。在使用座標來進行思考的時候，必須要利用算式來表現中點這個幾何性的說法。我們用(x, y)與(x', y')來表示兩個點的座標，則中點的座標可以記作

$$\left(\frac{x + x'}{2}, \frac{y + y'}{2} \right)$$

我想想還有什麼……。

「嗯。我想只要給我一天的時間來思考，一定就可以解得開。可是，如果花一天的時間都還解不開的話，那麼即使花一個星期也不會解得開了。」我說道。

「呵呵呵呵……。那就表示這個題目還真的是很難對不對啊!?學長！」

「我說蒂蒂，怎麼今天妳說話老是有什麼弦外之音似的咧？」

「因為人家我早就解開了呀！」

「解開什麼？」

「就是說啦！這個問題啊！」

「誰解開了？」

「就是我！蒂德拉！」蒂蒂還高舉著右手喊了一聲「有」！

「解開什麼？」

「就說是這個問題了──學長請你不要開蒂蒂的玩笑啦！在拿到了村木老師出的題目之後，我一直不斷地思索著。我總覺得自己一定可以解開這個難題。所以啊，就連上課也不放棄地一直思考著。」

「喂喂！」

「就這樣,終於讓我解開了!而且花的時間,只有短短幾個鐘頭而已。」

「上課時間。」

「學長,你想知道嗎?你很想知道對吧!蒂蒂想出來的答案。」

雙手緊握在胸前,眼珠子朝上盯著我看的蒂蒂。

「是是是——請說請說!」居然給我使出撒嬌的最後兵器,我只好高舉雙手投降了。

「那麼我們換個地方,移師到『Beans』去吧!」

5.3.2 Beans

我們進入了位於車站前的咖啡店「Beans」。匆匆地點完東西之後,蒂蒂便急忙翻開自己的筆記。在研究數學問題的時候,我們兩個總是並肩坐在一起。這樣不僅看筆記比較方便,而且……嗯,就是看起筆記來很方便就是了。

「首先,透過數學理論,藉由舉出實例來確認是否徹底理解了。學長曾經說過『舉例說明為理解的試金石』對吧!譬如,任意舉出五個適當的格子點。」

$$A(4, 1),\ B(7, 3),\ C(4, 6),\ D(2, 5),\ E(1, 2)$$

「只要計算出中點之後,格子點就會確實顯現出來。在這個例子當中,我們可以把點 A、D 視為點 P、Q 來思考。這麼一來,線段 PQ 的中點就是格子點 M(3, 3)。」

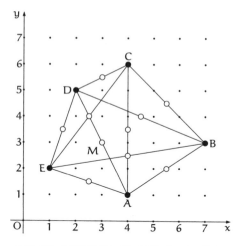

格子點（黑圈點）與中點（白圈點）

線段 AB 的中點 $= \left(\dfrac{4+7}{2}, \dfrac{1+3}{2} \right) = (5.5, 2)$

線段 AC 的中點 $= \left(\dfrac{4+4}{2}, \dfrac{1+6}{2} \right) = (4, 3.5)$

線段 AD 的中點 $= \left(\dfrac{4+2}{2}, \dfrac{1+5}{2} \right) = (3, 3)$ 　（格子點）

線段 AE 的中點 $= \left(\dfrac{4+1}{2}, \dfrac{1+2}{2} \right) = (2.5, 1.5)$

線段 BC 的中點 $= \left(\dfrac{7+4}{2}, \dfrac{3+6}{2} \right) = (5.5, 4.5)$

線段 BD 的中點 $= \left(\dfrac{7+2}{2}, \dfrac{3+5}{2} \right) = (4.5, 4)$

線段 BE 的中點 $= \left(\dfrac{7+1}{2}, \dfrac{3+2}{2} \right) = (4, 2.5)$

線段 CD 的中點 $= \left(\dfrac{4+2}{2}, \dfrac{6+5}{2} \right) = (3, 5.5)$

線段 CE 的中點 $= \left(\dfrac{4+1}{2}, \dfrac{6+2}{2} \right) = (2.5, 4)$

線段 DE 的中點 $= \left(\dfrac{2+1}{2}, \dfrac{5+2}{2} \right) = (1.5, 3.5)$

蒂蒂高舉緊握的雙拳做出宣言。

「接下來，我就要在這裡將『秘密武器』公諸於世囉！」

「會是什麼樣的秘密武器呢？蒂德拉 A 夢……」

「就是『調查奇偶性』啊！」今天的蒂蒂眼裡綻放著不同於以往的絢爛光彩。

◎　◎　◎

就是「調查奇偶性」啊！

把對應格子點的複數設為 $x + yi$，進而調查 x、y 的奇偶性。這麼一來，x、y 的組合就會出現以下四種類型。

	x	y
類型 1	偶數	偶數
類型 2	偶數	奇數
類型 3	奇數	偶數
類型 4	奇數	奇數

格子點有五個。

因為五個格子點可以區分成四種類型，所以最起碼會有兩個點，也就是 x、y 的奇偶性會一致。

我們把奇偶性類型一致的兩個點稱為 P、Q。舉例來說，就會變成像 P（偶數,奇數），Q（偶數,奇數）這樣的情況。也因為 P、Q 座標中的 x、y 的奇偶性會一致的緣故，P、Q 的中點 M 座標中的 x 和 y 都會變成

$$\frac{偶數 + 偶數}{2} \quad 或者是 \quad \frac{奇數 + 奇數}{2}$$

這樣的形式。不管是偶數與偶數的和也好，奇數與奇數的和也好，加總起來的結果都會是偶數。

$$\begin{cases} 偶數 + 偶數 = 偶數 \\ 奇數 + 奇數 = 偶數 \end{cases}$$

因此，P、Q 的中點 M 座標就變成了偶數除以 2 的結果，而 x、y 兩者都會變成整數。這樣的結果也表示了 M 為格子點的事實。

根據上面所述，不管這五個格子點取在哪裡，我們可以像這樣選出兩個點計算出中點，而這個中點就會成為格子點的結論便可以獲得證明。

好！就這樣完成了一項工作——我亂說的啦！

解答 5-2（五個格子點）
不管這五個格子點位在哪裡，都會有座標奇偶性一致的兩個點存在。而這兩個點我們也可稱之為 P、Q。

◎　◎　◎

「——我亂說的啦！」蒂蒂一副很開心的樣子說道。

居然還說了米爾迦慣用的台詞。蒂蒂，還真是有妳的。

儘管如此⋯⋯

「這是不折不扣的**鴿巢原理**哦！」

「鴿巢原理——是什麼啊？」蒂蒂鼓動著腮幫子，不靈巧地四處張望移動。⋯⋯這該不會是在模仿鴿子吧？

「所謂的鴿巢原理，指的就是

把 $n + 1$ 隻鴿子放進 n 個鴿巢裡，

至少有一個鴿巢會出現兩隻鴿子。

上面提的 n 是鴿巢，$n + 1$ 是鴿子數，而這就是鴿巢原理。」

「奇怪⋯⋯這個原理不是很理所當然嗎？」

「雖然很理所當然，但卻是個相當便利的原理。」

「在這次的問題當中，也出現有鴿巢嗎？」

「我們可以把『奇偶性的類型』視為鴿巢，把格子點當作是鴿子。就可以發現『將五個格子點區分成四種類型之後，至少會有兩個格子點會是同一種類型』，與『將五隻鴿子放進四個鴿巢裡，至少有一個鴿巢會出現兩隻鴿子』，這兩者的道理是一樣的。」

「學長……的確、的確！的確真的是這樣耶！」

「『的確』說了三次。是質數。」

「鴿巢原理……有用到呢！真的是。咕咕咕！」

鴿巢原理

把 $n + 1$ 隻鴿子放進 n 個鴿巢裡，

至少有一個鴿巢會出現兩隻鴿子。

唯 n 為自然數。

「聽學長這麼一說，這個原理明明很理所當然，但居然還會有特別的專有名稱，這一點真的是讓我感到驚訝呢！……我得好好記下來才可以！嗯，鴿巢……原理。」

蒂蒂取下筆蓋，開始在筆記本上做註記。

「咦？蒂蒂妳手上那頁筆記借我看一下。」

「這一頁嗎？——可是這上面寫滿了我嘗試錯誤的過程，好丟臉耶！」

大概有五頁的篇幅都畫滿了許多的格子點，而透過這些格子點還連結形成了一個星狀圖。光從這麼密集的嘗試錯誤裡頭，不難看出蒂蒂為了解開這個格子點的問題還真的是做了相當多的努力。

「蒂蒂，看起來妳真的是做了相當多的嘗試呢！」

「是的！我只不過是想要實踐學長常強調的『舉例說明為理解的試金石』而已。我真的認為自己可以解開這個問題，所以才會一心一意地努力試舉例子。的確，不管點座落在哪裡，一定都會出現格子點。接下來，我們要回到格子點的定義上。x 座標與 y 座標兩者同為整數，這就是格子點的定義。為了要讓中點也變成格子點，我們有必要將兩點座標的和除以 2……然後，一路跌跌撞撞好不容易才第一次發現了可以用奇偶性的類型來做分類。所以說啊！能夠解開這個問題全都是託了學長的福呢！」

蒂蒂說到這裡，燦然地綻開了笑容。

沒想到……蒂蒂還真是努力呢！

在蒂蒂的筆袋上懸掛有兩個小小的吊飾。一個是用細細的銀色金屬折成像魚一樣的形狀，另一個則是閃耀著藍光的金屬字樣，是英文字母 M。是名字的起首字母嗎……可是，蒂蒂名字的開頭字母是 T 啊！

M 是哪個人名字的首字母呢？

5.4　會粉碎的質數

第二天。

放學後的教室，只剩下我和米爾迦。

「你那位可愛的妹妹近來可好？」

米爾迦用手指輕輕撥弄著前額的瀏海問道。

「咦？啊！由梨嗎？好的很哷！腳也已經沒問題了！」

「你好像很習慣叫她由梨耶！」

「對啊！因為我們從小一起長大的關係吧！」

「說起由梨啊！她跟你還真是一個樣。」米爾迦說道。

「會嗎…有可能因為是親戚吧！」

「可說是抗打擊很頑強。」

「那傢伙被米爾迦當頭棒喝，可開心的很咧！」

「……這種地方也很像。」

米爾迦突然伸出了右手，摸了摸我的左耳。

「怎、怎麼了？」我嚇地縮回了身體。

「耳朵的形狀很像。你和由梨。」

「會嗎……是這樣嗎……」我怎麼可能清楚自己耳朵的形狀呢！

「耳骨突起的位置。」

「什麼？」

「由梨也像你一樣，在這裡有個彎曲點。」

用手指摸著我的耳朵的米爾迦。

「什麼？」

「為什麼就臉紅了呢？」米爾迦歪著頭疑問道。

「我才沒有臉紅什麼的呢！」

「居然能知道自己臉色的變化，你還真是天賦異稟呢！」

「……因為我的臉就映照在米爾迦的眼鏡裡啊！」

「真的……看得見嗎？」

「當然看得見！妳看──」我湊過身靠近米爾迦的眼鏡。「從這邊……可以看得一清二楚。」

「我的臉也清清楚楚地映照在你的眼鏡裡囉！」米爾迦說道。

米爾迦說的這句話，才叫我突然意識到自己和她貼得有多麼近。

米爾迦伸出兩手，一把抓住了我的耳朵。

就這麼地，將我愈拉愈往她靠近……。

「學長。大發現！大、發、現！」元氣少女以大分貝音量登場了。

米爾迦急急忙忙縮回了自己的手，而我則必須變為回轉過身來的尷尬姿勢。

……蒂蒂因為沒能在圖書室裡找到我們，直接殺到教室裡來。

「只要將『和與差的乘積為平方差』的原理運用在複數上，就會有很不得了的發現哦！質數就可以進行因式分解了！」

蒂蒂揮舞著手上的筆記。

「例如……2 可以分割成 $1 + 1$，我試著將這樣的形式做了點變化。」

$$2 = 1 + 1 \qquad \text{將 2 拆解成 1 與 1 的和}$$
$$= 1^2 + 1 \qquad \text{將 1 記作 } 1^2$$
$$= 1^2 - (-1) \qquad \text{將 1 記作} -(-1)$$
$$= 1^2 - i^2 \qquad -1 \text{ 會等於 } i^2$$
$$= (1 + i)(1 - i) \qquad \text{將「平方差」變成了「和與差的乘積」}$$

「這樣一來也就是說，下面的關係式會成立唷！」

$$2 = (1 + i)(1 - i)$$

「這樣就是對質數 2 進行因式分解了對吧！」

啊啊……我終於瞭解了蒂蒂想要說的東西了。

「我說蒂蒂啊……。計算本身正確無誤。但是呢！蒂蒂是將 2 當作複數的乘積來進行分解，而不是針對整數的乘積來進行分解。」

「因為──可是……」蒂蒂失望地盯著手上的筆記本。

「我知道蒂蒂是真的很喜歡因式分解，可是用因式分解的方式來解這道題是完全行不通的唷……啊！好痛！」

「你不配當老師。」米爾迦說道。

「我本來就不是老師啊！」再說，也沒必要這樣踹飛我吧！

「試著來擴展蒂蒂的想法好了。」米爾迦忽略我的發言。「的確蒂蒂所提出的關係式

$$2 = (1 + i)(1 - i)$$

並不是將質數分解成整數的乘積。可是，我們是不是可以試著將$(1 + i)$及$(1 - i)$視為是整數來看呢？實際上，當 a、b 為整數時，複數 $a + bi$ 即稱為**高斯整數**。像 $1 + i$，$1 - i$，$3 + 2i$，$-4 + 8i$ 這一類的數，全部都是高斯整數。當然，在 $a + bi$ 中，$b = 0$ 時，也表示了普通的整數亦包含在高斯整數裡頭。所有整數的集合，記作 $\mathbb{Z}$；而高斯整數的集合，則記作 $\mathbb{Z}[i]$。這是象徵 i 與 $\mathbb{Z}$ 密切相關的文字表示法哦！」

整數 $\mathbb{Z}$ 與高斯整數 $\mathbb{Z}[i]$

當 a, b 為整數的時候，我們將 $a + bi$ 稱為高斯整數。

$$\mathbb{Z} = \{\ldots, -2, -1, 0, 1, 2, \ldots\} \quad \text{所有整數的集合}$$

$$\mathbb{Z}[i] = \{a + bi \mid a \in \mathbb{Z}, b \in \mathbb{Z}\} \quad \text{所有高斯整數的集合}$$

在關係式 $\{a + bi \mid a \in \mathbb{Z}, b \in \mathbb{Z}\}$ 中，當 $a \in \mathbb{Z}, b \in \mathbb{Z}$ 時，用 $a + bi$ 的形式來表示所有整數的集合。

「就像整數是不按次序分散在數線上的值一樣，高斯整數也是不按次

序分散在複數平面上的值。整數是一維的，而高斯整數是二維的。」

「米爾迦學姐，那個高斯整數就是格子點對不對。」蒂蒂問道。

「沒錯！高斯整數與複數平面上的格子點是互相對應的。——蒂蒂剛剛所列舉出的關係式 $2 = (1 + i)(1 - i)$，所代表的意思就是，這個數

在整數 $\mathbb{Z}$ 中是質數，

但在高斯整數 $\mathbb{Z}[i]$ 中卻不會成為質數。

同時也反映了這樣的事實。2 這個數字，在整數 $\mathbb{Z}$ 中是質數。可是，在高斯整數 $\mathbb{Z}[i]$ 中卻不是質數。這是因為 2 可以分解成乘積形式的緣故。」

「就像是原本應該無法破壞的原子，卻遭到了破壞一樣……」我說道。

「這還真是浪漫的比喻呢！」米爾迦冷冷地說道。

「我們所謂的質數，在高斯整數 $\mathbb{Z}[i]$ 中全部都可以被因式分解對吧……」

「剛剛有誰說過是『全部』了嗎？」

「咦？奇怪……難道不對嗎？」蒂蒂開始顯得有點不知所措了。

「不對！我們所謂的整數 $\mathbb{Z}$ 可以分成兩個種類。一種是，只要代進高斯整數 $\mathbb{Z}[i]$ 中就可以進行因式分解的整數。說起來就是『會粉碎的質數』。例如，在 $\mathbb{Z}[i]$ 的世界中，2 可以分解成 $(1 + i)(1 - i)$。另外一種則是，即使代進高斯整數 $\mathbb{Z}[i]$ 中也無法進行因式分解的整數，也就是『不會粉碎的質數』。例如，3 在 $\mathbb{Z}[i]$ 中就不會粉碎。3 在 $\mathbb{Z}[i]$ 中當然屬於質數。——可是，要特別注意，這種會粉碎及無法粉碎的說法並不是數學上的專門用語。± 1 既不是合成數，也不是質數。而是叫做**單位數**。」

$$
\text{整數 } \mathbb{Z} \begin{cases} \text{零}\quad(0) \\[1mm] \text{單位數}\ (\pm 1) \\[1mm] \text{合成數}\ (\pm 4, \pm 6, \pm 8, \pm 9, \pm 10, \dots) \\[1mm] \text{質數} \begin{cases} \text{《會粉碎的質數》} \quad \text{在}\,\mathbb{Z}[i]\,\text{中可以分解成乘積} \\[1mm] \text{《不會粉碎的質數》} \quad \text{在}\,\mathbb{Z}[i]\,\text{中無法分解成乘積} \end{cases} \end{cases}
$$

　　原來如此。「會粉碎的質數」與「不會粉碎的質數」啊……米爾迦學姐所使用的比喻不也相當浪漫嗎？

　　米爾迦的視線靜靜地來回巡視著我和蒂蒂的臉，接著便一言不發地緩步走向了黑板。我和蒂蒂簡直像是著了魔似的，眼神緊跟在米爾迦的身後。

　　手上拿起了一根粉筆的米爾迦，緊閉上雙眼靜默了三秒鐘。

　　「從現在開始，我們要按照順序來一一粉碎質數。之所以這麼做，是因為我們要找出『會粉碎的質數』的類型。」

　　米爾迦面向黑板開始寫起了算式。

$$2 = (1 + i)(1 - i) \qquad 會粉碎$$
$$3 = 3 \qquad 不會粉碎$$
$$5 = (1 + 2i)(1 - 2i) \qquad 會粉碎$$
$$7 = 7 \qquad 不會粉碎$$
$$11 = 11 \qquad 不會粉碎$$
$$13 = (2 + 3i)(2 - 3i) \qquad 會粉碎$$
$$17 = (4 + i)(4 - i) \qquad 會粉碎$$

　　「這樣還無法看出有任何類型的端倪來。接下來，試著把質數列中『不會粉碎的質數』都圈起來看看。」

$$2 \quad ③ \quad 5 \quad ⑦ \quad ⑪ \quad 13 \quad 17 \quad \cdots$$

　　「這樣還是看不出類型來。那麼，不只是質數列，我們把整個整數列都拿來試看看好了。在 2 到 17 的整數列當中，我們把『不會粉碎的質數』都圈起來的話，似乎就可以看到類型的出現。」

$$2 \quad ③ \quad 4 \quad 5 \quad 6 \quad ⑦ \quad 8 \quad 9 \quad 10 \quad ⑪ \quad 12 \quad 13 \quad 14 \quad 15 \quad 16 \quad 17 \quad \cdots$$

　　「接著，再把表的形式轉換一下的話，類型的姿態就會很清楚地展現出來。」

$$
\begin{array}{cccc}
 & & 2 & ③ \\
4 & 5 & 6 & ⑦ \\
8 & 9 & 10 & ⑪ \\
12 & 13 & 14 & 15 \\
16 & 17 & \cdots & \\
\end{array}
$$

「接下來,到底會變成什麼樣呢?人家真的非常、非常在意呢!」蒂蒂的雙頰染上了一片紅潮,帶著期待緊盯著米爾迦。

「的確令人感到相當在意呢!那麼,我們繼續按照順序來——粉碎比 17 還大的質數囉!」米爾迦手上的粉筆也發出了較為尖銳的聲音,繼續往下寫著算式。

$19 = 19$	不會粉碎
$23 = 23$	不會粉碎
$29 = (5 + 2i)(5 - 2i)$	會粉碎
$31 = 31$	不會粉碎
$37 = (6 + i)(6 - i)$	會粉碎
$41 = (5 + 4i)(5 - 4i)$	會粉碎
$43 = 43$	不會粉碎
$47 = 47$	不會粉碎
$53 = (7 + 2i)(7 - 2i)$	會粉碎
$59 = 59$	不會粉碎
$61 = (6 + 5i)(6 - 5i)$	會粉碎
$67 = 67$	不會粉碎
$71 = 71$	不會粉碎
$73 = (8 + 3i)(8 - 3i)$	會粉碎
$79 = 79$	不會粉碎
$83 = 83$	不會粉碎
$89 = (8 + 5i)(8 - 5i)$	會粉碎
$97 = (9 + 4i)(9 - 4i)$	會粉碎

「接下來,我們要將這些都整理成表格。刪除質數以外的數字,並以『‧』來代替。」

		2	③
·	5	·	⑦
·	·	·	⑪
·	13	·	·
·	17	·	⑲
·	·	·	㉓
·	·	·	·
·	29	·	㉛
·	·	·	·
·	37	·	·
·	41	·	㊸
·	·	·	㊼
·	·	·	·
·	53	·	·
·	·	·	(59)
·	61	·	·
·	·	·	(67)
·	·	·	(71)
·	73	·	·
·	·	·	(79)
·	·	·	(83)
·	·	·	·
·	89	·	·
·	·	·	·
·	97	·	·

「！」我嚇了一大跳！真的是嚇了一大跳！被圈起來的部分都是質數，並且還整齊畫一地排列在右端。因為表格中的每一行都並列有四個數字……所以，位於右端的數字都是「用 4 除之後，餘數為 3 的質數」。

被圈起來的數字都是「不會粉碎的數字」。這也就是「會粉碎的質數」——換句話說，用$(a+bi)(a-bi)$的形式來表達的質數——也就是在用 4 除的時候，所得餘數不會為 3 的數嗎？用 4 除所得到的餘數，是否存在有什麼特殊的意義呢？

> **問題 5-3（會粉碎的質數）**
> 當質數 p，整數 a, b 之間存有下面的關係時，p 除以 4 之後，其所得到的餘數不會為 3。試證明之。
> $$p = (a + bi)(a - bi)$$

「這個證明題很簡單。」米爾迦說道。

就利用將整數用 4 除所得到的餘數來進行分類吧！整數除以 4，所得到的餘數不外乎就是 0, 1, 2, 3。換句話說，也就是把 q 視為整數，則所有的整數都脫離不了

$$\begin{cases} 4q + 0 \\ 4q + 1 \\ 4q + 2 \\ 4q + 3 \end{cases}$$

上面幾種可能性。將它們平方之後，再將相同項 4 提出來。

$$\begin{cases} (4q + 0)^2 = 16q^2 & = 4(4q^2) + 0 \\ (4q + 1)^2 = 16q^2 + 8q + 1 & = 4(4q^2 + 2q) + 1 \\ (4q + 2)^2 = 16q^2 + 16q + 4 & = 4(4q^2 + 4q + 1) + 0 \\ (4q + 3)^2 = 16q^2 + 24q + 9 & = 4(4q^2 + 6q + 2) + 1 \end{cases}$$

也就是說，平方數除以 4 之後，所得到的餘數不是 0 就是 1。因此，將兩個數的平方和即 $a^2 + b^2$，用 4 除之後所得到的餘數就會是 $0 + 0 = 0$ 或 $0 + 1 = 1$ 或 $1 + 1 = 2$ 這三個數。即所得到的餘數不會為 3。

由此可證，將 $(a + bi)(a - bi) = a^2 + b^2$ 用 4 除，所得到的餘數不會為 3。

解答 5-3（會粉碎的質數）

1. 平方數 a^2 用 4 除，所得到的餘數不是 0 就是 1。

2. 平方數 b^2 用 4 除，所得到的餘數不是 0 就是 1。

3. 兩個平方數的和 $a^2 + b^2$ 用 4 除，所得到的餘數為 0、1、2 三數之一。

4. 由此可證，$a^2 + b^2 = (a + bi)(a - bi) = $ P 用 4 除，所得到的餘數不可能為 3。

「就像目前為止我們所證明的一樣，會粉碎的質數用 4 除的話，所得到的餘數不會為 3。事實上，如果我們命 p 為奇數的質數的話，

$$p = (a + bi)(a - bi) \iff p \text{ 用 4 除，所得餘數為 1}$$

上面的關係式就會成立。——這麼一來，之前玩過的找出受到同伴排擠數字的遊戲就出現了。在 239、251、257、263、271、283 這些整數當中，受到同儕排擠的數字是 257。也只有這個數能成為『會粉碎的質數』。為什麼呢？這是因為只有 257 在除以 4 之後，所得的餘數為 1 的緣故。」

$$239 = 239 \qquad\qquad \text{不會粉碎}$$
$$251 = 251 \qquad\qquad \text{不會粉碎}$$
$$257 = (16 + i)(16 - i) \qquad \text{會粉碎}$$
$$263 = 263 \qquad\qquad \text{不會粉碎}$$
$$271 = 271 \qquad\qquad \text{不會粉碎}$$
$$283 = 283 \qquad\qquad \text{不會粉碎}$$

「除以 4 之後，所得餘數為 3 的質數，不僅無法分解成 $(a + bi)(a - bi)$ 的形式，也無法分解成任何的形式。事實上，在整數 $\mathbb{Z}$ 中除以 4 之後，會得到餘數為 3 的質數，也會在高斯整數 $\mathbb{Z}[i]$ 中充分發揮『質數』的職責。」

……我一邊聽著米爾迦的解說，一邊體會著不可思議的氛圍。只要

使用了高斯整數 $\mathbb{Z}[i]$，就不難理解在整數 $\mathbb{Z}$ 中質數被粉碎的情況了。

可是，沒想到只不過是想研究質數有沒有辦法粉碎，卻意外發現到了這竟會跟「除以 4 所得到的餘數」有所關連，這真是不可思議呢！利用餘數來研究整數，還真是寓意深遠的研究呢！

除法和餘數的概念是當我還是個小學生時學的。沒想到打從小學開始，我們的手裡便握有了這個強而有力的名為「求餘數」的工具呢！我想起了在小學時代學習餘數的時候，總會一邊打著三個點，一邊唱著「求‧餘‧數」的往事。而就像是受到這個回憶的牽引一般，我也想起了小學高年級時最崇拜的那位老師。當時，老師翻閱著我的筆記誇讚地說：「你的數字寫得還真是漂亮呢！」從那個時候開始，我就變得非常喜歡在筆記本上寫算式。

「米爾迦學姐——使用複數平面進行計算，利用高斯整數 $\mathbb{Z}[i]$ 進行計算、運用整數 $\mathbb{Z}$ 進行計算……可以計算出各種範疇的數，這樣真是有趣呢！並且還可以連結成圖形……」蒂蒂開口說道。

「思考計算的構成是相當有趣的一件事情。」米爾迦回答道。「為了要能更一般化地思考計算這個東西，所以有了**群**的概念。這個概念也相當有趣哦！可是，已經到了該回家的時間——明天再繼續群論的話題吧！」

「好！」蒂蒂回答道。

我——重新省思。

人類真是個無法預知未來的存在。

我以為，我們明天也會和今天一樣。

我以為，明天也一定還會聽得到米爾迦說的話。

就像平常一樣聚在放學後的圖書室裡。

儘管明明早就切身而深刻地瞭解到「無法預知接下來會發生什麼事情」。

明天再繼續群論的話題吧！米爾迦的確說過這樣的話。

可是，她卻食言了，沒能遵守那樣的約定。

因為第二天，她發生了交通事故。

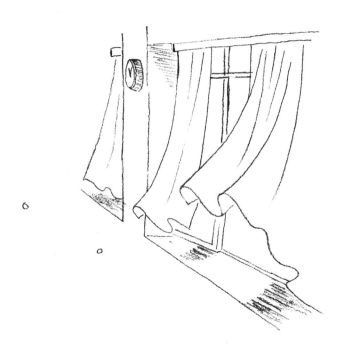

「這些命題」
可以說充分反映了當數的世界從整數 $\mathbb{Z}$ 往高斯整數 $\mathbb{Z}[i]$ 擴展時，
其質數分解的樣子是由用 4 除所得到的餘數來決定的這個事實。
——加藤／黑川／齊藤《數論》

No.

Date　　・　・　・

「我」的筆記

如下圖所示，△OPQ 與△OP'Q'相似。

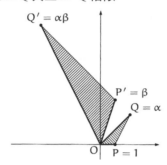

若 $a, b, c, d \in \mathbb{R}$（為實數），則 α, β 的表現如下。

$$\begin{cases} \alpha & = a + bi \\ \beta & = c + di \end{cases}$$

這個時候，$\alpha\beta$ 可以用下面的關係式來表現。

$$\begin{aligned} \alpha\beta &= (a + bi)(c + di) \\ &= ac + adi + bic + bdi^2 \\ &= (ac - bd) + (ad + bc)i \end{aligned}$$

No.

Date　・・・

　　兩個三角形的各邊，分別以 a, b, c, d 來表示。

　　首先，先計算出△OPQ 三個邊的長度。

$$\overline{OP} = |1| = 1,$$

$$\overline{PQ} = |\alpha - 1| = |a + bi - 1| = |(a-1) + bi| = \sqrt{(a-1)^2 + b^2},$$

$$\overline{OQ} = |\alpha| = |a + bi| = \sqrt{a^2 + b^2}.$$

接著，要計算出△OP'Q'三個邊的長度。

$$\overline{OP'} = |\beta| = |c + di| = \sqrt{c^2 + d^2} = 1 \times \sqrt{c^2 + d^2} = \overline{OP} \times |\beta|,$$

$$
\begin{aligned}
\overline{P'Q'} &= |\alpha\beta - \beta| \\
&= |(\alpha - 1)\beta| \\
&= |((a-1) + bi)(c + di)| \\
&= |((a-1)c - bd) + ((a-1)d + bc)i| \\
&= \sqrt{((a-1)c - bd)^2 + ((a-1)d + bc)^2} \\
&= \sqrt{((a-1)^2 + b^2)(c^2 + d^2)} \\
&= \sqrt{((a-1)^2 + b^2)} \times \sqrt{(c^2 + d^2)} \\
&= \overline{PQ} \times |\beta|,
\end{aligned}
$$

$$\overline{OQ'} = |\alpha\beta|$$

$$= |(ac - bd) + (ad + bc)i|$$

$$= \sqrt{(ac - bd)^2 + (ad + bc)^2}$$

$$= \sqrt{a^2c^2 - 2abcd + b^2d^2 + a^2d^2 + 2abcd + b^2c^2}$$

$$= \sqrt{a^2c^2 + b^2d^2 + a^2d^2 + b^2c^2}$$

$$= \sqrt{(a^2 + b^2)(c^2 + d^2)}$$

$$= \sqrt{(a^2 + b^2)} \times \sqrt{(c^2 + d^2)}$$

$$= \overline{OQ} \times |\beta|.$$

結果，

$$\begin{cases} \overline{OP'} & = \overline{OP} \times |\beta| \\ \overline{P'Q'} & = \overline{PQ} \times |\beta| \\ \overline{OQ'} & = \overline{OQ} \times |\beta| \end{cases}$$

上面的關係式就會成立，也可以說三邊長的比會相等。

$$\overline{OP} : \overline{PQ} : \overline{OQ} = \overline{OP'} : \overline{P'Q'} : \overline{OQ'}$$

第 6 章
交換群的眼淚

什麼才叫做幸福？我也搞不懂。

其實，不管處境再怎麼艱難，

只要能夠循著正道勇往直前，

即使赴湯蹈火，

也能一步一步接近世人所謂的真正幸福。

——宮澤賢治《銀河鐵道之夜》

6.1　暴走的早晨

一大早，蒂蒂就衝進了我的教室。

「學長！米爾迦學姐被大卡車——！」

我像彈簧一樣立刻跳了起來。

「米爾迦——發生什麼事情了？」

我緊緊抓住了蒂蒂的肩膀。

「剛剛、剛剛、……就在那邊——」蒂蒂抽抽噎噎地，無法把話說清楚。

「我聽不懂妳講的話啦！」蒂蒂看起來相當震驚。

「學長。好、好痛……我看到站在紅綠燈對面的米爾迦學姐——就這樣衝了進去……發出了巨響。救護車已經來了，我嚇傻了，動彈不得——」

紅綠燈？是在國道的地方嗎？

我急急忙忙地衝出了教室，一口氣奔下了樓梯。就這樣直接穿著室

內脫鞋，一路衝出學校。過於彎曲實在太險象環生了。國道。

十字路口，擠滿了圍觀的人潮，路旁停了一輛警車。紅綠燈的柱子都被卡車給壓扁了一半，碎玻璃飛散了一地。

米爾迦人呢？我環視車禍現場想找出米爾迦的身影。她怎麼可能還在車禍現場！救護車老早就已經來過了啊！

救護車、說到救護車……應該是送到中央醫院去了！

我——開始跑了起來。

奔跑。

我從來沒有這麼努力地跑過。一路上，我完全無視於紅綠燈的存在。居然沒有發生意外，簡直就是奇蹟。不行！還不可以！……我什麼事情都還沒有告訴妳…還不可以！……。我一面飛快地跑著，一面呼喊著米爾迦的名字——。

——中央醫院。

櫃檯那個握著話筒正不知道打電話給誰的櫃台服務員，緊盯著上氣不接下氣的我看。她看了看牆壁上的白板，動作緩慢得簡直叫我都要抓狂了。

「已經送到急診 A 室去了唷！啊！請不要在醫院內用跑的。」

在醫院裡我繼續全力狂奔著——終於，我在急診A室的門前停下了腳步。

我靜靜地打開急診室的門。一股刺鼻的消毒藥水味直撲而來。

一位護士正背對著我不知道在清洗什麼東西。

我關上了身後的門，走廊上嘈雜的人聲也跟著消失了。

護士轉身面向我。

「請問有什麼事？」

「剛剛救護車送來的……那個女孩，她人在這裡嗎？」

「她現在正睡著呢——」

「我醒了！」

從隔簾的陰影那頭傳來一個低沉而嚴肅的聲音。是米爾迦的聲音。

◎　◎　◎

米爾迦身上穿著藍色的病人服躺在病床上，瞇起眼睛努力地想看清楚我。這是沒有戴眼鏡的米爾迦。

「米爾迦……」我不知道該說些什麼才好。

「嗯……」她說道。

我在病床旁的椅子上坐了下來。病床旁的桌子上放著米爾迦的眼鏡，鏡框已經整個完全扭曲變形。

「米爾迦……妳不要緊吧？」

米爾迦眨了兩、三次眼後開始說話。

「我正想通過人行道的時候，那輛卡車突然橫衝直撞地衝了過來。我為了閃躲卡車失去了平衡而跌倒在地。跌倒時不知道撞到手臂哪裡，一直覺得好痛好痛。你看──」

米爾迦的手臂整個都被繃帶給包裹了起來。

「那麼沒有被卡車給撞到吧！」

「我記不太起來……我的右腳也裹著繃帶。好痛好痛。你看──」

「米爾迦，妳不用把腳給我看也沒有關係啦……」

「頭也撞到了。想爬起來也爬不起來，意識模模糊糊的，不知道什麼時候就被抬到救護車上了……。喂，我說你知道嗎？」

「什麼？」

「坐救護車很不舒服。車子開得太快，顛簸得很厲害。」

我有點笑了出來。

「米爾迦，妳需要什麼東西嗎？想喝點果汁嗎？」

「我什麼都不需要。」

「那麼，我就待在外面，一有什麼需要妳可以立刻叫我……」

我一站起身來，米爾迦便從病床上伸出了右手緊抓著我說道。

「臉。我看不太清楚。」

我把我的臉湊近她。

米爾迦的手光滑柔嫩的，輕輕地摸著我的臉。

（好溫暖）

我在椅子上坐了下來，並用兩隻手握住了她的手。米爾迦閉起了雙眼。就這樣，時間靜靜地流逝。不久之後，米爾迦便發出了平穩的呼吸聲睡著了。

我就這樣緊握著她的手，默默地注視著米爾迦的睡臉。長長的睫毛，嘴角還帶著一抹淺淺的笑，隨著規律的呼吸，胸口緩緩地上下起伏著……。

米爾迦還活著。

不由地，淚水從我的眼眶流了下來。

6.2　第一天

6.2.1　為了把運算代入集合中

「本來以為等整個檢查全部都做完之後，應該馬上就可以出院了，沒想到居然還得住院三天。因為實在太無聊了，所以想請蒂蒂和你一起來探望我。我們可以一起討論數學。」

與其說這是米爾迦的請託──倒不如說是她的命令。

就這樣，演變成了從第二天開始，我和蒂蒂每天都要來探訪這位無聊女王。米爾迦則用群論入門讓我們感受到了熱烈的歡迎之意。

「首先，讓我們從集合談起！」將長長的頭髮紮在後腦杓的米爾迦坐在病床上說道。

◎　◎　◎

首先，讓我們從集合談起。

我們知道有許多種數的集合。

- N是 $\{1, 2, 3, \cdots\}$ 這些自然數所形成的集合。

- $\mathbb{Z}$是$\{\cdots, -3, -2, -1, 0, 1, 2, 3, \cdots\}$全部整數所形成的集合。
- $\mathbb{Q}$ 是由整數比構成的有理數所形成的集合。
- $\mathbb{R}$是全部實數所形成的集合。
- $\mathbb{C}$是全部複數所形成的集合。

從小學開始到高中為止，我們學了數的集合，學了運算的方式，就這麼一路走來。不只是剛剛所提到的集合，別的集合也一樣，將運算代入這些集合中都是相當有趣的哦！

6.2.2　運算

「對集合G，試定義運算 $\star$。所謂的運算 $\star$ 被定義，代表了所有集合 G 中的 a、b，其運算 $a \star b$ 的結果也在集合 G 中。即

$$a \star b \in G$$

的關係式會成立。這個時候稱為『與運算$\star$有關的集合G是**封閉**的』」。

在米爾迦說明了「封閉」這個專有名詞之後不久，蒂蒂便立刻舉起了手。儘管發問的對象就在自己的眼前，蒂蒂還是習慣發問時舉起自己的手來。

「我有問題。這個記號 $\star$ 有什麼特別的意義嗎……？」

「意義？具體而言，記號 $\star$ 到底是怎麼樣的一種運算方式，現階段並不會牽涉到這個問題；所以，只要把記號 $\star$ 想成是在執行運算的時候會用到的工具就可以了……這麼說會不會顯得我太不親切了？總之，就把記號$\star$先當作＋或×之類的運算工具就可以了。我們要用a、b這樣的文字來取代具體的數字。同樣地，我們也要使用記號 $\star$ 來取代具體的演算方式。」米爾迦循序漸進地說明著。

「我懂了。還有一個問題，集合的那個記號……我不太懂。」

「關係式 $a \in G$ 要唸成『a 為屬於 G 的元素』。轉換成英文的話，就是『a is an element of G』，或者是『a belongs to G』。想更簡單一點的話，也可以唸成『a is in G』」。我們可以把$a \star b \in G$直接想成是『a

★ b 為集合 G 的元素』的命題。也就是說 a 與 b 的演算結果——即 a ★ b——具體而言最後會變成什麼？現階段我們不討論這個部分。只是想保證『a ★ b 也會成為集合 G 的元素』這件事情。直到我們習慣∈這個記號為止……因為沒有戴眼鏡，所以看得不是很清楚，但蒂蒂可先把學長現在正在筆記上畫的那個圖記起來。」

一邊聽著米爾迦的解說，一邊在筆記本上畫著圖的我，聽到這段話之後，嚇了一跳，並立刻回過神來。這個時候的我，正一邊聽著米爾迦的解說，一邊用集合 G 將 a、b、a ★ b 這三個元素給包圍起來。

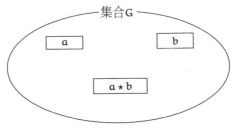

$a \star b$ 為集合 G 的元素

「好的！我瞭解了！」蒂蒂回答道。「……嗯、為什麼明明是集合卻要用 G 來表示呢？集合的英文不是 Set 嗎!?」

「這是因為接下來要以集合為基礎，來定義群的緣故。而群的英文是 Group。」

「原來 G 是 Group 的字首啊……」

「那麼，我們就試著藉由舉例來瞭解∈這個記號吧！N代表了所有自然數所形成的集合。試證明接下來的命題是否為真？」米爾迦從我的手上拿走了筆記和自動鉛筆，開始寫下命題。

$$1 \in N$$

「1 為自然數，所以 1 為N的元素，故 $1 \in N$ 的命題為真。」蒂蒂很乾脆地說出了答案。

「好。那麼，這個命題呢？」

$$2+3 \in N$$

「2 + 3 是 5，5 也是自然數，所以 2 + 3 ∈ N 的命題為真。」

「好。可是，不是『2 + 3 是 5』，請說成『2 + 3 會等於 5』。」

「是！『2 + 3 會等於 5』。」

「那麼，蒂德拉……我們是否可以說『所有自然數所形成的集合N，與運算有關且是封閉的』呢？」米爾迦緊盯著蒂蒂的眼睛開口問道。

「嗯嗯……我認為——是封閉的。」

「為什麼？」

「如果要問為什麼的話——嗯嗯、該怎麼說才好呢……」

「蒂蒂。妳只要朝著定義去想就可以找到答案囉！」我伸出援手送出了救難小船。

「請保持安靜！」米爾迦白了我一眼。「只要朝著定義去想就可以找到答案囉！蒂德拉。對N的任意元素 a、b，則 $a \star b \in N$ 的關係式會成立。所以我們可以說所有自然數所形成的集合N，與運算 $\star$ 有關且是封閉的。」

「米爾迦學姐……那是不是可以把結果想成與『兩個自然數相加之後，答案也一定會是自然數』的意思一樣呢？」

「可以！所謂的集合 G 與運算 $\star$ 有關的封閉表現，指的正是那樣的表現唷！」

「是！我已經充分瞭解了。」蒂蒂元氣十足地回答道。

運算的定義（與演算有關且封閉的）

所謂集合 G 與運算 $\star$ 有關且封閉的，指的是對集合 G 的任意元素 a、b，下列的式子會成立。

$$a \star b \in G$$

6.2.3 結合律

米爾迦加快了說話的速度繼續往下聊。

「接下來，我們要聊的是**結合律**。結合律是一種『運算的計算順序

改變也不會影響計算結果』的法則。」

$$(a \star b) \star c = a \star (b \star c)$$

蒂蒂再次快速地舉起了手。

「那個，米爾迦學姐。在加法中$(2 + 3) + 4 = 2 + (3 + 4)$的關係式會成立，這個我懂，所以，也懂這個『結合律』是怎麼回事。可是——這個會有需要證明……嗎？換句話說，也就是呢！我並不知道該怎麼去瞭解剛剛學姐針對『結合律』所進行的說明。」

「聽好囉！蒂蒂！」米爾迦用輕柔的聲音說道。「我並沒有說要妳試著證明結合律。首先，妳只要接受這個規則叫做『結合律』就可以了。接下來，我還會繼續說明好幾個規則。而到了最後……我希望可以做出『……滿足以上規則的集合就稱為群』這樣的結語。也就是說，目前所進行的一切解說，都是為了要鋪陳出群的定義所做的準備。」

「我懂了。首先，只要直接接受就可以了。在數學課中，也曾經出現像這個結合律一樣這麼理所當然的對話。那個時候——我感到非常地困惑。疑惑著自己是不是該把這個理所當然的規則『整個背下來』呢？還是『應該證明這個規則』——呢？」

「我認為蒂蒂的問題很棒哦！」我插嘴說道。「如果是在課堂當中的話，直接問老師不就好了！」

「一定有很多老師回答不出來。」米爾迦說道。

結合律

$$(a \star b) \star c = a \star (b \star c)$$

6.2.4　單位元

「講座」持續進行。這裡已經不是病房，簡直成了教室。米爾迦的食指像指揮棒一樣來回地舞動著。隨著每一次米爾迦手指的舞動，新的音符彷彿也就跟著一一蹦出。

「接下來，我們要開始聊單位元。」米爾迦繼續說道。「舉例來說，就像是當我們進行加法時，任何的數字在加上 0 之後都『不會改變』。進行乘法時，任何的數字乘上 1 之後都『不會改變』。也就是說『加法中的 0』與『乘法中的 1』兩者的意思是雷同的。這個『不會改變』在數學上的表現就是單位元。單位元一般用 e 作記。對任意元素 a 與元素 e 進行運算，其所得結果仍為 a。換句話說，也就是不會有所改變——像這樣的元素 e 我們稱之為單位元。」

單位元的定義（單位元 e 的公設）
對集合 G 的任意元素 a，滿足下面關係式的集合 G 的元素 e，在運算 $\star$ 中稱為**單位元**。

$$a \star e = e \star a = a$$

「米爾迦學姐……我已經有些暈頭轉向了。結果，單位元指的是 0？還是 1 呢？總覺得……就好像是變成了秘密一樣。知道了的人就是知道，而不知道的人還是不知道。」

「在由全部整數所形成的集合 $\mathbb{Z}$ 當中，運算＋的單位元是 0。可是，運算×的單位元是 1。」

「咦、咦咦咦？」

「單位元會隨著集合、運算的不同而有所差異。具體上這個元素 e 是什麼都沒有關係。但對集合 G 的任意元素 a 來說，一定要滿足關係式 $a \star e = e \star a = a$。這麼一來，元素 e 就可以稱為單位元。實際上這個叫做 e 的元素到底是什麼呢——如果想理解的話也可以問。可是，證明的時候只會使用到公設就是了。」

「？」

「是不是該這麼說才會比較容易理解呢？這個元素是不是單位元，全看這個元素是否可以滿足單位元的公設而定了。換句話說，也就是——

　　　　定義由公設中產生

的意思哦！」

　　「……雖然不能說完全瞭解，但是大概懂了。」

　　我默默地聽著米爾迦與蒂蒂兩人的對話。

　　我所理解的定義，指的是「在語言上求嚴密精確的意思」。這絕對是重點。可是，我所謂的「語言」當中卻沒有包含「算式」在內。

　　「定義由公設中產生」──那不就是使用了最嚴謹精密語言的算式，利用名為公設的命題來進行定義的意思嗎……？

　　我喜歡算式並引以為傲，但這樣的我卻沒有把算式帶進數學基磐的想法。

　　這麼說起來，以前米爾迦在解釋虛數單位的時候，也針對公理和公設進行過解說。

　　　　i 這個數是以方程式 $x^2 + 1 = 0$ 的解來定義的。

　　　　完全滿足 i 的「公設」是以方程式來表示的。

　　那個時候，米爾迦也是刻意把公設和定義放在一起討論的──。

6.2.5　反元素

　　「接著，是反元素。」米爾迦說道。

　　「對了！你們知道『元』是什麼嗎？剛剛也曾經出現過了單位元這個專有名詞……」

　　「所謂集合的元，與集合的元素意思相同。英文是 element。」

　　「element？……構成整體的各個獨立而單一的東西……指的是這個意思沒有錯吧！」

　　「那麼，對任意元素 a，滿足下面式子的元素 b 即稱為反元素。」

反元素的定義（反元素的公設）

a 為集合 G 的元素，而 e 為單位元。對任意 a，且 $b \in G$ 滿足下面的式子，則 b 即稱為與運算 $\star$ 相關的 a 的反元素。

$$a \star b = b \star a = e$$

用實數來舉例的話，與運算＋相關的 3 的反元素就是 −3，而與運算×相關的 3 的反元素則是 $\frac{1}{3}$。

6.2.6 群的定義

米爾迦在病床上伸了伸懶腰，並張開了雙臂。纏滿了繃帶的左臂看起來相當痛，但米爾迦的動作仍不失一貫的優雅。

「那麼，我們已經定義過『運算』、『結合律』、『單位元』、『反元素』了。這下子，終於可以針對『群』來下定義了。」

群的定義（群的公設）

滿足下面公設的集合 G 即稱為**群**。

- 與**運算** $\star$ 相關且封閉的。
- 對任意元素，**結合律**會成立。
- 存在**單位元**。
- 對任意元素，存在有對應該元素的**反元素**。

與運算 $\star$ 相關且封閉、滿足結合律、存在單位元、存在有對應該元素的反元素——

符合上面公設的集合即稱為群。

米爾迦做出了結語。

6.2.7 群的例子

「在看見這樣的公設之後，蒂德拉會怎麼做呢？」米爾迦問道。

「……會仔細地閱讀。」

「那是當然的！接下來呢？」

「接下來……」蒂蒂偷偷地瞄了我一眼。

「難道學長的臉上寫著答案不成？」

「沒有！我想想……接下來要舉例說明。『舉例說明為理解的試金石』。」

「沒錯！對舉例說明而言，理解力與想像力是必要的。例如，下面的命題是否為真？」當即追問的米爾迦。

　　　「由全部整數所形成的集合ℤ，會成為與運算＋相關的群」

「我想想看！由全部整數所形成的集合……會成為群，對吧！」

「為什麼妳會這麼認為呢？」

「嗯──總覺得應該就是。」

「不行！」米爾迦說道。

米爾迦的「不行」，就像一把鋒利的刀。可以不拖泥帶水地一刀斬斷，讓人感到通體舒暢。

「請仔細確認有沒有滿足群的公設，蒂德拉。如果有滿足的話，就是群；如果沒有滿足的話，就不是群。因為定義是從公設中產生的。」

「啊、嗯……可是……」蒂蒂囁囁嚅嚅地好像有什麼話想說。

「ℤ有沒有與＋相關且封閉的呢？」米爾迦開口問道。

「……有。因為整數與整數之間相加之後，還是為整數。」

「結合律有沒有成立呢？」蒂蒂連喘息的機會都沒有，米爾迦丟出了第二個問題。

「成立！」

「單位元存不存在？」

「單位元的話──有！存在！」

「與ℤ的運算＋相關的單位元是什麼？」

「儘管加了也不會改變的數字……是 0 嗎？」

「對！那個某一整數 a 的反元素是什麼？」

「啊，這個我還不是很……所謂的反元素指的是……那個……」

「反元素的定義是什麼？」米爾迦尖銳地持續追問著。

「使用運算……那個。對不起！我忘記了。」

「單位元為 e 時，a 的反元素為 b 的話，$a \star b = b \star a = e$ 的關係式就會成立。」米爾迦複習道。

「那這麼說起來……那個、就是說 $a + b = b + a = 0$ 對嗎……可是，如果 a 和 b 相加起來會等於 0 的話，那不就是……」

「當 a 和 b 相加起來會等於 0 的時候，b 就是 a 的反元素了。跟 a 加起來會變成 0 的數我們稱為什麼？」

「負數……那個、是 $-a$ 嗎？」

「沒錯！就是這樣。整數的集合 Z 的元素 a，與運算＋相關的反元素就是 $-a$。對任意整數 a，反元素 $-a$ 也會成為整數 Z 的元素。」

「是！」

「……所以呢？」

「咦？」

「現在，我們正一個個確認群的公設不是嗎？如果所有的公設都確認了，所以……就可以說『由全部整數所形成的集合 Z，會成為與運算＋相關的群』啦！」

「啊！這麼一來也就得到了證明。」

「對！」

米爾迦停了下來，只閉上了眼睛一會兒，然後馬上開始繼續話題。

「接著，下一個問題。」

「奇數的集合會成為與運算＋相關的群嗎？」

「我想想看，要先確認有沒有滿足公設。啊，不會。舉例來說，雖然 $1 + 3 = 4$，但 4 並不是奇數。」

「沒錯！奇數的集合雖與運算＋相關，但並不會封閉的。所以不會成為群。那麼，下一個問題。」

「偶數的集合會成為與運算＋相關的群嗎？」

「咦？跟奇數的情況是一樣的，我想它不會變成群。」

「……」米爾迦默不吭聲地閉上了眼睛，搖了搖頭。

「咦？啊啊、我搞錯了！這一次會變成群。因為偶數＋偶數會等於

偶數的緣故啊！結合律成立、有單位元存在、反元素也存在。」

「沒錯！那麼，下一個問題。」

「全部整數的集合會成為與運算×相關的群嗎？」

「咦？這個剛剛已經研究過了。會變成群。」

「不對！剛剛研究過的是會成為與運算＋相關的群。而現在要研究的是與運算×相關的部分。全部整數所形成的集合$\mathbb{Z}$，會成為與運算＋相關的群。但卻無法成為與運算×相關的群。蒂德拉，妳知道這是為什麼嗎？」

「咦？全部整數所形成的集合$\mathbb{Z}$——無法成為與運算×相關的群嗎？」

蒂蒂邊咬著指甲，一臉認真地思考著。

「因為整數×整數所得到的結果為整數，所以是封閉的。結合律理所當然地也就會成立。單位元的話……是要乘上去之後也不會改變的數，所以……一定是 1。真的不會成為群嗎？——啊！」

「我想妳應該搞懂了！」米爾迦面帶微笑地說道。

「我知道了！沒有反元素。例如 3 的話，因為不管乘以哪個整數都不可能成為單位元的 1；所以 3 也不可能會有反元素存在。」

「$\frac{1}{3}$ 不是反元素嗎？」米爾迦問道。

「咦？——因為，$\frac{1}{3}$ 不是整數$\mathbb{Z}$的元素啊！」

「沒錯，說得對！感覺上妳已經懂得掌握確認公設的步驟了。」

「……是！多少有點懂了！」

聽到蒂蒂的回答，米爾迦的聲調柔了下來，面帶微笑地說道。

「確認公設，感覺不就跟確認定義是一樣的嗎？」

6.2.8　最小的群

我享受著兩位少女之間的數學對話。

「那麼，蒂德拉，哪一個群的元素個數是最少的呢？」

> ### 問題 6-1（元素個數最少的群）
> 所含元素個數最少的群是哪個？

「就是一個元素也沒有的集合所形成的群對嗎？」蒂蒂問道。

「沒錯，就是空集合。」我插嘴說道。

「不對！」米爾迦說道。

「咦？」我說道。「在集合中所含元素個數最少的，就是一個不含任何元素的集合——換句話說，也就是空集合，難道不是嗎？」

「這是正確的！」米爾迦回答道。

「……這樣的話，空集合不就是所含元素個數最少的群了嗎？」我說道。

「不對！空集合並不能構成群。你們兩個該不會忘了群的公設了吧！只要沒有單位元的存在，就無法構成群。在空集合中並沒有元素，所以，空集合是無法構成群的。」米爾迦說道。

「是嗎……」

「元素最少的群，就是只含有一個元素的集合。也因此，那個元素當然就會成為單位元。」

「原來如此！」我說道。

「請等一下！學長、學姐。因為需要單位元的緣故，所以空集合無法構成群這個道理我懂。可是，在群的公設中反元素也是必要的啊！如果只有單位元一個元素的話，不就無法構成群了嗎？」

「因為單位元的反元素就是單位元自己本身，所以不會有問題。」米爾迦說道。

「在群裡面，單位元的反元素就是單位元自己本身啊！」

「啊……這麼說也就行得通了呢！」從蒂蒂眼神中透露出了她似乎頓悟了些什麼的訊息。

解答 6-1（元素個數最少的群）
所含元素個數最少的群，就是僅由單位元所構成的群。

$$\{e\}$$

這個時候，運算 $\star$ 可以透過下面的關係式被定義。

$$e \star e = e$$

意即，e 的反元素就是 e 自己本身。

「群的**運算表**整理如下。因為只有一個單位元 e，表可能會嫌無聊了點；但這個表所代表的就是 $e \star e = e$。」

$$\begin{array}{c|c} \star & e \\ \hline e & e \end{array}$$

「原來如此！所謂的運算表，其實就是運算 $\star$ 的『九九乘法表』吧！只要寫下運算表的話，就可以定義運算本身了。」我說道。

「九九乘法表那種東西，可不是封閉的運算表哦！」米爾迦評論道。

6.2.9　元素個數有兩個的群

問題 6-2（元素個數有兩個的群）
請指出元素個數有兩個的群。

「試著寫出元素個數有兩個的群。」米爾迦說道。「e 為單位元，而另一個元素為 a。然後，先畫出空白的運算表，接著再將空白的地方一一填上。」

$$\begin{array}{c|cc} \star & e & a \\ \hline e & & \\ a & & \end{array}$$

「根據單位元的定義，有個欄位可以馬上填進去。蒂德拉，是哪個欄位呢？」

「單位元，因為是不會造成改變的元素……。我知道了！是這裡！是 $e \star e$ 和 $e \star a$」

$\star$	e	a
e	e	a
a		

「縱向這裡也是哦！$a \star e = a$。」米爾迦也填進去了一個。

$\star$	e	a
e	e	a
a	a	

「那麼，剩下來的只剩 $a \star a$，而這裡就是 e 了。」米爾迦填滿最後一處空白。

$\star$	e	a
e	e	a
a	a	e

蒂蒂立刻舉起手發問。

「米爾迦學姐，關於最後填進去的那個地方，我發現答案似乎並不僅只限於『e』耶……。舉個例子來說，利用這個運算表來定義運算 $\star$ 的話，結果會變成如何呢？結果元素還是維持兩個，但卻出現了與剛剛完全不同的群喔！」蒂蒂寫下了另一個表。

$\star$	e	a
e	e	a
a	a	a

蒂蒂想出來的運算表——這是群嗎？

「不對！」米爾迦說道。

「這個是因為啊，蒂蒂——」我話才剛說到一半。

「你別說話！讓蒂蒂自己回答。」米爾迦說道。「只要從群的公設去推論就會瞭解了。」

「是……我想一下。……我想出來的運算表之所以不能構成群，是

為什麼呢？——我想想看，原來是這樣啊！只要按部就班——確認群的公設就可以了。可是，只出現了 e 與 a，所以是『封閉』的……而『單位元』就是 e……啊！」蒂蒂突然抬起臉來。「我知道了！a 的『反元素』並不存在。如果要問為什麼的話……那是因為 a 的那一行並沒有 e。所以不管是 $a \star e$ 也好，$a \star a$ 也好，都不會等於 e。換句話說，也就是 a 的反元素並不存在！因此這個運算表無法構成群對吧！」

「說得很正確。」米爾迦說道。

問題 6-2（元素個數有兩個的群）

元素個數有兩個的群，是由單位元與別的元所構成的群。

$$\{e, a\}$$

這個時候，運算 $\star$ 可以透過下面的關係式被定義。

$$e \star e = e$$
$$e \star a = a$$
$$a \star e = a$$
$$a \star a = e$$

即，運算表如下所示。

$\star$	e	a
e	e	a
a	a	e

6.2.10　同態

「對了！元素個數有兩個的群的寫法，並沒有必要寫成 $\{e, a\}$。舉個例子說明，像是偶數與奇數的和會怎麼樣呢？{偶數, 奇數} 會成為與運算＋有關的群。偶數為單位元。」米爾迦說道。

+	偶數	奇數
偶數	偶數	奇數
奇數	奇數	偶數

「{+ 1, −1}也可以。運算為×，而單位元為+ 1」

×	+1	−1
+1	+1	−1
−1	−1	+1

「如果像下面的表格一樣，將元素、運算都用符號來表示的話，又會變成如何呢？對集合 {☆, ★} 定義下面的運算。，☆為單位元，這也是群。」

∘	☆	★
☆	☆	★
★	★	☆

「可是，這些全部都『一樣』對吧！」我說道。「{e, a}、{+ 1, −1}、{偶數, 奇數}、{☆, ★}……全部都是一樣的。只要機械性地變更出現在運算表中的文字或符號的話，就會變成其它的運算表了。」

「沒錯！像這類『一樣』的群，我們稱之為『同態的』群（即群同態）。事實上，元素個數有兩個的群全部都會成為群同態。」

「群同態……」蒂蒂說道。

「對！就是群同態。」米爾迦說話的速度愈來愈快。「將同態的群一視同仁的話，元素有兩個的群，在本質上就會是一致的。不管再怎麼回溯歷史，不管是距離現在幾億年遠的未來，不管去到哪一個國家，就算是前往宇宙的盡頭旅行，這個事實都不會受到任何的動搖。元素有兩個的群，在本質上是一致的。」

我和蒂蒂一言不發地聆聽著。

「在群的公設裡，並沒有任何一個地方有寫著『元素有兩個的群，在本質上是一致的』。儘管如此，『元素有兩個的群，在本質上是一致的』這個結果確實是由群的公設當中所推導出來的。」

話說到這裡，米爾迦說話的速度突然慢了下來。米爾迦用右手輕緩地撫摸著纏滿繃帶的左臂之後，用近似耳語的聲音說道。

「由公設所給予的緘默制約。這個制約會讓集合的元素與元素之間相互緊密連結在一起。並不是單純地將它們束縛在一起，而是有秩序地締結彼此的關係。換句話說，也就是──構造會隨著公設所給予的緘默制約產生出來。」

構造、由制約中、產生……。

6.2.11　用餐

已經到了用餐的時間了。

醫院負責送伙食的阿姨已經把米爾迦的餐點端了過來，我們趕緊將四處散落的計算紙或筆記收拾好，並幫忙準備讓米爾迦用餐。

「看起來好好吃哦！」蒂蒂一邊倒著茶一邊說道。

「醫院的伙食嗎……」米爾迦回答道。「算了！如果不提餐具、味道、外觀的話，實在沒有什麼好抱怨的。」

「不！這樣已經抱怨得相當徹底了。」我說道。

「醫院的伙食和國際線的飛機餐很像。要說和飛機餐有什麼不同的話，大概就是──沒有端出紅酒來這一項吧！」米爾迦一臉認真地說道。

「這裡可是醫院耶……怎麼可能會端出酒來。」我說道。

「我說……學長學姐。比起那個更重要的是我們都還未成年吧……」蒂蒂擺出一臉受不了的樣子說道。

「不知道構造是不是也可以從未成年這個制約裡頭產生呢！」米爾迦說。

6.3 第二天

6.3.1 交換律

第二天我們依約前往醫院探望米爾迦。

在病房內迎接我和蒂蒂的米爾迦，說的第一句話是這樣的。

「群裡頭的任意元素若再滿足**交換律**的話，這個群即稱為**交換群**。」

交換律

$$a \star b = b \star a$$

「奇怪？」蒂蒂說道。「結合律與交換律不是相同的法則嗎？」

$$(a \star b) \star c = a \star (b \star c) \qquad \text{結合律}$$
$$a \star b = b \star a \qquad \text{交換律}$$

「……所謂的結合律指的是，儘管變換了計算的順序對結果也不會造成影響對吧？如果是這樣的話，根本就不需要有交換律了啊！」

「不對！」米爾迦說道。「仔細看清楚。在結合律當中，計算的順序有變動過哦！可是，這並不是指運算 $\star$ 的右邊和左邊互相交換。整數‧有理數‧實數的加法全都屬於交換群。也就是說交換律會成立的群。所以讓人很難有會出現交換律無法成立的印象。」

「差的運算……那減法呢？」我問道。

「的確，差的運算子的交換律無法成立。因為 $a - b = b - a$ 不見得會成立。可是，差的運算子的結合律也無法成立哦！」

「啊啊！這樣啊！拿差的運算子來舉群的例子實在不怎麼適合呢！……那麼，如果是矩陣的話呢？」

「對！在高中數學裡，『矩陣的乘積』是交換律無法成立的典型。」米爾迦說道。

「昨天……思索過了元素有兩個的群對吧！」蒂蒂說道。「我想那個群應該會讓交換律成立……是不是這樣呢！」

$\star$	e	a
e	e	a
a	a	e

「蒂德拉，為什麼妳會這麼想呢？」

「沒有！那個、難道不是因為 $e \star a = a \star e$ 的緣故嗎？」

「這樣啊！沒錯！蒂德拉說的是正確的。在元素有兩個的群中交換律會成立。換句話說，也就是剛剛蒂德拉證明了『元素有兩個的群為交換群』這個定理。」

「交換群……」

交換群的定義（交換群的公設）

滿足下面公設的集合 G，即稱為**交換群**。

- 與**運算** $\star$ 相關且封閉的。
- 對任意元素，**結合律**會成立。
- 存在有**單位元**。
- 對任意元素，存在有對應該元素的**反元素**。
- 對任意元素，**交換律**會成立。

（與一般的群的差異點，就在滿足了交換律）

6.3.2 正多角形

說得很熱血的米爾迦繼續往下說。

◎　◎　◎

回想一下「元素有兩個的群」。

集合$\{-1, +1\}$會成為與一般乘積相關的群。

×	+1	−1
+1	+1	−1
−1	−1	+1

可是，$x = -1, +1$，是方程式

$$x^2 = 1$$

的解。方程式的解也是群。方程式的解雖說是屬於制約的一種，但從這個制約當中正好會產生群。如果光只是看見 $x^2 = 1$ 不會有任何靈感的話，那麼就試著把次數往上提高看看。變成三次方程式。

$$x^3 = 1$$

這個方程式的解為 1 的立方根，也就是會有三個根。

$$x = 1, \omega, \omega^2 \qquad 唯\ \omega = \frac{-1 + \sqrt{3}\,i}{2}$$

事實上，$\{1, \omega, \omega^2\}$ 會成為與乘積相關的交換群。運算表如下所示。因為 $x = \omega$ 為 $x^3 = 1$ 的解，所以我們可以將它簡化成 $\omega^3 = 1$。

×	1	ω	ω^2
1	1	ω	ω^2
ω	ω	ω^2	1
ω^2	ω^2	1	ω

把指數都寫上去可能比較容易看得懂。這麼一來，就可以簡單的確認是不是滿足了交換群的公設。

×	ω^0	ω^1	ω^2
ω^0	ω^0	ω^1	ω^2
ω^1	ω^1	ω^2	ω^0
ω^2	ω^2	ω^0	ω^1

我們要說的就是這個。一般而言，只要我們把 n 次方程式 $x^n = 1$ 的 n 個

解視為

$$\{\alpha_0, \alpha_1, \alpha_2, \dots, \alpha_{n-1}\}$$

的集合，這個集合就會變成與乘法有關的交換群了。……這樣解說會不會太抽象而難以理解呢？不然，我們改採複數平面上的幾何觀點來解釋好了。因為單位圓上的複數為絕對值 1，所以乘積會變成「幅角的和」。換句話說，也就是說要思考 1 的 n 個 n 次方根的話，只要把這 n 個 n 次方根視為等分單位圓周的點來思考就可以了。

$n = 1$ 的時候，$\{1\}$ 與僅由單位元所構成的群同態。

$n = 2$ 的時候，$\{1, -1\}$ 與兩個元素所構成的群同態。

$n = 3$ 的時候，$\{1, \omega, \omega^2\}$ 與正三角形的頂點相對應。

$n = 4$ 的時候，$\{1, i, -1, -i\}$ 與正方形的頂點相對應。

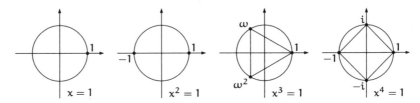

因為幅角 $360° = 2\pi$ 的 n 等分，$x^n = 1$ 的解為 $k = 0, 1, \cdots, n - 1$，並可以用下面的式子來表示。

$$\alpha_k = \cos \frac{2\pi k}{n} + i \sin \frac{2\pi k}{n}$$

從方程式的觀點來看，我們所熟知的內接於單位圓的正 n 邊形的 n 個頂點，即為「1 的 n 個 n 次方根的解」；而從群的觀點來看的話，就變成了「元素有 n 個的交換群的例子」。在單位圓上跳舞還真是有趣呢！

6.3.3　數學文章的解釋

「蒂德拉，在這樣和群嬉戲過之後，不知道妳是不是可以瞭解下面這段文字的意思了呢？」

米爾迦話一說完，便閉上了眼睛，唱起了這樣的歌。

　　　　將交換群的構造
　　　　　代入
　　　　　　橢圓曲線當中

　　「嗯？怎麼樣呢？」米爾迦睜開了眼問道。

　　「連我、我都會懂這段話的意思嗎？……」蒂蒂忐忑不安地問道。

　　「首先，請試著思考一下。」米爾迦說道。「畢竟，如果不試著思考看看的話，根本無法瞭解自己究竟懂不懂對吧！光只顧著害怕『橢圓曲線』或『交換群』這些專有名詞便裹足不前是行不通的！這些專有名詞從好幾百年前就等待著妳了！就算無法立刻瞭解它們，也不可以有絲毫懼怕退縮的念頭。請勇敢地正面迎戰擊潰它們。」

　　蒂蒂一臉認真地陷入了思考。在沉默了一段時間之後，緩緩地張口開始說話。

　　「我……『橢圓曲線』是什麼我不知道。可是——我想我知道『將交換群的構造代入』的意思——不！我懂它的意思。所謂的交換群，指的就是交換律會成立的群。這就是交換群的定義。我懂交換律，也學過了群的公設，也因此而瞭解了交換群的定義。嗯嗯、那個，我想橢圓曲線應該是某一類型的集合。所以一定也可以藉由某種運算來定義它。因為、所以……」

　　「群的定義是……」我話才說到一半。

　　「學長，請不要告訴我。我正在回憶之前所學過的部分。……所謂的群是在集合上藉由某種運算來被定義的。如果說要『將交換群的構造代入橢圓曲線當中』的話，就必須要滿足群的公設才行。換句話說，也就是——這個運算必須是封閉的，必須要滿足結合律，也要有單位元，還必須具有滿足所有元素的個別反元素……除此之外，還必須要滿足交換律才可以。」

　　米爾迦一臉滿意地點著頭。

　　我非常地訝異。蒂蒂確實已經完全學會了如何運用定義……原來是

這樣啊……就算是不懂得橢圓曲線這個數學專有名詞，只要利用交換群這個已知的專有名詞為線索，就可以努力地向前邁進……。

蒂蒂像是發現了什麼東西似的，突然用雙手搗住了嘴。

「啊！——會想將群的構造代入橢圓曲線的，一定是研究橢圓曲線的人吧！如果是這樣的話，或許可以用交換群的構造當作線索來研究橢圓曲線也說不一定……」

可是，米爾迦卻制止了蒂蒂的發言。

「蒂德拉，蒂德拉！妳到底是什麼人物啊？」

「什麼？」

「妳的理解速度實在太快了，真叫我驚訝。——蒂德拉，妳過來一下。」米爾迦向蒂德拉招著手。

「是！」蒂蒂聽話地移向米爾迦的病床旁邊。

米爾迦的右手滑向蒂蒂並勾住她的脖子，接著——

便在蒂蒂的額頭上，烙下一吻。

「啊啊！米米米米米爾迦學姐！$\lim_{x \to 0} \frac{1}{x} \sin \frac{1}{x}$ ——！」

「聰明的孩子，我最喜歡了！」米爾迦戲謔地吐了吐舌頭。

6.3.4　麻花辮的公設

談話告一段落，蒂蒂幫米爾迦再倒了杯茶。米爾迦雖想自己動手重綁頭髮，但因為左臂會痛，花了很多的時間卻怎麼都綁不好。

「我來幫學姐綁吧！」蒂蒂試探性地問道。

「嗯……那麼就拜託妳了！」

「……綁麻花辮可以嗎？」

「蒂蒂喜歡就可以了。」

蒂蒂一臉開心地幫米爾迦綁著辮子。感覺很新鮮。

「麻花辮是否也具有數學性的存在呢？」蒂蒂問道。

「如果公設上不會出現矛盾的話，就會存在。」米爾迦立刻回答道。

「必須有『麻花辮的公設』對吧！」

到底是什麼鬼公設啦！我感到非常納悶不禁想追問。

「無矛盾性為存在之基石。」米爾迦說道。

「……好了！麻花辮綁好了。小時候我也曾經留過長髮，每個早上媽媽總會幫我綁好辮子。我非常喜歡那段綁辮子的時間，媽媽會在我的背後一邊幫我綁著辮子，一邊唱著『Greensleeves』這首歌。」

「這簡直是女孩之間才會出現的對話呢！」我嘲弄地說道。

「人家我是女孩子啊！……而且，由梨也是女孩子呢！因為前一陣子……」蒂蒂說道。

「由梨？」為什麼由梨的名字會在這裡出現呢？

「啊！不是啦……。我這張嘴為什麼總是那麼不爭氣，一不留神就說溜了嘴！真是氣人……」

蒂蒂用手抓著雙頰生著悶氣。

「該不會是『四等親』那件事情吧！」我說道。

「咦？你怎麼會知道？學長！」

「我都聽由梨說了。不過對我來說，由梨真的就像親妹妹一樣……」

「啊！是、是這樣嗎……？可是……奇怪？這麼一說，米爾迦學姐，妳有其他兄弟姊妹嗎？」

「我有個哥哥！」米爾迦看著髮尾回答道。

「咦？」同時間我和蒂蒂驚訝地喊出了聲音。

米爾迦——有哥哥？這件事情我怎麼都不知道!?

「本來有！但是在我小學三年級的時候，哥哥——他過世了。」

從米爾迦的眼裡，滾落了一顆顆的淚珠。

米爾迦並沒有把它擦拭去，就這樣任憑淚珠滾落。

她只是靜靜地閉上了雙眼。

無聲無息的淚珠在臉上形成了一條條的淚河。

「米爾迦學姐。」蒂蒂默默地掏出手帕，輕輕地擦拭著米爾迦的眼睛。

「……明天我就可以出院了，你們可以不用來接我。」米爾迦說道。

6.4　真實的樣貌

6.4.1　本質與抽象化

今天是不用到醫院去探訪米爾迦的日子。

我和蒂蒂放學後就到了圖書室。可是，今天既不是為了挑戰數學問題而來，也完全提不起勁來算數學，從頭到尾都只是在聊天。

「呢，學長——雖然我已經向米爾迦學姐請教過了群的部分，但是數到底是什麼呢？在過去，我總以為正因為是數所以才可以進行計算。可是，一想到集合與公設……像計算這種東西似乎是可以被構組出來的。在集合中，是元素與元素之間的計算。在複數平面上，是點與點之間的計算。——雖然我已經習慣了像這樣的概念，但是對於真正的數到底在哪裡呢？我還是……很想知道。實際上，數這個東西究竟存不存在呢？」

真正的數。

數的，真實樣貌。

實際上是什麼，你們知道嗎？

「當時在醫院——我也一邊聽著米爾迦說的話一邊思索著。數這個東西到底是什麼呢？數的本質又到底是什麼呢？」

「無矛盾性為存在之基石。」

米爾迦說了這樣的話。可是，我卻不懂米爾迦說這句話的本意是什麼!?

「……太過具體了，以致於失去了本質。虛數的英文是 imaginary number，但似乎不僅只限於虛數，或許所有的數都是從想像中建構而來的也說不一定呢！」

「妳想想看，米爾迦不是說過嗎？『元素個數只有兩個的群』除了群同態之外，在本質上是一致的。而這個合乎邏輯的結論，是由群的公

設當中所導出來的。像這種運算本質，如果不忘掉具體的數是看不到的，如果不離開 0 或 1 這種具體的數的話，是無法見到真章的。」

「……」

「把 0 與 1 當作單位元一視同仁，這個假設還真是大膽呢！把＋與×在運算上一視同仁，更是神來一筆。只要從沾滿日常污漬的概念當中，把非本質性的東西削落，本質就會浮現了嗎？」

「……總覺得，我好像懂了。先將問題抽象化後進行證明，如此一來可應用的範圍也會更寬廣對吧！」

「不抽象化的話，就無法知道在本質上是否相同。抽象——所抽出來的，是本質以外的捨象——換句話說，也就是可拋棄的東西。通常大多會留存下重要的東西，而丟掉不重要的東西。」

「通常大多會留存下重要的東西，而丟掉不重要的東西……」

6.4.2　動搖的心

「學長……米爾迦學姐發生交通意外的那天，學長慌慌張張地從教室裡奪門而出對吧！那個時候——」蒂蒂欲言又止，緊抱著自己的肩膀。

「嗯！我一路衝倒了中央醫院，就連我自己都嚇了一跳！路程距離可是遠得驚人呢！跑到我的腳都痛了。」

「……」

「可是米爾迦學姐還真是沉得住氣呢！本以為學姐會受到相當大的驚嚇，卻怎麼也沒想到學姐居然還可以氣定神閒、精神奕奕地開起『講座』——」

隨著蒂蒂的話語，我想起了米爾迦流淚的畫面。原來米爾迦曾經有過哥哥啊！米爾迦說是在她小學三年級的時候過世的……「缺席的家人」嗎？

我看了看時鐘。

「啊，瑞谷老師要來趕人了。差不多是時候該回家了？」

瑞谷老師是管理圖書室的負責人。只要一到了關校門的時間，瑞谷

老師總是會從圖書管理員休息室進入圖書室，接著再走到圖書室的中央站定位，然後宣布關閉圖書室。瑞谷老師總是戴著一副深色的眼鏡，臉上的表情完全讓人猜不透；因為時間一到就會行動，所以有同學還開玩笑地叫她機器人。

「學長，如果一個人都沒有的話，瑞谷老師還是會站在圖書室的中央宣布關閉圖書室嗎？——我們要不要躲在那邊確認一下呢？」

我們兩個趕緊躲進文學全集的書架後面。瑞谷老師的巡視路線總是形同機械式的不會改變。我們躲的這個位置應該是看不見的死角。我蹲在書架的影子裡，而蒂蒂則蹲在我的影子裡。

「感覺上，我們就像在玩躲貓貓一樣耶！」

「噓～」

穿著緊身裙的瑞谷老師出現了。她一路直走向圖書室的中央。

「關閉校門的時間到了！」

一宣布完，緊接著便走回了圖書管理員休息室鎖上門。和平常一樣沒有任何的改變。

果然不管有沒有人在，瑞谷老師還是會堅持說完「台詞」啊！這還真是奇怪呢！蒂蒂——就在話才說完我想轉過身的同時。

蒂蒂將身體湊近了我的背後。

「蒂——蒂？」

我的心跳加快，心頭有如小鹿亂撞。

「學長……請你不要轉過身來。」

我一句話都說不出口。

「我知道！我都知道！米爾迦學姐是多麼出類拔萃、美好——我根本無法像她那般優秀。」

從我的背後傳來蒂蒂柔軟的重量，我只能任憑自己的眼睛在文學全集的書背上來回游移。《阿Q正傳》、《伊豆舞孃》、《杜子春》……

「所以、所以、請你先不要轉過身來，就只有現在、就只有現在——讓我這樣多待一會兒。要我跟學長面對面，對現在的我來說……對現在的我來說……我還辦不到。——如果學長就這樣轉過身來的話，我一

定就馬上會打回原狀，變回之前那個蒂德拉了。所以、就只有現在──讓我這樣多待……」

蒂蒂的雙手不住地顫抖著。

接著蒂蒂──把她的頭緊靠在我的背後。

「──學長！」

蒂蒂用那微弱而模糊的顫抖聲，喊著我的名字。現在聽得到蒂蒂的呼喊的，在這個世界上就只有我一個人。

不多久。

咚咚咚咚咚咚。

蒂蒂在我背後像是打鼓般地開始敲擊。因為突然失去了平衡，我有點受到驚嚇，忍不住便轉過身來。

「怎麼當真了！學長，嚇了你一大跳是吧！開玩笑！我是開玩笑的啦！今天，我就一個人先回家囉！學長，明天見！」

蒂蒂站起身來，說話的語氣聽起來像是有點故作輕鬆的樣子。向費波納契（Leonardo Fibonacci，義大利數學家，發明了費氏數列）打招呼也是匆匆忙忙，然後就像飛的一般地衝出了圖書室。

蒂蒂的表情明明是如此開朗。

可是，在我眼裡──

卻怎麼看起來都像是在哭泣。

> 我回顧自己的人生，
> 若要我在這一生中選出最具創造力的時候，
> 我想那應該會是在受限於最嚴苛的制約下，
> 而不得不拚命努力工作的時候。
> ──高德納（Donald Ervin Knuth 著名演算法學者）
> 《*Things a Computer Scientist Rarely Talks About*》

第 7 章
視髮型為模數

列車的速度逐漸緩慢了下來，
不久之後，就在月台上閃現了一排美麗而規律的燈光，
燈光漸漸變亮，距離愈拉愈近，月台也跟著開闊起來，
喬凡尼和坎帕奈拉的位置剛好停在天鵝停車場那座巨大的時鐘前。
——宮澤賢治《銀河鐵道之夜》

7.1 時鐘

7.1.1 餘數的定義

「哥哥，你看感覺怎麼樣？」由梨說道。

「什麼東西？」

「咦？你沒看到嗎？這個這個！」

由梨轉身，馬尾正對著我，一個新的苔綠色的蝴蝶結在我眼前晃啊晃的。

「這個蝴蝶結還真是漂亮呢！」

「給我等等……哥哥，你這種半調子的讚美可不會受到女孩子青睞哦！」

「怎麼了？我話說得不對嗎？」

「不能說『這個蝴蝶結還真是漂亮呢』，要說『這個蝴蝶結還真是適合妳呢』才對唷！」

「是這樣嗎……」

「我說你還真是不懂女孩子的心喵～」由梨貓語的口氣。

「是是是！這個蝴蝶結還真是適合妳呢！」

「別敷衍我！你只不過照著我說的唸一遍而已。」

「哈哈哈～」

「暖身運動結束。今天的課題是什麼？」由梨問道。

「由梨知道什麼叫做**餘數的定義**嗎？」

「除不盡的就叫做餘數。」

「哈……。由梨忘記定義的說法該怎麼說了嗎？『所謂的餘數……』。」

「啊！我忘記要用正式的說法了。『所謂的餘數，指的就是除不盡的部分』對不對!?」

「……我可以理解由梨想要說的是什麼。可是呢！這樣的說法並不能成為定義。必須要把什麼東西除以什麼東西，又剩下了什麼東西，都明確地說出才可以。」

「嗯～嗯。人家從來沒有使用這種方式思考過，所以不知道嘛──」

「那麼，我們一起來試試看好了。」我翻開了筆記本。

「好啊──」由梨戴上了眼鏡，坐近我身邊。

開始用功──。

「為了正確而仔細地替餘數下定義，在這裡我們要使用算式哦。」

$$a = bq + r \quad (0 \leqq r < b)$$

「所謂的 a 除以 b 得到的**餘數**，在這個算式中指的就是 r。我們要像這樣替餘數下定義。a 與 b 為自然數，而 q 與 r 為自然數，或是 0。」

「咦？──我說哥哥。在這個算式當中，並沒有感覺到我們正在定義餘數啊──而且打從一開始，除法就沒有出現過耶！」

「定義餘數也就等同於定義除法。所以啦！很理所當然的，在定義餘數的步驟當中並不會出現除法啊……。在這個算式當中，我們使用了乘法來定義餘數。此外，我希望由梨可以仔細地看清楚在這個算式中所出現的 $a = bq + r$。迷迷糊糊的，不把算式看清楚是不行的。在這個算式

中啊！我們必須要仔細地閱讀，並一一確認 a、b、q、r 這些文字的意義。」

「我知道了啦！老師。我想想哦！所謂的自然數，指的就是像 1、2、3……這些數字對吧……在算式 $a = bq + r$ 中出現的文字有 a、b、q、r 四個。a 為被除數，b 是除數，r 是餘數。…。可是，q 呢？q 又是什麼？」

「由梨，妳認為它是什麼呢？」

「b 與 q 相乘之後，再加上 r 就會變成 a……這麼說起來，q 指的該不會就是相除之後的答案？」

「沒錯！q 就是 a 除以 b 之後，所得到的商。」

「這麼一來的話，算式的意思由梨就懂了吧！$a = bq + r$ 這個算式所代表的意思，就是 a 除以 b 之後，會得到的商為 q，餘數為 r……可是，在這個算式當中的——

$$a = bq + r \quad (0 \leq r < b)$$

右邊為什麼要寫著 $0 \leq r < b$ 這樣的條件呢？」

「妳還真是敏銳呢！居然發現了這個重點。由梨果然不會錯過任何條件呢！……這個條件是為了什麼而存在的呢？由梨仔細想想看。如果發現有令自己在意的部分的話，就要仔細地一一檢視並進行思考。這在學習數學的過程當中，是相當重要的觀念哦！」

「亮出『老師 TALK』的板子了嘛！……嗯、嗯，因為 r 是餘數，所以可以瞭解 $0 \leq r$ 這個條件所代表的意義。總而言之，就是餘數會大於 0 的意思對吧！如果餘數為 0 的話，那就代表了完全整除啊！可是，我怎麼都搞不懂為什麼 $r < b$ 呢……」

由梨用手指推了推滑下鼻梁的鏡架，用手托著腮幫子陷入了苦思。

「我想想看、$r < b$ 啊……。r 是餘數，b 是除數。……這、這是理所當然的啊！所謂的 $r < b$，指的當然就是『餘數』要比『除數』來得小的意思啊！比如說，$7 \div 3 = 2 \cdots 1$。明明是除以 3，餘數怎麼可能會大於 3 呢！明明是除以 3，如果所得餘數為 4 的話，感覺上會被嘲諷說，

會不會剩太多點了啊……」

　　「沒錯！沒錯！就是這麼回事！居然懂得用具體的數來舉例，還真是相當屬害呢！$0 \leqq r < b$ 這個條件所代表的意思，就是餘數必定大於 0，且餘數必定小於除數。——妳看看，像這樣仔細地——檢視，代表餘數定義的這個算式

$$a = bq + r \quad (0 \leqq r < b)$$

不也就清楚地記在腦海裡了嘛！數學這種東西啊！囫圇吞棗、硬塞死背是絕對行不通的。必須要仔細地讀懂算式，多寫個幾次，如果有疑問出現的話，就要好好思考。試著舉出具體的例子並進行確認。以這種類似遊戲的方式來進行是相當重要的。在遊戲進行的過程中，便自然而然的可以學會了。——要仔細而完整地定義餘數，通常必須要證明滿足這個算式的 q 與 r。但現在我們先省略。」

餘數的定義（自然數）

a 除以 b 之後，將所得到的商 q 與餘數 r，利用下面的算式來定義。

$$a = bq + r \quad (0 \leqq r < b)$$

在這裡 a 與 b 為自然數。而 q 與 r 亦為自然數，或者是 0。

　　「接下來，我們就運用由梨所舉的例子代入算式中，來確認看看到底是不是真的懂了。當 $7 \div 3$ 的時候，商為 2，餘數為 1。換句話說，也就是 $a = 7$、$b = 3$、$q = 2$、$r = 1$。」

$$7 = 3 \times 2 + 1 \quad (0 \leqq 1 < 3)$$

　　「嗯，我瞭解了……可是，這樣做很有趣嗎？」

　　「我們目前談論的這個就是『使用算式來表現』的例子哦！由梨。算數與數學之間最大的不同，就在於是不是可以利用文字將算式表現出來哦！由梨在腦袋裡理解了什麼是『餘數』。可是，要把這個理解表現出來就有必要使用到算式。也因此，不得不預先在算式中，好好掌握住文字的意思。而我想要告訴由梨的就是這個。」

「這樣啊！我瞭解囉！哥哥！」

「可是，由梨沒有漏掉條件呢！真的是很厲害哦！」

「哎呀！人家會害羞啦——」

7.1.2　時鐘所指示的東西

我指著牆壁上的模擬時鐘。

「時鐘的短針指向 3 的話，可能代表的是凌晨 3 點，或者是 15 點，換句話說，也就可能是下午 3 點。我們並不知道哪個才是正確的時間。短針指向的時間，所代表的是『現在時刻除以 12 所得到的餘數』。因為 $15 \div 12 = 1\cdots3$，所以餘數為 3。也因此，15 點的時候短針會指向 3。」

「嗯，聽你這麼一說還真的是這樣耶！如果是 23 點的話，23 除以 12 所得餘數為 11。所以短針會指向 11……的確是這樣呢！」

「所以說呢！時鐘所指向的時間，是利用餘數的計算來確認的唷！」

「……騙人！哥哥，你搞錯了吧！」

「嗯？」

「因為，你想想看嘛！想想看當餘數為 0 的時候嘛！12 點的時候，短針所指向的不是 0，而是 12 啊！要說餘數為 12 的話，也未免太奇怪了點吧！」

「啊！話是這麼說沒錯啦！可是，因為 12 和 0 是相同的……」

「12 和 0 才不一樣呢！哥哥，你是不是忘記了餘數的定義了？

$$a = bq + r \quad (0 \leq r < b)$$

除以 12 的時候，所得到的 r 必須符合 $0 \leq r < 12$ 這個條件啊！12 怎麼可能會成為餘數呢？喵哈哈！」

「可惡……」

由梨這個臭丫頭，一臉手刃鬼首的得意貌……。

7.2　同餘

7.2.1　剩餘

「……就這樣，我被我那個小表妹說得啞口無言、招架不住呢！」我說道。

「由梨對條件還真是過目不忘呢……」蒂蒂說道。

「都被說得啞口無言了，你看起來卻還是一臉開心呢！」米爾迦說道。

這裡是我的教室。

米爾迦出了院，從今天開始回到學校上課了。可是，因為腳傷的緣故還是必須拄著枴杖到學校上課。因為移動困難，所以放學後我們沒有到圖書室，而留在教室裡聊著天。米爾迦換了一副新的眼鏡，新鏡框的曲率有點不太一樣。左腕和右腳到現在還包裹著繃帶，看起來很痛的樣子。

後來，蒂蒂也加入了教室聊天的行列。因為前幾天在圖書室裡，才剛發生過捉迷藏的插曲，所以我對她感到有點尷尬，也還很在意發生過的事情。可是，看蒂蒂的樣子一派輕鬆，好像什麼事情都沒有發生過。

我還真是搞不懂女孩子這種生物呢……奇怪？

「蒂蒂妳的髮型是不是改變了？」

整個人感覺都變清爽了。雖然還是常手忙腳亂、慌張失措，但已經不是原來那個冒冒失失的女孩了。

「咦？啊！看得出來嗎？我自己還覺得並沒有改變太多的說，我只稍微修了一下變長的地方而已……剪太多了嗎？」

蒂蒂的眼睛往上看，用手指扯了扯瀏海的部分。

「與其說……剪太短了，倒不如說很適合妳。」

「咦？是這這這這樣嗎!?我、我很開心……」

蒂蒂雙手握拳，讓拳頭在頭上不停地旋轉，我搞不懂這意義不明的奇怪動作到底代表了什麼？

「然後呢？在由梨說了『12 和 0 不相同』，你碰了釘子之後，就只是垂頭喪氣的嗎？」米爾迦說道。

「莫非妳有解決的方法？」

「如果演變成了時鐘問題的話，只要利用 mod 就可以環遊這個世界了唷！」

「mod？」

「就是**剩餘**——也就是求得餘數的演算過程——我們稱之為 mod。舉例來說，像是 7 除以 3，餘數會等於 1，我們可以寫成

$$7 \bmod 3 = 1$$

這樣的關係式。忽略商的存在，把焦點放在餘數的部分。接下來，我會循序漸進地一一說明。」

米爾迦說了這番話之後，用手給了我一個暗號。

……是要我拿出筆記本和自動鉛筆的暗示吧！是！是！是！

◎　◎　◎

接下來，我會循序漸進地一一說明。

你在自然數的範圍裡定義了餘數。當自然數 a 除以 b 的時候，我們將整數 q 視為商，而將整數 r 視為餘數的話，a、b、q、r 之間就會形成下列的關係。目前推論到這裡是正確的。

$$a = bq + r \quad (0 \leqq r < b)$$

在這裡，我們將自然數 a、b 延展到整數的範圍。但是，為了避免「除以 0」的狀況出現，我們必須要先限定 $b \neq 0$。

整數 a 除以整數 $b \neq 0$ 的時候，我們將 q 當作商，而餘數為 r，並且要以下面的關係式來定義商與餘數。因為 b 有可能會出現負數的情況，所以我們要在條件的不等式當中，使用絕對值 $|b|$ 來代替 b。

$$a = bq + r \quad (0 \leqq r < |b|)$$

任意兩個自然數 a、b，便能賦予 q、r 的意義。這麼一來，也就可以定義 mod 了。

> mod 的定義（整數）
>
> 設 a, b, q, r 為整數，且 $b \neq 0$。
>
> $$a \bmod b = r \quad \Longleftrightarrow \quad a = bq + r \quad (0 \leqq r < |b|)$$

　　這個話題並不艱澀。mod 本身就只是像＋、－、×、÷這一類的運算符號罷了！舉個例子來說，我們試著將 $7 \div (-3)$，就會得到商為 -2，餘數為 1 的結果。

$$7 \bmod (-3) = 1 \quad \Longleftrightarrow \quad 7 = (-3) \times (-2) + 1 \quad (0 \leqq 1 < |-3|)$$

因為受到 $0 \leqq r < |-3|$ 條件的制約，$7 \bmod (-3)$ 的值除了 1 以外，不會有其它的數字出現。

　　現在，我們要使用定義過的運算 mod，當午夜零點過了 h 個小時的時候，可以用 $h \bmod 12$ 來表示時針所指向的時間。當然，為了避免受到你表妹的指摘，我們要事先將刻度 12 的地方轉變為 0。

　　即使 h 是負數也沒有關係。當午夜零點過了 -1 個小時（換句話說，也就是 1 個小時之前）的時候，時針會指向 11 的地方。也因此，(-1) $\bmod 12$ 的確會是 11。

$$-1 = 12 \times (-1) + 11 \quad (0 \leqq 11 < |12|)$$

　　接下來，我要出一題簡單的謎題來考考蒂德拉。對任一整數 a、b，

$$a \bmod b = 0$$

　　當上面的關係式成立的時候，我希望妳能用一句話來說明 a 與 b 之間的關係。

◇　　◇　　◇

　　「我想想看……」被米爾迦這麼一問，蒂蒂陷入了思考。「整數 a 與 b 之間的關係嗎？所謂的 $a \bmod b$，是 a 除以 b 時所得到的餘數對吧！？也因此，所謂的 $a \bmod b = 0$……指的就是『當 a 除以 b 的時候，餘數會

等於 0』對不對!?」

「意思並沒有錯!可是,蒂德拉請妳用一句話把它說清楚。」

「咦?用一句話⋯⋯嗎?我想想⋯⋯那個⋯⋯」

「可以說『a 為 b 的倍數』。或者也可以說『b 為 a 的因數』」米爾迦說道。

「又或者說成『a 可以被 b 完全整除』等等。」我補充道。

「啊!對耶!」蒂蒂用力地點著頭。

「mod 是只能用來求餘數的運算符號對吧!」我問道。「商跟餘數兩個部分一起求的話,我還懂為什麼;但是,光只求餘數的話,有什麼意義嗎?」

「嗯⋯⋯你是不是不怎麼喜歡『調查奇偶性』這個步驟啊!」米爾迦反問我。

「調查奇偶性只是理論。啊!原來是這樣啊!」

「沒錯!所謂的『調查奇偶性』,除了指『研究除以 2 之後,所得到的餘數』的意思之外,不會可能會有其它意思。」

嗯。的確是如此!調查奇偶性的時候,除以 2,不要管商是多少,只要注意餘數為何就可以了。原來如此。

「這是從 $a = bq + r$ 關係式中,衍生而出的 mod 定義的問題。」蒂蒂說道。「r 所代表的是 remainder 這個英文字——也就是『餘數』的英文字首對吧!可是,q 又是哪個英文字的字首呢?『相除』的英文是 divide,而『比』的英文是 ratio;『分數』的英文,則是 fraction⋯⋯」

「quotient!」米爾迦立刻說出了答案。「也就是『商』。mod 則是 modulo。」

7.2.2 同餘

「那麼,接下來,我們要聊的是**同餘**」米爾迦說道。「所謂的同餘,指的是把那些被另一個數相除而有相同餘數的數,**一視同仁**。」

「一視同仁……是嗎？」蒂蒂問道。

「也就是把不同的東西『看待成相同的東西』的意思哦！蒂蒂。」
我補充道。

「用時鐘來舉例子會比較容易懂。」米爾迦繼續解說道。「3點和
15點是不同的時刻。可是，不管是3點還是15點，時針所指向的地方
都是3。因此，我們會把3和15一視同仁。換句話說，也就是把除以12
所得到餘數相同的數，一視同仁的意思。我們可以用下面的算式來表示
這句話的意思。」

$$3 \equiv 15 \qquad (\bmod\ 12)$$

「要注意！符號不是＝，而是 ≡。這個關係式我們稱為**同餘式**。此
外，我們要把這個時候的12視為**模數**。3 ≡ 15(mod 12)這個同餘式要讀
作

『以12為模數，3與15為**同餘**』。

我們可試著以12為模數，動手寫出好幾個同餘式的例子看看。總而言
之，就是除以模數後，利用 ≡ 來連結所得到的相同餘數。」

$$
\begin{aligned}
3 &\equiv 15 & (\bmod\ 12) \\
15 &\equiv 3 & (\bmod\ 12) \\
12 &\equiv 0 & (\bmod\ 12) \\
12000 &\equiv 0 & (\bmod\ 12) \\
36 &\equiv 12 & (\bmod\ 12) \\
14 &\equiv 2 & (\bmod\ 12) \\
11 &\equiv (-1) & (\bmod\ 12) \\
7 &\equiv (-5) & (\bmod\ 12) \\
1 &\equiv 1 & (\bmod\ 12)
\end{aligned}
$$

「因為 ≡ 兩邊的餘數都會相等，所以一般可以這樣表現。

$$a \equiv b \quad (\bmod\ m) \quad \Longleftrightarrow \quad a \bmod m = b \bmod m$$

就算把這個當作是 ≡ 的定義也沒有關係。」

「米爾迦學姐……我有疑問。」蒂蒂舉起了手來。

「什麼問題？」

「不知道為什麼，我愈來愈不了解mod運算的意義了。剛開始的時

候，還可以理解 $a \bmod b$，指的是『a 除以 b 所得到的餘數』。——可是，一旦轉換成『將 m 視為模數的同餘』即（$\bmod m$）出現後，在 mod 的左側並沒有把被除數給寫出來⋯⋯」

「啊啊！如果還不適應這種情況的話，的確會造成混亂。」米爾迦說道。「蒂德拉，應該懂下面關係式的意思對不對？」

$$a \bmod m = b \bmod m$$

「是的！我懂。餘數相等——是『a 除以 m 所得到的餘數』等於『b 除以 m 所得到的餘數』的等式。」

「這樣就好。在這個等式當中，兩邊的除數都是 m。現在，我們要將等式簡化，把兩邊 $\bmod m$ 的部分同時省略不寫，然後整理一下右邊重新寫一次。可是，再怎麼 a 跟 b 都不可能相等，因為它們只是除以 m 之後，所得到的餘數會相等而已啊！所以，我們不會使用等號 $=$，將等式寫成 $a = b \,(\bmod m)$。在這裡，我們要用別的相似記號，即 $\equiv$ 來取代等號 $=$。」

$$a \equiv b \quad (\bmod m)$$

「原來如此！我懂了。$a \bmod m$ 是計算餘數的關係式。而 $a \equiv b \,(\bmod m)$，則是用來表示餘數相等的關係式⋯⋯這樣對不對？」

「那樣是正確的。」

米爾迦豎起了手指，讓手指旋轉了一圈之後，繼續剛剛的話題。

「那麼，a 除以 m 所得到的餘數，與 b 除以 m 所得到的餘數相等，

$$a \bmod m = b \bmod m$$

雖然可以直接寫成上面的等式也沒有關係，但也可以用下面的關係式來表示。

$$(a - b) \bmod m = 0$$

換句話說，也就是『將 m 視為模數的同餘數之間的差，會成為 m 的倍數』。」

「咦？咦？⋯⋯啊！說得也是呢！這個我懂。計算 $a - b$ 的話，兩

邊餘數的部分就會消失對不對。」只見蒂蒂嗯嗯嗯地點著頭。

　　「沒錯！例如，15 與 3 的情況，

$$(15 - 3) \bmod 12 = 12 \bmod 12$$
$$= 0$$

像這樣，15 與 3 的差的確就會變成了 12 的倍數。」

---

mod 的其它說法

設 a, b, m 為整數，且 $m \neq 0$。

$$a \equiv b \pmod{m} \qquad 將\ m\ 視為模數的同餘$$

$$\Updownarrow$$

$$a \bmod m = b \bmod m \qquad 除以\ m\ 之後所得到的餘數相等$$

$$\Updownarrow$$

$$(a - b) \bmod m = 0 \qquad 差為\ m\ 的倍數$$

7.2.3　同餘的意義

　　「可是，為什麼餘數相等的兩個數要叫做同餘呢？如果把它聯想成三角形的全等是不是就會懂了呢……」

　　米爾迦聽了蒂蒂的問題偏了一下頭之後，露出了微笑。

　　「蒂德拉，妳總是對文字特別敏感在意呢……的確！在幾何當中也有全等這個用法。所謂的『兩個三角形全等』，指的就是無視於位置或方向的不同，只是將兩個三角形一視同仁。將全等的兩個三角形，轉變位置或方向，讓它們內外對調的話，就會剛剛好重疊了──對不對？」

　　我和蒂蒂默默地點著頭表示贊同，米爾迦繼續話題。

　　「忽視於相異之處，這是相當重要的。整數的同餘也和幾何的全等很類似。將 m 視為模數，無視於 m 的倍數多寡的不同，將兩個數一視同仁。同餘的兩個數，用 m 的倍數來進行加減的話，就會剛好相等。」

7.2.4 大而化之的一視同仁

「我——覺得有件事情很不可思議，」蒂蒂開口說道。「所謂的數學，不是一門嚴謹精準的學問嗎？舉凡那些在日常生活中幾乎不會被察覺到的細微末節與小地方之間的差異，通常都會受到重視並被放進數學當中去仔細檢驗。可是——儘管如此，偶爾卻會出現那種不管三七二十一就一視同仁的情況，這樣是不是太大而化之了呢？像是，在『複數平面』上，將點與線一視同仁的看待。我們在醫院聊過的『群』，將運算代入集合的元素當中，將其與數一視同仁。然後，在整數的『同餘』當中，無視於倍數的不同，只重視餘數的部分。再加上，同餘這樣的用詞，居然都被一視同仁地使用在幾何與自然數當中……」

「一視同仁的概念一旦出現的話，不覺得情況就變得有趣多了嗎？」我一邊點著頭一邊打趣地說道。「該怎麼形容呢！就好像是『發現』了有什麼的心情吧！發現了『這個和這個很像——不！不！不！是兩個幾乎一模一樣！』的感覺，然後歡天喜地的將這兩者連結在一起……除此之外，大概還領受到了看穿構造的喜悅吧！在構造上將它們一視同仁地……」

「在醫院裡頭，我們聊過了『群同態』的話題。」米爾迦開口說道。「同態這個概念，在數學中被視為就是『在構造上一視同仁』的表現。由同態所產生出來的映射，即稱為同態映射。同態映射，就是同態這個字義的源頭——於是，在兩個世界中架起了一座互為連結的橋。」

7.2.5 等式與同餘式

「算了！我們暫且先不管哲學上的表現——」米爾迦繼續話題。「話說回來，＝等號與同餘符號兩者本來就很相似。正因為等式與同餘式太神似的緣故，所以學者們才特意選了這麼相似的符號來使用。實際上，等式與同餘式極為相像。但不包括除法在內。」

等式的情況──

當 $a = b$ 的時候，下面的關係式會成立。

$$a + C = b + C \qquad \text{兩邊相加會相等}$$
$$a - C = b - C \qquad \text{兩邊相減會相等}$$
$$a \times C = b \times C \qquad \text{兩邊相乘會相等}$$

同餘式的情況──

當 $a \equiv b(\text{mod } m)$ 的時候，下面的關係式會成立。

$$a + C \equiv b + C \quad (\text{mod } m) \qquad \text{兩邊相加會同餘}$$
$$a - C \equiv b - C \quad (\text{mod } m) \qquad \text{兩邊相減會同餘}$$
$$a \times C \equiv b \times C \quad (\text{mod } m) \qquad \text{兩邊相乘會同餘}$$

7.2.6　除以兩邊的條件

「但不包括除法在內。」米爾迦說道。的確！在加減乘除四則運算當中，在加減乘的部分，等式和同餘式幾乎一模一樣。而從那裡會自然衍生出的下一個疑問是……正當我在思考這個問題的同時，蒂蒂又舉起了手發問。

「米爾迦學姐，在同餘式當中，兩邊不能用相同的數來除嗎？」

沒錯！我要問的就是這個問題。蒂蒂雖然常常忘記條件，但是本人卻相當聰穎。不僅能跟得上米爾迦的話題變化，更有緊咬住疑問不放的耐力。在同餘式當中，除法會變成怎麼樣的情形呢……？

「跟等式的情況不同。現在，學長會舉具體的例子來做說明。」米爾迦用手指著我。

怎麼又把難題丟給我啦！算了！反正也沒什麼關係……。

「我想想……嗯。例如，把 12 當作模數，3 與 15 就會變成同餘。

$$3 \equiv 15 \quad (\text{mod } 12)$$

可是，兩邊同時除以 3 的話，同餘式就會變得無法成立。兩邊同時除以

3 的話，左邊會等於 1，而右邊就會等於 5；這是因為以 12 為模數，1 跟 5 並無法成為同餘的緣故。」我說道。

$$(3 \div 3) \not\equiv (15 \div 3) \quad (\text{mod } 12)$$

「咦？是這樣嗎……？」蒂蒂說道。「以 12 為模數，1 跟 5 不是同餘……啊！沒錯！因為在 1 點和 5 點的時候，時鐘的短針並不會停在同一個位置上。但 3 點和 15 點的時候，時鐘的短針卻會停在同一個地方……不知道為什麼總覺得有點可惜呢！」

$$3 \equiv 15 \quad (\text{mod } 12) \qquad \textbf{3 與 \textit{15} 是同餘}$$

$$(3 \div 3) \not\equiv (15 \div 3) \quad (\text{mod } 12) \qquad \textbf{兩邊除以 3 之後，就變成不是同餘了}$$

「剛剛，學長舉的是不能相除的例子。」米爾迦說道。「可是，也會出現兩邊相除之後有相同數字出現的情況。例如，我們來思考看看 15 與 75 的這個例子。以 12 為模數的話，這兩個數會同餘。」

$$15 \equiv 75 \quad (\text{mod } 12)$$

「75 時是等於幾點呢？」蒂蒂說道。「75 ÷ 12 一計算之後……我看看！6 餘 3 對吧！而 15 ÷ 12 則是 1 餘 3，的確 15 與 75 為同餘。」

「在這種情況下，兩邊同時除以 5 的話，同餘式也會成立。」米爾迦說道。

$$(15 \div 5) \equiv (75 \div 5) \quad (\text{mod } 12)$$

「是。15 ÷ 5 = 3，75 ÷ 5 = 15，而 3 與 15 為同餘。咦？奇怪！可是，像這樣兩邊同時除以 3 的話，同餘式就不能成立了呢……！

$$(15 \div 3) \not\equiv (75 \div 3) \quad (\text{mod } 12)$$

因為，15 ÷ 3 = 5，75 ÷ 3 = 25，而 5 點與 25 點，換句話說，也就是短針分別指向了 5 點及 1 點的地方。」

我對這樣的結果感到有點意外。當同餘式的兩邊除以某個數的時候，原來同餘式有可能會成立，也有可能不會成立啊?!

$$15 \equiv 75 \quad (\text{mod } 12) \qquad \textit{15 與 75 為同餘}$$

$$(15 \div 5) \equiv (75 \div 5) \quad (\text{mod } 12) \qquad \text{兩邊同時除以 5 也是同餘}$$

$$(15 \div 3) \not\equiv (75 \div 3) \quad (\text{mod } 12) \qquad \text{兩邊同時除以 3 的話，就不是同餘了}$$

如果是這樣的話，下一個疑問是⋯⋯。

像是要呼應我的想法似的，米爾迦開口說話了。

「因此，自然而然地就會衍生出下一個疑問。」

問題 7-1（同餘式與除法）

設 a, b, C, m 為整數。

當 C 帶有哪種性質時，會讓下面的關係式成立呢？

$$a \times C \equiv b \times C \quad (\text{mod } m)$$

$$\Downarrow \text{ 這樣的話}$$

$$a \equiv b \quad (\text{mod } m)$$

「這個例子的條件是兩邊要同時除以 C 對吧。」

「對！」米爾迦簡短地回答道。

我和蒂蒂迅速地閉起嘴巴，立刻進入思考模式。

我根據 mod 的定義，開始進行算式的變形。不經意地往旁邊一瞥，發現蒂蒂也已經開始振筆疾書，不知道在攤開的筆記上面寫些什麼⋯⋯只是，不一會兒便帶著一臉的歉意開口說道。

「不好意思！學長⋯⋯還有米爾迦學姐。雖然我知道這樣會干擾到你們，但是可以給我一點點提示嗎？儘管我想要開始思考，但卻不知道該從哪裡開始進行⋯⋯」

「思考問題的第一步是什麼？」米爾迦問蒂蒂。

「試著舉出實例。『舉例說明為理解的試金石』。」蒂蒂回答道。

「剛剛已經再確認過了 $3 \equiv 15$ 與 $15 \equiv 75$ 的例子了。」

「蒂德拉，妳是不是正試圖往除法的方向進行思考呢？」

「咦？啊！對！可以執行除法的條件是……」

「蒂德拉的話……不是要從除法，而是要從乘法開始進行觀察。針對乘法進行觀察，絕對不會白費力氣，反倒有助於妳更進一步的理解除法。現在，就試著以集合{0, 1, 2,···, 11}替ℤ/12ℤ命名。

$$\mathbb{Z}/12\mathbb{Z} = \{0, 1, 2, \dots, 11\}$$

緊接著，將運算⊠代入集合ℤ／12ℤ中。以『兩數相乘，除以12所得到的餘數』來定義運算⊠。當然！與這個運算⊠有關的集合ℤ/12ℤ是封閉的。這是因為除以12所得到的餘數 r 會介於 $0 \leqq r < 12$。」

$$a \boxtimes b = (a \times b) \bmod 12 \quad （運算⊠的定義）$$

「蒂德拉，在醫院我們聊到群的時候，曾試著針對 ⋆ 製作出了運算表，現在，妳也試試看針對⊠製作出一個運算表來。然後，再針對這個運算表進行研究。」

「好、好的。我想想看，將這個四角符號換成×的記號……」

「用 ⋆ 星號或是 。，或者是其它符號都可以。雖然什麼符號都可以，但最好儘量選擇和乘法記號相似的符號來使用。至少舉兩個例子來計算看看。」米爾迦舉了兩個例子給蒂蒂看。

$$
\begin{aligned}
2 \boxtimes 3 &= (2 \times 3) \bmod 12 && \text{從運算⊠的定義} \\
&= 6 \bmod 12 && \text{計算 } 2 \times 3 \\
&= 6 && \text{6 除以 12 所得餘數等於 6} \\
6 \boxtimes 8 &= (6 \times 8) \bmod 12 && \text{從運算⊠的定義} \\
&= 48 \bmod 12 && \text{計算 } 6 \times 8 \\
&= 0 && \text{48 除以 12 所得餘數等於 0}
\end{aligned}
$$

「我懂了。那麼，我就來製作運算表好了！」

單純的蒂蒂開始動手在自己的筆記本上製作運算表。首先，蒂蒂將 0 的行與列中所有的 0 填入；接著，在 1 的行與列中寫上 1, 2, 3, 4, ···, 11。在這之後，便勤奮的努力填滿運算表中的數字。

⊠	0	1	2	3	4	5	6	7	8	9	10	11
0	0	0	0	0	0	0	0	0	0	0	0	0
1	0	1	2	3	4	5	6	7	8	9	10	11
2	0	2	4	6	8	10	0	2	4	6	8	10
3	0	3	6	9	0	3	6	9	0	3	6	9
4	0	4	8	0	4	8	0	4	8	0	4	8
5	0	5	10	3	8	1	6	11	4	9	2	7
6	0	6	0	6								
7	0	7										
8	0	8										
9	0	9										
10	0	10										
11	0	11										

在填 6 的行與列填到一半的時候，蒂蒂突然間抬起了頭來。

「啊！糟糕了！完蛋了！完蛋了！今天我應該要早點回家才對的！──對不起！米爾迦學姐。學長。今天就先告一個段落！下次，再一起繼續演算數學哦！」

蒂蒂拿著寫有運算表的筆記本，衝出了教室。

7.2.7　枴杖

教室裡，只剩下了我和米爾迦。

活蹦亂跳的蒂蒂才一消失，整間教室就突然安靜了下來。

我看著米爾迦腳上的繃帶。不知道是不是還很痛呢？

「米爾迦，拄著枴杖很不方便吧？」

「無可奈何。」

……平常總是挺直著背，精神抖擻走著路的米爾迦，要她拄著枴杖走路的話，可能會令她感到相當不耐煩吧！

「可是，已經快不需要枴杖也能走路了對吧！」

「已經不需要枴杖就可以走路了。今天，只是確認看看狀況而已」

確認看看？……算了！不管怎麼樣，沒有大礙就已經是萬幸了。

「今天，就先回家吧！」我說道。

「嗯。回家吧……在回家之前，我想先去洗手間一下。」

米爾迦朝著我伸出了手。

「咦？」

「枴杖……實在太麻煩了。」

啊啊……是要我把肩膀借給她的意思嗎？

我用左手拿著枴杖，用右臂輕輕地摟住米爾迦的肩膀讓她支撐。……喔哦！要取得平衡有點困難。再加上──觸摸女生這件事，害我緊張得要命。

米爾迦的左手環抱著我的脖子。繃帶粗糙的觸感，與藥物的氣味刺激著我整個人。我和米爾迦同時站起來，走出教室後，在走廊停了下來。該往哪個方向呢……？

「左邊。」米爾迦說道。

是這邊嗎？雖然很感謝米爾迦告訴我方向，可是，真希望米爾迦不要在我耳邊輕語呢喃……！

我們兩個人步調一致，一邊確認著彼此的步伐一邊往前走。

「會不會走太快了？」

「不會。」

米爾迦整個身體的重量應該都壓在我身上了才對，但我卻幾乎感受不到她的重量。我所能感受到的，只有軟綿綿和溫暖的觸感──。我的心臟鼓譟著，像是要衝出身體；我的臉熱辣辣地發燙，我被米爾迦身上清新的柑橘香氣擾亂了心，

走廊上空無一人。霞紅色的夕陽餘暉斜斜地穿過窗子灑落一地。

「到這裡就可以了。」我們停在洗手間前。

「那麼，我在這裡等妳！」我將枴杖遞給米爾迦。

「果然，兩人三腳的遊戲很有趣呢！」

米爾迦留下了這樣的結語，進入了洗手間。

唉……。

我倚在走廊的牆壁上，嘆了一口氣。

從窗戶可以看見被夕陽餘暉映照得美不勝收的天空。

該不會回家的時候，米爾迦也打算一路上都借我的肩膀用吧？總覺得女孩子這種生物，真的是相當……。我是——嗯……該不會被米爾迦耍得團團轉吧！算了！不管怎麼樣都可以。

「果然，兩人三腳的遊戲很有趣呢！」

果然？

7.3　除法的本質

7.3.1　一邊啜飲著熱可可亞

夜晚。在我的房間裡。

「用功到這麼晚還沒睡，真是辛苦啊！」媽媽把可可亞放在書桌上。

已經這麼晚了啊……。我盯著書桌上的馬克杯，心不在焉地發著呆。

都說了好幾次我想喝的是咖啡，但媽媽端來的卻總是可可亞。真希望媽媽不要老把我當個孩子般地對待。

……爸爸和媽媽結了婚之後，生下了我。我們是一家人。米爾迦也好，蒂蒂也好，每個人都有家人。

我們都還只是十幾歲。但別看我們這樣，在這個年紀要承受的壓力可說是既多且重。當然，米爾迦也是如此。

「但是在我小學三年級的時候，哥哥——他過世了」。

當然，蒂蒂也是如此。

「所以、所以、請你先不要轉過身來」。

——蒂蒂的小手，在我的背上不停地顫抖。我的心也跟著動搖了。

呼。

我打開了筆記本。

數學——。

數學是巨大的存在……我是這麼地認為。或許已經完成的數學的確是這樣的,但在還沒有完成之前的數學卻絕對不一樣。

寫出算式的話,就會留下算式。半途而廢的話,除了寫到一半的算式什麼都不會留下來。這是理所當然的事情。

可是,在教科書上並不會把寫到一半的算式刊出來。就像在建築現場,鷹架都已經被拆光收拾乾淨的狀態。所以說,只要一提到數學的話,就不免讓人聯想到是井然有序、有條不紊與已經完成了的印象。但事實上,數學不就是從像工地現場這一類雜亂無章的第一線所產生出來的嘛!?

再怎麼說發現數學並製造出數學的,不都是人類嘛!數學,都是由我們這些渾身充滿破綻、不甚完美,稍有風吹草動就會心生動搖的人類,所發現並製造出來的。因為憧憬美麗的構造,因為傾心於永遠,為了一心想捕捉到無限或什麼的人類,一路不間斷地培育並延續著數學的命脈。

不是只有接受的數學,而是從自身所製造出來的數學。從小小的水晶碎片開始,一步步構築出巨大寺院的數學。將公設放置於空無一物的空間裡,由公設導向定理,再由這個定理導出別的定理的數學。從一顆小小的種子開始,最後構組成一個浩瀚的宇宙的數學。

米爾迦優雅的解答、蒂蒂的勤奮努力、由梨不漏掉任何所展現的條件……。我對數學的印象之所以會有所改變,可以說受她們影響甚巨。

……我一邊喝著暖暖的可可亞,一邊沒頭沒腦地想著這些可有可無的事情。

7.3.2 　運算表的研究

接下來,回歸數學正題吧!

我試著繼續往下寫出今天蒂蒂寫到一半的 ⊠ 運算表。

$$a \boxtimes b = (a \times b) \bmod 12$$

因為只需先執行乘法，然後再將除以 12 的所得餘數填寫進去，所以花不了什麼時間。

⊠	0	1	2	3	4	5	6	7	8	9	10	11
0	0	0	0	0	0	0	0	0	0	0	0	0
1	0	1	2	3	4	5	6	7	8	9	10	11
2	0	2	4	6	8	10	0	2	4	6	8	10
3	0	3	6	9	0	3	6	9	0	3	6	9
4	0	4	8	0	4	8	0	4	8	0	4	8
5	0	5	10	3	8	1	6	11	4	9	2	7
6	0	6	0	6	0	6	0	6	0	6	0	6
7	0	7	2	9	4	11	6	1	8	3	10	5
8	0	8	4	0	8	4	0	8	4	0	8	4
9	0	9	6	3	0	9	6	3	0	9	6	3
10	0	10	8	6	4	2	0	10	8	6	4	2
11	0	11	10	9	8	7	6	5	4	3	2	1

到底為什麼米爾迦會要蒂蒂把這個運算表重頭到尾寫一遍呢……？話題的開端，我記得是要找出同餘式兩邊可以同時被 C 除的條件。

> 問題 7-1（同餘式與除法）
>
> 設 a, b, C, m 為整數。
>
> 當 C 帶有哪種性質時，會讓下面的式子成立呢？
>
> $$a \times C \equiv b \times C \quad (\bmod\ m)$$
>
> $$\Downarrow \text{ 這樣的話}$$
>
> $$a \equiv b \quad (\bmod\ m)$$

米爾迦說過，

> 「針對乘法進行觀察，絕對不會白費力氣，反倒有助於更進一步的理解除法」。

好！如果是這樣的話，我就針對運算表當中 $m = 12$ 的例子部分，仔細觀察吧！

我仔細地檢視每一行。

0的那一行，全部都是0。這是因為0不管乘以什麼數都會等於0的緣故。

1的那一行，0、1、2、3、…、11，數字依序排列。這種結果也是理所當然的啊！

2的那一行，0、2、4、6、8、10，數字依序增加。可是，等到數字一增加到變成12，便立刻歸零。這是以12為法則的運算——換句話說，因為是取除以12之後所得到的餘數，結果是這樣也很理所當然啊！

3的那一行嘛！——也和2的那一行一樣。0、3、6、9，數字依序增加，等到數字一增加到變成12，便立刻歸零。

嗯……同餘式

$$a \times C \equiv b \times C \quad (\mathrm{mod}\ 12)$$

使用運算⊠的話，就可以寫成下面的關係式。

$$a \boxtimes C = b \boxtimes C$$

因為mod的計算也包含在運算⊠裡頭了，所以不是使用≡符號，而是使用＝符號。嗯，接下來，從這裡開始來思考⊠的逆運算好了。

……。

不！不對！我搞錯了！

與其在$\mathbb{Z}/12\ \mathbb{Z} = \{0, 1, 2, \cdots, 11\}$的關係式當中，思索並整理運算⊠的逆運算，我不是更應該先思考C的反元素才對嘛!?如果假設C的反元素為C'的話，則C'就會滿足

$$C \boxtimes C' = 1$$

的關係式。如果在$\mathbb{Z}/12\mathbb{Z}$當中，存有像C'這樣的數的話，就應該可以執行「除法」了。這是為什麼呢？因為

$$a \boxtimes C = b \boxtimes C$$

的兩邊同時乘以時，則下面的關係式就會成立。

$$(a \boxtimes C) \boxtimes C' = (b \boxtimes C) \boxtimes C'$$

因為 $\mathbb{Z}/12\ \mathbb{Z}$ 與運算⊠有關，且結合律會成立，所以可以將上面的關係式改寫成下面這樣。

$$a \boxtimes (C \boxtimes C') = b \boxtimes (C \boxtimes C')$$

因為 $C \boxtimes C' = 1$

$$a \boxtimes 1 = b \boxtimes 1$$

使用運算 ⊠ 的定義的話，可以寫成下面這樣。

$$(a \times 1) \bmod 12 = (b \times 1) \bmod 12$$

換句話說，也就是

$$a \bmod 12 = b \bmod 12$$

也因此，下面式子就會成立。

$$a \equiv b \quad (\bmod\ 12)$$

換句話說，也就是**如果說有相對於 C 的反元素 C' 存在的話，同餘式的兩邊就可以同時除以 C 了嗎？**

嗯嗯。總而言之，除以這個叫做C的數之後所得到的結果，其實也就跟乘以那個叫做 $\frac{1}{C}$ 的反元素所得到的結果是相同的。只不過並不是使用普通的除法，而是變成了考慮過mod之後的除法。也因此，或許在某個意義上，與其把C的反元素寫成C'，倒不如把它寫成象徵性的 $\frac{1}{C}$，或者是 C^{-1} 來得更恰當也說不定。

接下來，要找出 C 的反元素存在的條件。只要從 $\mathbb{Z}/12\mathbb{Z}$ 當中找出會變成 $C \boxtimes C' = 1$ 的數就可以了。但該從何開始找起呢……啊！原來！這個問題很簡單。只要使用運算表就可以了。在運算表當中，只要檢視包含有 1 的那一行就可以了。哈哈哈——我終於瞭解了為什麼米爾迦要蒂蒂動手寫演算表的理由了……。

接著，我要把運算表裡頭有出現 1 的部分圈起來。

⊠	0	1	2	3	4	5	6	7	8	9	10	11
0	0	0	0	0	0	0	0	0	0	0	0	0
→1	0	①	2	3	4	5	6	7	8	9	10	11
2	0	2	4	6	8	10	0	2	4	6	8	10
3	0	3	6	9	0	3	6	9	0	3	6	9
4	0	4	8	0	4	8	0	4	8	0	4	8
→5	0	5	10	3	8	①	6	11	4	9	2	7
6	0	6	0	6	0	6	0	6	0	6	0	6
→7	0	7	2	9	4	11	6	①	8	3	10	5
8	0	8	4	0	8	4	0	8	4	0	8	4
9	0	9	6	3	0	9	6	3	0	9	6	3
10	0	10	8	6	4	2	0	10	8	6	4	2
→11	0	11	10	9	8	7	6	5	4	3	2	①

唉呀！出乎意料的少呢！有反元素存在的就只有 1、5、7、11 的那一行，只有四個而已……咦？

1、5、7、11？

1、5、7、11，不就是之前在時鐘循環的遊戲中，我們所熟知的四個數嗎？也就是「與 12 互質的數」啊！

換句話說，在與 12 互質的數當中，會有與運算 ⊠ 相關的反元素存在。也就是說，如果是與法則互質的數的話，就可以執行除法了……的意思嗎？

這麼說起來的話，米爾迦在學校舉的例子可就有趣囉……。當以 12 為法則的時候，同餘的 15 與 75 可以進行除法。

$$15 \equiv 75 \quad (\mathrm{mod}\ 12) \qquad \text{15 與 75 為同餘}$$

$$(15 \div 5) \equiv (75 \div 5) \quad (\mathrm{mod}\ 12) \qquad \text{兩邊同時除以 5 也是同餘}$$

$$(15 \div 3) \not\equiv (75 \div 3) \quad (\mathrm{mod}\ 12) \qquad \text{兩邊同時除以 3 的話，就不是同餘了}$$

和我猜測的一樣。當 12 除以「互質」的 5 的時候，仍會維持同餘的結果。可是，當 12 除以不是「互質」的 3 的時候，就會出現不是同餘的結果。

7.3.3　證明

　　我試著將剛剛從運算表當中所得到的猜測寫了下來。

猜測：

在同餘式當中，可以使用與模數互質的數來進行除法。換句話說，
也就是當下面的式子成立的時候，

$$a \times C \equiv b \times C \quad (\text{mod } m)$$

C 與 m 互質（也就是 $C \perp m$）的話，下面的式子就會成立。

$$a \equiv b \quad (\text{mod } m)$$

　　好。接下來，就來挑戰證明看看這個猜測吧！因為可以具體的寫
出 $\mathbb{Z}/12\ \mathbb{Z}$ 的運算表，所以可以藉此進行檢測。可是，一般來說，$\mathbb{Z}/m\ \mathbb{Z}$
會有無窮多個，所以便沒有辦法具體一一寫出運算表來。因此，不規規
矩矩地好好證明是不行的。

　　出發點就從這裡開始。

$$a \times C \equiv b \times C \quad (\text{mod } m)$$

這個式子可以變形成像下面一樣。

$$a \times C - b \times C \equiv 0 \quad (\text{mod } m)$$

左邊提出相同項 C，就可以得到下面的式子。

$$(a - b) \times C \equiv 0 \quad (\text{mod } m)$$

以 m 為模數，因為 0 是兩個數的同餘；因此，$(a - b) \times C$ 可以說是 m 的
倍數。換句話說，也就是當某整數 J 存在的時候，下面的關係式會成立。

$$(a - b) \times C = J \times m$$

那麼，如此一來，兩邊都會變成了整數乘積的形式。

　　而我們想要導出的是，當某整數 K 存在的時候，下面的關係式就會成立的事實。

$$a - b = K \times m$$

這是為什麼呢？因為，如果 $a - b$ 是 m 的倍數的話，$a - b \equiv 0 (\mathrm{mod}\ m)$ 這個關係式就會成立。同時也就表示

$$a \equiv b \quad (\mathrm{mod}\ m)$$

的意思。現在，我們得到了

$$(a - b) \times C = J \times m$$

的關係式會成立，且 $(a - b) \times C$ 為 m 的倍數。如果假設 C 與 m 兩數互質的話，$a - b$ 的部分就會包含了所有的 m 的質因數。

　　換句話說，也就是 $a - b$ 會成為 m 的倍數。也因此，我們可以寫成 $a - b = K \times m$ 這樣的關係式。

　　嗯。在這裡也掌握到了「所謂的互質，就是沒有共同的質因數」這個有用的方法。

解答 7-1（同餘式與除法）

設 a, b, C, m 為整數。

當 C 與 m 互質的時候，下面的關係式就會成立。

$$a \times C \equiv b \times C \quad (\mathrm{mod}\ m)$$

$$\Downarrow\ 這樣的話$$

$$a \equiv b \quad (\mathrm{mod}\ m)$$

7.4　群・環・體

7.4.1　最簡剩餘類群

　　第二天的放學後，在教室裡。我和米爾迦及蒂蒂聊到了昨天的成果。

　　「……就這樣我解開了問題。總而言之，如果是與模數『互質』的整數的話，同餘式的兩邊就可以進行除法。」我說道。

　　「已經證明過了嗎……」米爾迦說道。「算了！只要將未經證明而通過『$\mathbb{Z}/m\mathbb{Z}$ 滿足結合律』的點，與未經檢視過的『反元素』的點剔除，就沒有什麼好抱怨的了。」

　　「總覺得……那個──」蒂蒂欲言又止。蒂蒂神情有異，和平常不太一樣。

　　「該怎麼說呢……就是覺得有點不甘心……之類的。我居然沒找出可以在同餘式當中執行除法的條件。換句話說，也就是我竟然沒能解出問題的答案。那種心情應該是覺得遺憾，但絕對不是不甘心……」

　　一邊翻弄著筆記本，一邊選擇該用怎樣的字眼來表現自己的懊惱的蒂蒂。

　　「那個……如果說我是因為完全不瞭解而解不開題目的話，還沒有那麼遺憾。那我也就會用『啊啊！沒辦法！我就是因為不知道○○，所以才會解不開問題的呀』這樣的理由來說服自己接受。可是，這一次的情況不是這樣！明明我都已經擁有了全部的道具了！」

- 餘數與 mod
- 同餘式
- 群（運算、單位元、結合律、反元素）
- 運算表
- 互質

　　只要像這樣一個接著一個依序追問「這個是什麼？」的話，我認為我也可以解得開這個問題。可是──儘管如此，我還是沒能解開這個問

題。在請求出可以執行除法的這個問題當中，我從米爾迦學姐那裡獲得了製作運算表的提示。可是，我卻沒有掌握到除法可以看成是乘法的逆運算的精髓。如果是分數的除法的話，我知道解題只要將除數變成倒數就可以了。可是，只要扯上mod這種運算的話，只要稍微改變一下樣子，我就只能乖乖豎起白旗投降了。為求出能作為執行除法的條件，可針對與倒數相當的元素──反元素是否存在這一點來進行研究……我居然沒有想到還有這一招。只要檢視運算表當中包含 1 的部分，就可以發現反元素了說……。只要見到了 1、5、7、11 這四個數，就算是我也可能會察覺到『互質』這件事……」

蒂蒂低下了頭，脖子用力地往左右搖動。

我和米爾迦一言不發聽著蒂蒂說話。

「為什麼？到底是為什麼呢？為什麼我就是解不開問題呢？為什麼我總是無法發現重要的線索呢？是還不習慣──的緣故嗎？不管要花多少時間，只要夠努力就可以突破，我以為這是我最自豪的地方。這一次，我也製作了運算表。老老實實、好好地寫完了運算表。可是，儘管都已經做到這個地步了，我卻還是沒能出現『去尋找 1 吧！』這樣的想法。我真的好希望自己可以擁有更深、更深、更深一點的數學解讀能力……」

蒂蒂擺在筆記本上的雙手緊緊地握成了拳頭。

「蒂蒂──」我才開口剛想要說話，也看了身旁的米爾迦一眼徵求她的意見。

米爾迦正好也看著我，輕輕地點了點頭。

「蒂蒂！數學問題這種東西，解得開的時候，就解得開；解不開的時候，再怎麼努力也只會顯得徒勞無功。有的時候妳認為很難的題目，可能連想都不用想就輕鬆解出來了；但有時候妳認為很簡單的問題，卻怎麼樣解都解不開。妳想想看，之前妳不是也解開了『五個格子點』的問題嗎？還是使用了相當了不起的鴿巢理論解出來的呢！這次的問題，道理也是一樣的哦！蒂蒂，很瞭解問題的本身。也很瞭解答案之所以為答案的理由。對於整理關鍵重點也很厲害。這一切絕對不會都是白費的

唔！來！來！來！快點把臉抬起來，妳這樣一點都不像是平常活潑開朗的元氣少女蒂蒂囉！」

蒂蒂聽了我的話，慢慢地抬起了頭來，帶著一臉難為情的表情。

「⋯⋯說了那麼多像是白癡說的話。對不起！」

蒂蒂再度低下了頭。

我斜瞟了米爾迦一眼，米爾迦淡淡地開口說道。

「如果只因為解不開問題就感到沮喪的話，以後會沒完沒了哦！而且，儘管未熟主子是解開了問題，但是到底是從運算表的哪個地方解讀出來的？過程很詭異哦！」

「咦⋯⋯怎麼一回事啊？」我萬萬沒有想到矛頭居然會指向了我。

米爾迦舞動手指畫了一個像是 ϕ（Phi）的符號，然後繼續剛剛的話題。

「例如，你並沒有發現——

『集合 $\mathbb{Z}/12\,\mathbb{Z}$ 並沒有成為與運算 $\boxtimes$ 有關的群』

這件事情，對不對？」

「⋯⋯咦？」我嚇了一跳。

是嗎？我只想著要尋求有反元素的條件。這麼說起來，在集合 $\mathbb{Z}/12\mathbb{Z}$ 當中，有反元素的元素，也有非反元素的元素啊！換句話說，也就是這個集合不是群。如果是群的話，就必須要符合所有的元素一定是反元素的條件。如果被米爾迦挑剔的話也是理所當然的啊！畢竟，在米爾迦說出來之前我完全都沒有察覺到自己所犯的錯誤⋯⋯。

「嗯嗯⋯⋯如果這樣子就讓你感到吃驚的話，

『集合 $\{1, 5, 7, 11\}$ 會構成群』

這件事情你也一定沒有意識到囉！」

「啊⋯⋯」我驚訝到簡直無以復加。

與 12 互質的整數集合 $\{1, 5, 7, 11\}$ 居然會構成群？被米爾迦點出「構成群」的瞬間，我感覺到自己也進入了構造當中。就像是緊緊地勒住了集合元素的感覺。

「的確！的確！的確會變成群耶！」我說道。

「『的確』說了三次。是質數。」米爾迦模仿著我平常的口氣說道。

「是與什麼運算相關的群呢？」蒂蒂問道。

「蒂德拉……妳問的真是個好問題呢！一提到群，就會問到是什麼集合？是哪一種運算？這些稀鬆平常的東西的話──這就是妳已經充分瞭解了群的定義的最好證明喔！」

「咦？嘿嘿……」

「蒂德拉，妳過來一下」米爾迦對蒂蒂招招手。

「好──唉呀呀！不不不不用了！」蒂蒂紅著臉，雙手拚命地揮動著。……看起來，蒂蒂似乎已經從過去的經驗當中學到了教訓呢！

「集合$\{1, 5, 7, 11\}$會構成與運算$\boxtimes$相關的群。換句話說，也就是在平常的乘積之後，將 12 當作法則去求出餘數的運算。演算表如下頁所示。」

$\boxtimes$	1	5	7	11
1	1	5	7	11
5	5	1	11	7
7	7	11	1	5
11	11	7	5	1

「原來如此……」我在自己的腦海裡，檢視著群的公設。集合$\{1, 5, 7, 11\}$與運算$\boxtimes$相關與封閉。單位元當然是 1。每一個元素都有各自的反元素（自己本身就是反元素）。結合律當然也沒問題囉！的確是群啊……。

在$\mathbb{Z}/12\mathbb{Z}$的元素當中，有的有反元素，而有的沒有反元素。像$\{1, 5, 7, 11\}$這個集合，只要把其中有反元素的部分單獨抽出並製造出集合的話，當然也就可以構成群。真的是相當有趣呢！

「這個群，稱為**最簡剩餘類群**。相對於$\mathbb{Z}/12\mathbb{Z}$的最簡剩餘類群，算式要寫成$(\mathbb{Z}/12\mathbb{Z})^{\times}$」

「米爾迦學姐，這個群屬於交換群對不對？」

「為什麼蒂蒂會這樣認為呢？」

「因為，在這個運算表當中，以對角線為軸的話，就會對稱。換句話說，也就是交換律會成立呀！」

「正是如此！妳把運算表解讀得相當仔細呢！蒂德拉！」

這句話，讓蒂蒂一臉開心地露出了微笑。

7.4.2　從群到環

接著，從這裡開始我們要聊環的話題。

群，只能在集合當中代入一種運算。

環，可以在集合當中代入兩種運算。與群的時候一樣，我們並不問及這種運算實際上是什麼。我們要探討的問題只有，運算滿足了「環的公設」。

接下來，我們要使用＋與×來作為兩種運算的記號。因為這兩種符號是我們平常看習慣也使用習慣了的符號。此外，我們還要將兩種運算稱為加算及乘算。在某些情況下，也會稱為加法與乘法。

在這裡希望你們記住一件事情，那就是這兩種運算，並不只限用來表示普通一般數之間的加法及乘法。最重要的是，不管什麼時候都要視情況需要，重回環的公設下來進行確認。

在這裡，會出現蒂德拉所謂的「大而化之的一視同仁」。被稱為加法的，不見得只有加法；有的時候，某種運算也會被稱為加法，並使用＋的符號。被稱為乘法的，不見得只有乘法；有的時候，某種運算也會被稱為乘法，並使用×的符號。

一視同仁的限制將放得更寬鬆。我們將加法的單位元稱為 0，而乘法的單位元稱為 1。不見得是 0 卻稱為 0，未必是 1 卻稱為 1。

這就像是數學上所使用的「比喻」一樣。……可以嗎？

在談論環的公設之前，我要先介紹一下「分配律」。我們熟知數的世界的分配律。環的世界的分配律形式，其實就跟數的世界的分配律完全一樣。

所謂的分配律，就是將兩種運算結合在一起的法則。因為會同時出現兩種運算，所以在群的時候並不會出現分配律。

分配律

$$(a + b) \times c = (a \times c) + (b \times c)$$

那麼，這個就是環的公設哦！

環的定義（環的公設）

滿足下面公設的集合即稱為**環**。

- 與運算＋（加法）相關——
  - 封閉。
  - 存在單位元（稱為 0）。
  - 對任意元素，結合律會成立。
  - 對任意元素，交換律會成立。
  - 對任意元素，存在有對應該元的反元素。
- 與運算×（乘法）相關——
  - 封閉。
  - 存在單位元（稱為 1）。
  - 對任意元素，結合律會成立。
  - 對任意元素，交換律會成立。
- 與運算＋與×相關——
  - 對任意元素，分配律會成立。

　　在這裡我們所論述的，說得嚴謹一點是可以被稱為「存在有乘法單位元的可換環」這一類型環的定義。環這個用語，會因為數學書的不同而多少有點出入。可是，通常每一本書上都會明示有環的定義，所以並不會造成什麼大問題。

　　接下來，我要出有關於環的謎題囉！

◎　◎　◎

「我要出有關於環的謎題囉！」米爾迦對著蒂蒂說道。

『環是與加法相關的交換群嗎？』

「咦……？我不懂問題的意思。」

「是嗎？在環裡頭包含了兩種運算方式。我們把這兩種運算方式，分別取名為加法及乘法。接著，把焦點鎖在這兩種運算方式當中的加法上；那麼，會構成與加法相關的交換群嗎？這就是問題要問的東西。蒂德拉，妳是不是不知道交換群的研究方法呢！」

「啊！——我知道。那個只要比較一下公設就可以了。請等我一下！我想起交換群的公設了。所謂的交換群，指的就是在集合中，與運算相關並封閉；我想想看，還要具有單位元；對任何的元素，結合律都會成立；對任何的元素，交換律都會成立；嗯嗯、其它還有……對了！對了！對任何的元素，都會存在有對應該元的反元素。……說到這裡，再看看環的公設——沒錯！沒錯！的確！交換群的公設會成立。也因此，『環是與加法相關的交換群』是正確的！」

「好。這次我們要忘掉加法，改把焦點鎖在乘法的部分。」

『環是與乘法相關的交換群嗎？』

「嗯，當然是啊！」

「為什麼呢？」

「因為，環是與加法相關的交換群，所以，理所當然的也跟乘法是……」

「妳確認過環的公設了？」

「沒有……我並沒有做確認！」

「為什麼不確認呢？」米爾迦輕輕地敲擊著桌面。「明明命題就好好地攤在妳的眼前，為什麼連讀都不讀呢？妳剛剛不也才說過了『我真的好希望自己可以擁有更深、更深、更深一點的數學解讀能力』這句話嗎!?」

「真的很對不起！我現在就把命題讀一遍……啊啊啊啊啊啊啊！錯了！錯了！我真是粗心大意！雖然環包含了兩個運算，但在被稱為乘法

這一邊的運算當中，並沒有符合『所有的元素都存有反元素』這個公設！」

「沒錯！在環裡頭，包含了加法與乘法兩種運算。可是，它的公設卻不是對稱的。在乘法的部分，沒有反元素的存在也沒有關係。換句話說，也就是環對乘法而言，未必會變成群。因為未必會成為群，當然也就未必會變成交換群。」米爾迦說道。

環與群

環，是與加法相關的交換群。

環，未必是與乘法相關的交換群。

「為什麼又這樣，搞什麼鬼！老是虎頭蛇尾的……」蒂蒂自言自語地說道。

「什麼虎頭蛇尾？」

「明明沒有這種非對稱的公設也沒有關係……不是嗎？」

「蒂德拉，妳已經瞭解代表性的環了。就是在這種虎頭蛇尾的地方，才會藉由環打造出美麗而深奧的世界唷！」說著這一番話的米爾迦，眼睛裡閃爍著喜悅。

「這是什麼意思？」蒂蒂帶著狐疑的神情疑問道。

「可以進行加法。因為一定會有與加法相關的反元素存在，所以就能進行減法。如果也可以進行乘法的話，加法與乘法的分配律也會成立。可是，因為未必會有與乘法相關的反元素存在，也就未必能夠進行除法——蒂蒂很瞭解這一類型的集合。我跟妳說過這樣的話對吧！」

「咦？……無法進行除法的集合嗎？對 a 沒有辦法轉換成 $\frac{1}{a}$ 的意思，我很瞭……」

「嗯……還不懂是嗎？妳想要利用 $\frac{1}{a}$ 也無傷大雅，但如果卻因此而飛出了集合的範圍就不行哦！在運算的條件下，我們所關注的是與集合相關且封閉的大前提！在集合當中，並未存有相當於 $\frac{1}{a}$ 的元素的集

合——那麼，像這種集合是什麼？」

「咦……我真的不懂。對不起！」

「就是整數啊！由全部整數所形成的集合ℤ，與加法＋與乘法×相關，並構成環。可是，相對於自然數 $a \neq 0$，且在ℤ當中未必存有成為乘法反元素的 $\frac{1}{a}$。只有在 $a = \pm 1$ 的時候，反元素 $\frac{1}{a} \in \mathbb{Z}$ 才會成立。……也不能因為無法進行除法，就說整數全體的集合是『虎頭蛇尾』的產物啊！儘管沒有除法，自然數的世界還是豐富繽紛多彩的呢！」

我靜靜地聽著米爾迦和蒂蒂之間的妳來我往，突然間有了發現。

「莫非，環其實是集合ℤ抽象化的結果？米爾迦！」

「嗯，這種推論還不賴。集合ℤ為與加法＋與乘法×相關的環。這個環就叫做整數環。因此，同樣的，用 mod m 來思考加法＋與乘法×的話，集合ℤ/mℤ = {0, 1, 2,…, m − 1}也會變成環。而這種環，即稱為剩餘類環。這是因為奉環之名，便可以將ℤ與ℤ/mℤ一視同仁的緣故。」

「……為什麼？要取名為環呢？」

「為什麼要取名為『環』[*1] 呢？我也不知道答案。搞不好，是由剩餘類環ℤ/mℤ本身所具有的圓環印象取名而來的也說不一定。」

「英文怎麼說？」

「ring！」一旁的米爾迦突然脫口說出了答案。「不管是整數環也好，剩餘類環也好，兩者都滿足『環的公設』。可是，整數環與剩餘類環兩者之間的差異卻極大。整數ℤ，給人的印象是在數直線上為連續性的點。而剩餘類環ℤ/mℤ，給人的印象則是像時鐘文字盤上所配置的點一樣，是呈圓環狀的。整數環ℤ為無限集合，而剩餘類環ℤ/mℤ為有限集合。整數環ℤ擁有無限性，剩餘類環ℤ/mℤ擁有週期性。兩者之間是如此的天差地別，卻同時都滿足了環的公設。也就是說，如果從環的公設推至定理的話，這個定理既適用於整數環ℤ，也同樣適用剩餘類環ℤ/mℤ。這是因為此兩者皆屬於環的緣故。——這就是所謂的抽象代數。」

[*1] 「環」（Zahlring），其意為數之環。這個字是由德國著名數學家們希爾伯特（David Hilbert，西元 1862～1943）首先提出的。

是這樣嗎……。在我同時思考好幾個集合，並代入運算的時候，如果這些集合都滿足公設的話——就可以使用數學家們已經證明過的環的定理了……。

就像將許許多多的命題拓展成森林一樣，就像擴大成像星座一樣，好讓建構出來的巨大體系可以在一瞬間被看見。我並不知道與環有關的定理。但儘管如此，在環的公設之上，一定還有更多由過往數學家們所辛苦累積創造出來的與環相關的定理。這些勞苦功高的數學家們建構出了非凡宏偉的建築物——我是如此地確信著。

7.4.3　從環到體

「環，不見得有與乘法相關的反元素存在。而環的公設裡也沒有寫。換句話說，環也不見得可以進行除法。接下來，我們要針對除法的部分來進行思考。可用 0 以外的元素來進行除法的環，即稱為**體**。體的英文寫作 field。至於為什麼會被命名為體，原因不詳。」[*2]

蒂蒂點點頭。米爾迦的聲音突然地低沉了下來。

「群，是在集合中代入一種運算。環，是在集合中代入兩種運算。而體，則是在集合中——」

「代入三種運算對不對!?」

「不對！」

「唉呀呀!?」

「並不是運算種類的增加。舉例來說，這跟如果有『加法』及『與加法相關的反元素』存在的話，就能進行『減法』的道理一樣；只要有『乘法』及『與乘法相關的反元素』存在的話，就能進行『除法』。『與乘法相關，反元素是存在還是不存在』——這就是環與體的差異點之一。與乘法相關……環的話，只要有元素，反元素不存在也沒有關係。但體的話，除了 0 以外，所有的元素一定要有反元素存在才行。」

[*2] 「korper」體這個字，是由德國著名數學家們理查德·戴德金（Julius Wilhelm Richard Dedekind，西元 1831～1916 年）首先提出的。

「是多了『除了 0 以外的……』這個條件對嗎？」

「對。即使 0 的反元素不存在也沒有關係。這其實就跟排除了『除以 0』的動作是一樣的。」

體的定義（體的公設）

滿足下面公設的集合即稱為體。

- **與運算＋（加法）相關——**
  - 封閉。
  - 存在單位元（稱為 0）。
  - 對任意元素，結合律會成立。
  - 對任意元素，交換律會成立。
  - 對任意元素，存在有對應該元素的反元素。
- **與運算×（乘法）相關——**
  - 封閉。
  - 存在單位元（稱為 1）。
  - 對任意元素，結合律會成立。
  - 對任意元素，交換律會成立。
  - 除了 0 以外，所有元素存在有對應該元素的反元素。
- **與運算＋與×相關——**
  - 對任意元素，分配律會成立。

（與環之間的差異為，有與乘法有關的反元素存在）

「接下來，我們就像平常一樣來試舉體的例子吧！『舉例說明為理解的試金石』。」

米爾迦張開了兩手催促著蒂蒂。

「我想一下……」

蒂蒂一邊嘴巴唸唸有詞，一邊不知道在筆記上寫下了什麼。過了一會兒，蒂蒂很快地舉起了手。

「我知道了……比如說，像分數『$\dfrac{a}{b}$』的集合是不是就是體呢？」

「a 與 b 是什麼？」米爾迦馬上追問道。

「a 與 b 是整數。所以，可以說是 $\dfrac{整數}{整數}$ 全部的集合。我想這個集合應該就是體。」

「如果是你的話，你會怎麼評價蒂蒂的答案？」米爾迦問道。

「缺點有兩個。」我回答道。「一個是忘記了分母有可能會寫成 0 的危險性。必須要寫成 $\dfrac{整數}{除了\,0\,以外的整數}$ 才行。還有另一個缺點則是，這個由整數比構成的**有理數**所形成的集合有個正式的名稱，即為集合 $\mathbb{Q}$。」

「啊啊──說得也是呢！由整數比構成的有理數所形成的集合就是『體』啊！」

「沒錯！我們叫做**有理數體** $\mathbb{Q}$。這麼說起來，在畢氏三元數有無窮多組的證明當中，我們曾經利用了有理數全體的集合就是體的特性呢！」

「啊！對耶！就是那個用直線切斷單位圓的證明嘛！」我點點頭。

「那麼，在整數環 $\mathbb{Z}$ 中所代入的自然的除法，就是有理數體 $\mathbb{Q}$ 囉！」米爾迦繼續往下說道。「而如果想在剩餘類環 $\mathbb{Z}/m\mathbb{Z}$ 當中，代入自然除法的話，應該怎麼辦呢──這就是下一個我要問的問題。」

問題 7-2（把剩餘類環當作體）

剩餘類環

$$\mathbb{Z}/m\mathbb{Z} = \{0, 1, 2, \ldots, m-1\}$$

成為體，試請寫出模數 m 的條件。

「可以多給我一點時間思考嗎？我對環與體的定義還不是那麼熟悉……」

「慢慢來！看妳需要多少時間都沒問題。」

　　我也加入了思索的行列。因為出現了太多的提示，以致於出現了每一個都有可能是解答的猜測。我在筆記本上製作了好幾個剩餘類環的運算表，開始進入思考。

　　「該不會是以下這些條件吧！」

　　蒂蒂戰戰兢兢地說道。

　　「嗯？哪些條件？」米爾迦說道。

　　「學姐問的是模數 m 的條件對吧？嗯，對任意整數——不對、只需要集合的元素即可，啊，除此之外，還要把 0 也去掉——。好。因此，$m-1$ 個的整數 1、2、…、$m-1$，一個一個都與模數 m『互質』的話，$\mathbb{Z}/m\mathbb{Z}$ 就會成為體……我認為啦！」

　　「這樣啊……」米爾迦說道。

　　「因為，那個——在思考同餘式的除法條件的時候，可以進行除法的，不就只有與模數『互質』的數嗎!?所以，那個我想……」

　　「蒂蒂，跟那種事情——無關啦！」

　　「請你恪守沉默是金的原則。」米爾迦的手摀住了正想發言的我的嘴。

　　（暖暖的）

　　就這樣摀著我的嘴，米爾迦像是唱著歌一樣的說了這樣的話。

　　「蒂德拉、蒂德拉、喜歡詞語的蒂德拉

　　　　『整數 1、2、…、$m-1$ 與模數 m 為互質』

這樣的表現，是不是在妳的心裡頭雀躍著呢？」

　　「咦？嗯，我想想……。1 與 m 為互質的數，2 與 m 為互質的數，3 與 m 為互質的數，4 與 m 為互質的數——」

　　這個時候，蒂蒂講到一半的話突然停了。

　　經過了三秒鐘。

　　蒂蒂的眼睛慢慢地睜大，

　　蒂蒂的嘴巴慢慢地張大，

　　蒂蒂的兩隻手，摀住了自己的嘴巴……

「那個……該不會是質數吧！」

「沒錯！」米爾迦點著頭。

「沒錯！」我也點著頭。已經可以了！真希望米爾迦趕快把手放開。

「那就表示 m 為質數對吧！嗯、我想想……這樣說來，當 m 為質數的時候，**剩餘類環$\mathbb{Z}/m\mathbb{Z}$就會成為體嗎？**」

「正是如此！當 m 為質數的時候，除了 0 以外，剩餘類環$\mathbb{Z}/m\mathbb{Z}$的所有元素都會擁有與乘法有關的反元素。換句話說，也就是體。反過來說也行得通。當剩餘類環$\mathbb{Z}/m\mathbb{Z}$成為體的時候，m 為質數。不過，也會出現有 $m = 1$ 這種特殊的情況就是了。」

蒂蒂感動得濕潤了雙眼。

「為什麼？為什麼——我會這麼感動呢!?在這種毫無預警的地方，突然地就蹦出了質數。不管在環的公設那裡也好，或者是體的公設這裡也好，明明就沒有出現過質數這個詞語啊。儘管如此，從製作剩餘類環到製作體的時候，元素的數為質數這個條件都成為了解題之鑰，真的是相當不可思議呢！」

米爾迦的手終於從我的嘴巴慢慢地離開了。呼……。

「設 p 為質數，當剩餘類環$\mathbb{Z}/m\mathbb{Z}$構成體的時候，我們把這個體稱為**有限體 $\mathbb{F}_p$**。

$$\mathbb{F}_p = \mathbb{Z}/p\mathbb{Z}$$

如果我們把在時鐘內團團轉的剩餘類環，當作是整數的微型模型的話，使用質數p所製作出來的有限體 $\mathbb{F}_p$，也可以說是有理數的微型模型。從時鐘移往 mod，然後再到群・環・體——簡直可說是環遊了世界一周呢！」

米爾迦帶著一臉滿足結束了談話。

解答 7-2（把剩餘類環當作體）
當法則 m 為質數的時候，剩餘類環$\mathbb{Z}/m\mathbb{Z}$就會成為體。

7.5　視髮型為模數

「……居然就發展成了這樣的談話呢！」

週末在我家。我和由梨聊到了餘數與同餘，還有群・環・體的話題。

「總覺得好厲害哦……呼！」由梨深深地嘆了一口氣。「哥哥你們總是三個人一起待在圖書室裡呢！可以和米爾迦大小姐或蒂德拉一起聊這樣的話題，讓由梨覺得好羨慕哦………呼嚕嚕嚕嚕嚕。」

「同餘的問題，妳已經瞭解了嗎？」

「嗯。哥哥的解釋很淺顯易懂呢！總而言之，就是可以用加法或減法求出餘數。進行乘法也沒有問題。如果有互質條件的話，也可以進行除法。一視同仁的話題也很有趣呢！無視差異而一視同仁……。還聊到了有限體的話題。

吶，哥哥！我忘記是什麼時候了，哥哥曾經說過『將無限的時間摺疊』這樣的話，那指的不就是同餘這個概念嗎……」

> 將無限的時間摺疊，放入信封裡頭也好。
> 將浩瀚的無窮宇宙放在掌心上，讓它歌詠也好。

「的確！只要一使用了同餘，無窮多個的東西就會降為有限個呢！」我說道。

整數環 $\mathbb{Z}$ 與剩餘類環 $\mathbb{Z}/m\mathbb{Z}$，有理數體 $\mathbb{Q}$ 與有限體 $\mathbb{F}_p$……。

「就是說啊……」由梨說著說著突然變得一臉正經起來，一邊將馬尾紮好，一邊不知道認真地思考著什麼。

「啊！對了！妳給的建議很有用哦！」我說道。

「什麼建議啊？」

「對女孩子而言，『還真是適合妳呢』這句話真的很重要呢！」

「咦？你還真的說了那句話啊！是對誰說了？」

「蒂蒂啊……！因為她把頭髮剪短了，所以我就試著對她說新髮型

很適合她啊！結果，她開心的反應有點誇張……」

「哥哥！這種話可不能隨隨便便亂說耶！啊～啊！由梨我還真是個笨蛋呢！我沒有想到你居然真的會說出口……話說回來，蒂德拉的髮型改變了嗎？」

「嗯。她說只把最近長長的部分給剪短了。」

「最近？……蒂德拉『不一樣』的地方──只有髮型而已嗎？」

「這是什麼意思？」

「就是說女孩子這種生物啊……可是相當難懂的！」

「？」

「把髮型當作模數，過去的蒂德拉與現在的蒂德拉，會不會同餘呢喵嗚？」

我曾經試著思考學習與研究之間的不同是什麼？
數學的授課，只要唸唸教科書上現有的東西，把公式記起來，
然後使用這些學過的公式解題，如果答案符合的話就結束了。
可是，研究所尋求的是「未知的解答」，思索的是突出重圍。
因為不知道答案，所以才顯得有趣。
自行尋求並找出問題的解答，
這正是研究之所以令人感到魅力無窮的所在。
──山本裕子

第 8 章
無窮遞減法

> 不，我要拿它來做為證據。
> 在我們看來，這裡是一片具有相當價值的深厚地層；
> 儘管我們已經挖掘出了不少的證據，
> 足以證明它是在一百二十萬年前所形成的，
> 但就旁人來看，可能還不懂得這片地層的價值；
> 或許在他們眼裡，這裡只不過是有風有水
> 或有一片寂寥空曠天空的所在罷了！
> ——宮澤賢治《銀河鐵道之夜》

8.1　費馬最後定理

「哥哥，我可以問問題嗎？」由梨說道。

「可以啊！」我把埋在筆記本上的臉抬了起來。

現在是 11 月，星期六的午後。這裡是我的房間。由梨則像平常一樣來到了我的房間。中午，我們一起吃過西班牙海鮮飯之後，她便在我房間閒晃，有一搭沒一搭地看著書。我剛寫完有限體 F_p 的運算表。

「有個定理叫『**費馬最後定理**』對不對？哥哥！」

「嗯！」

費馬最後定理

當 $n \geqq 3$ 時，下面的方程式不會有自然數解。

$$x^n + y^n = z^n$$

「為什麼這個費馬的最後定理會這麼有名呢？」

「是啊！為什麼會這麼有名呢……我想它之所以會這麼有名的原因有三個。」我說道。

- 問題本身，誰都可以理解。
- 因為費馬在古書的一角寫下了這樣驚人的宣稱「我確實找到了一個美妙的證明，然而這裡的篇幅不足以讓我寫下這個證明。」
- 儘管如此，卻沒有人解開過這個證明，因而延宕了 350 年成為了世紀之謎。

「所謂的數學最先端的問題，指的是除了專門的數學家們之外，一般的普通人是無法搞懂的。在問題尚未解決之前，是不可能理解問題的意義的。可是，費馬最後定理卻不一樣。明明每個人都懂問題的意思，可是就連專門的數學家們也對解開這個問題感到束手無策。」

「嗯，雖然由梨是個不折不扣的笨蛋，可是卻瞭解費馬最後定理的意思呢！」

「都說了由梨不是笨蛋了。……費馬在古數學書上，留下了這幾句故弄玄虛、吊人胃口的訊息。」

我確實找到了一個美妙的證明，
然而這裡的篇幅不足以讓我寫下這個證明。

「那幾句話……真正的意思該不會是說自己證明不出來而為此感到扼腕？」

「很容易讓人有這樣的聯想對吧……！可是，費馬在十七世紀可以說是數學領域的第一把交椅哦。」

「奇怪！哥哥……。這本書裡在費馬的事蹟上寫了『Amateur』這個字耶！」由梨把自己正在看的那本書拿給我看。

「這個字啊！是指費馬是業餘的數學家，而不是專門的數學家的意思。在費馬那個時代，專門數學家的人數可說是鳳毛麟角。費馬的職業是律師。他閒暇時最大的嗜好就是研究數學，並想辦法整理古希臘著作，欲從這些埋藏已久的偉大發現中，尋找出美麗的新定理。可是，稱呼創造出當時最高數學成就的人為業餘數學家，我怎麼想都覺得這樣很容易招致誤解……。費馬在古數學書上的空白處，寫下了好幾句既像是謎題又極耐人尋味的話。這幾句堪稱世紀謎團的話語，最後成了遙遙待解『跨越時空的問題集』。後世的數學家們雖然很想解開費馬所留下來的問題，但卻沒有人能完全破解；最後的這一個，就演變成了一個任何人都解不開的世紀謎題，而一直延宕到了今天。」

「……這個世紀謎團指的就是『費馬最後定理』嗎？」

「對！」

「因為一直留到了最後，所以才被稱為最後定理哦！也可以稱為是最後的敵人（Last Boss）。」

「費馬是在 1637 年留下這個堪稱為世紀難題的惡作劇，而成功證明了費馬最後定理的**懷爾斯**，則是在 1994 年提出論文的。所以，花了350 年以上的時間，費馬最後定理這個未解的世紀之謎，才終告破解。透過懷爾斯的證明，瞭解了費馬最後定理的確是真正成熟的定理。」

「的確是真正成熟的定理這句話是什麼意思？」

「無法獲得證明的話，就不能稱之為定理。『當 $n \geq 3$ 的時候，方程式 $x^n + y^n = z^n$ 不會有自然數解』，雖然這是費馬的主張，但他並沒有留下證明。數學上的主張，即所謂的命題，如果沒有證明支撐的話，就不過只是個猜想。『費馬最後定理』在獲得證明之前，都被稱為『費馬猜想』。」

「咦？……是這樣啊！哥哥，我還有一個疑問。這本書上還附錄了費馬最後定理的解決年表……」由梨翻開了手上的書。

1640 年	FLT(4)	費馬證明了
1753 年	FLT(3)	歐拉證明了
1825 年	FLT(5)	狄利克雷與勒讓得證明了
1832 年	FLT(14)	狄利克雷證明了
1839 年	FLT(7)	拉梅證明了

「費馬最後定理」的解決年表

「書上面寫得 FLT(3)或 FLT(4)，指的是什麼呢？」

「FLT 是費馬最後定理 Fermat's Last Theorem 每個英文字首的字母啊！在費馬的方程式當中，不是出現了變數 n 嗎？」

$$x^n + y^n = z^n$$

「嗯！」

「所謂的費馬最後定理，指的就是在

$$n = 3, 4, 5, 6, 7, \ldots$$

當中，對任何自然數 n，並沒有滿足方程式

$$x^n + y^n = z^n$$

由 (x, y, z) 三數所組成的自然數解存在的定理喔！」

「嗯——為什麼？」

「費馬最後定理雖然是與大於 3 以上的所有自然數 n 相關的命題，但是 FLT(3)為個別的 $n = 3$ 的命題。換句話說，FLT(3)的命題也就是『並沒有滿足方程式 $x^3 + y^3 = z^3$ 由 (x, y, z) 三數所組成的自然數解存在』。」

$$x^3 + y^3 = z^3 \ \text{並沒有自然數解} \quad \Longleftrightarrow \quad \text{FLT}(3)$$
$$x^4 + y^4 = z^4 \ \text{並沒有自然數解} \quad \Longleftrightarrow \quad \text{FLT}(4)$$
$$x^5 + y^5 = z^5 \ \text{並沒有自然數解} \quad \Longleftrightarrow \quad \text{FLT}(5)$$
$$x^6 + y^6 = z^6 \ \text{並沒有自然數解} \quad \Longleftrightarrow \quad \text{FLT}(6)$$
$$x^7 + y^7 = z^7 \ \text{並沒有自然數解} \quad \Longleftrightarrow \quad \text{FLT}(7)$$

⋮

「嗯，我懂了……奇怪？解決年表當中漏掉了FLT(6)的部分耶！」

「由梨真是明察秋毫。沒有看漏任何一個部分，都會一一仔細確認呢！」

「喵嗚……都說了別稱讚我，這樣怪不好意思的。」

「證明了 FLT(6)的是歐拉哦！」

「咦？可是，歐拉證明的不是 FLT(3)嗎？」

「只要可以證明 FLT(3)的話，連帶的同時也就證明出 FLT(6)了哦！」

「咦……這是怎麼一回事？」

「那麼，我們就來試著證明當方程式 $x^3 + y^3 = z^3$ 沒有自然數解的話，同樣的方程式 $x^6 + y^6 = z^6$ 也不會有自然數解好了。」

「看起來這麼艱澀的證明，由梨也會懂嗎？」

「懂！一定懂！我們要使用的是反證法。」

◎　◎　◎

我們要使用的是反證法。但使用的前提是，要設「方程式 $x^3 + y^3 = z^3$ 沒有自然數解」這個命題已經完全獲得了證明。

我們想要證明的命題是「方程式 $x^6 + y^6 = z^6$ 沒有自然數解」。根據反證法，我們要假設這個命題不為真。

反證法的假設：「方程式 $x^6 + y^6 = z^6$ 有自然數解」

接著，我們設自然數解 $(x, y, z) = (a, b, c)$。像 (a, b, c) 這樣的三個數，雖然並非真實存在；但我們想要研究理解的是當這三個數如果真實存在的話，會導致什麼樣的結果。也因此，我們所期待的就是會導致矛盾結果的出現。這就是所謂的反證法。

那麼，因為 (a, b, c) 的定義，下面的關係式就會成立。

$$a^6 + b^6 = c^6$$

此式又可以變形成下面的關係式。

$$(a^2)^3 + (b^2)^3 = (c^2)^3$$

為什麼可以做這樣子的變形呢？那是因為 $x^6 = (x^2)^3$ 會成立的緣故。所謂的六次方，不就是二次方之後再乘以三次方的結果！這裡運用的是指數律哦！那麼，在這裡我們要像下面一樣來定義自然數 A、B、C。

$$(A, B, C) = (a^2, b^2, c^2)$$

這麼一來的話⋯⋯

$$a^6 + b^6 = c^6 \qquad a, b, c \text{ 的定義}$$
$$(a^2)^3 + (b^2)^3 = (c^2)^3 \qquad \text{指數律}$$
$$A^3 + B^3 = C^3 \qquad A, B, C \text{ 的定義}$$

　換句話說，(A, B, C) 就是方程式 $x^3 + y^3 = z^3$ 的自然數解。

　　推導出的命題：「方程式 $x^3 + y^3 = z^3$ 有自然數解」

但，我們議論出發點的前提是 FLT(3)。

　　前提：「方程式 $x^3 + y^3 = z^3$ 沒有自然數解」

　所以命題與前提是兩相矛盾的。因此，根據反證法，反證法的假設被否定了。這麼一來，也就證明了「方程式 $x^6 + y^6 = z^6$ 沒有自然數解」。

◎　◎　◎

　「喵嗚如此！如果方程式 $x^6 + y^6 = z^6$ 有自然數解的話，那麼是說由此推論方程式 $x^3 + y^3 = z^3$ 也會有自然數解的意思嗎？」

　「對！我們可以把現在的爭議更一般化哦！換句話說，當我們想證明 $n \geq 5$ 情形的 FLT(n) 時，並不需要針對所有的 n 來進行證明。只要針對質數 $p = 5$、7、11、13、⋯的 FLT(p) 來進行證明就可以了。」

　「是嗎？只要針對質數進行證明就可以了嗎？奇怪？可是，這樣的話，為什麼狄利克雷要證明 FLT(14) 呢？14 因數分解的話，是 7×2，並不是質數耶⋯⋯。不是應該先證明 FLT(7) 比較正確嗎？怎麼反而順序是相反的呢？」

　「由梨⋯⋯的確，或許妳所說得才是正確的，但狄利克雷一定是因

為證明不了 FLT(7)，所以才出此下策的哦⋯⋯」

「啊！原來是這樣嗎！」由梨聳了聳肩膀。「數學家們思考的還真是周延呢！哥哥，對不怎麼討人喜歡的理論而言，這個理論還算讓人心情不錯啦！總覺得像這樣無處可逃⋯⋯就是這種地方才叫人膽戰心驚吧！簡直就像在看法庭劇一樣。數學這門學問，可真的是由嚴密的理論所建構而成的領域呢！⋯⋯嗯、嗯嗯嗯嗯嗯嗯！」

由梨舉起了她那細細的手腕，慵懶地伸了一個大大的懶腰。完全像是隻纖瘦優雅的貓咪。

「⋯⋯可是呢！由梨。所謂的數學，並不全然是妳所想像的那個樣子哦！在好不容易才成為嚴密的理論之前，我想數學家們一定也在深邃的叢林裡，迷路了好一段時間才是哦！」

「咦？是這個樣子嗎？數學家們不都是一群絕對不會失敗的優等生嗎？」

「我想再怎麼傑出優秀的數學家，也免不了會在思索的途中出現許多失誤唷！當然！如果在提出最後論文的時候，還出現謬誤的話那的確會叫人很困擾⋯⋯」

「零失誤、無懈可擊！就像米爾迦大小姐的化身。我好羨慕那樣的她哦──」

「話說回來，由梨是不是在考試的時候，會出現計算錯誤？」

「計算錯誤！雖然我幾乎沒有犯下這種過失，但被問題搞得一頭霧水，而完全解答不出來的經驗倒是很多。你想想看嘛！因為由梨是個不折不扣的大笨蛋啊！」

「不對唷！由梨」我說道。「我都說了由梨絕對不是笨蛋！我啊──哥哥我啊！非常瞭解由梨絕對不是笨蛋。所以，妳絕對不可以再說自己是笨蛋，妳可聰明得很呢！」

「哥哥⋯⋯」

「由梨很聰明哦──真的是很聰明的貓美眉唷！」

「本來是賺人熱淚叫人感動的話，一下子都冷掉了喵嗚！」

8.2 蒂德拉的三角形

8.2.1 圖書室

下一週，星期五放學後。我像平常一樣走進了圖書室，發現蒂蒂已經完全進入了用功模式。她低頭面對著筆記本，聚精會神地振筆疾書。

「妳今天來得可真早呢！」

「啊！學長。⋯⋯剛剛米爾迦學姐還在這裡唷！可是她說和永永學姐還有練習，所以已經先離開有一陣子了。」

「⋯⋯蒂蒂現在解的問題，是村木老師出的題目嗎？」

「對！村木老師又出了三角形的問題。」

問題 8-1
三邊邊長為自然數，而面積為平方數的直角三角形，是否存在？

「已經思考得差不多了嗎？有可能解得開嗎？」我說道。

「現在，我正試著動手製作例子，來確認自己是否真的理解這個問題。所以，暫時要請學長先保持一下沉默哦！」蒂蒂在說「保持沉默」的時候，用食指碰觸了自己的嘴唇，我的心噗通噗通地跳著。

「那麼，我就到旁邊去進行自己的計算。等一下我們再一起回家。」

「好！」蒂蒂露出了開心的笑容。

我雖然想動手開始進行有限體 $\mathbb{F}_p$ 的計算，卻又對蒂蒂手上的卡片感到相當在意。

> 「三邊邊長為自然數，而面積為平方數的直角三角形，是否存在？」

直角三角形⋯⋯的話，直角三角形各邊的長度就會形成畢氏三元數。只要把各邊長度視為變數，研究一下條件的話，是不是就可以解開

問題了呢？可是，光說不練無法找出真相。為了進一步確認自己到底懂不懂，必須要**實例製作**。畢竟，「舉例說明為理解的試金石」啊！

設三角形各邊的長度為 a、b、c（c 為斜邊的長度）。利用典型的畢氏三元數

$$(a, b, c) = (3, 4, 5)$$

來進行研究。

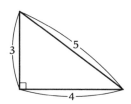

這個時候，

$$直角三角形的面積 = \frac{ab}{2} = \frac{3 \times 4}{2} = 6$$

就會得到面積為 6。因為沒有自然數在平方之後會等於 6，所以 6 不是平方數。原來如此。試著再用別的例子來研究看看。用 $(a, b, c) = (5, 12, 13)$ 來研究的話，

$$直角三角形的面積 = \frac{5 \times 12}{2} = 30$$

得到的面積為 30。30 也不是平方數。奇怪！

我試著動手將好幾組畢氏三元數整理成表格。

(a, b, c)	直角三角形的面積	是平方數嗎？
$(3, 4, 5)$	$\dfrac{3 \times 4}{2} = 6$	×
$(5, 12, 13)$	$\dfrac{5 \times 12}{2} = 30$	×
$(7, 24, 25)$	$\dfrac{7 \times 24}{2} = 84$	×
$(8, 15, 17)$	$\dfrac{8 \times 15}{2} = 60$	×
$(9, 40, 41)$	$\dfrac{9 \times 40}{2} = 180$	×

　　原來如此……的確！三角形的面積並不會成為平方數。可是，只研究了五組的畢氏三元數，就貿然妄下「絕對不會成為平方數」的結論，似乎不太妥當。如果沒有證明支撐的話，就不過只是個猜想。

　　好！那麼，接下來我要挑戰試著證明

　　　「三邊邊長為自然數，而面積為平方數的直角三角形並不存在」

這個命題。

　　證明整體的構成，果然還是要使用**反證法**嗎？我們只要將存有面積為平方數的直角三角形的假設推導至矛盾的結果，問題應該就可以迎刃而解了。

　　　所欲證明的命題：「三邊邊長為自然數，而面積為平方數的直角三角形並不存在」

所欲證明的命題的否定步驟如下所示。我們要先這樣假設。

　　　反證法的假設：「三邊邊長為自然數，而面積為平方數的直角三角形存在」

　　那麼，接下來我們要用**關係式**來表現命題的重要論點。

　　首先，是「直角三角形」。設三邊的邊長為 a、b、c，而 c 為斜邊。這麼一來，根據畢氏定理我們會得到

$$a^2 + b^2 = c^2$$

的結果。我們可以藉由這個關係式來表現「直角三角形」。

　　之所以會盡可能的利用單純的形式來進行思考，是因為想要將 a、b 變換成『互質』的兩個數。一旦決定了 a、b「互質」之後，只要用 a 與 b 的最大公因數來除就可以了。我們命 a 與 b 的最大公因數為 g 之後，就會存在有如下所示的自然數 A、B。

　　　$a = gA,\quad b = gB,\quad A \perp B$ （A 與 B 為互質）

因為 a 與 b 的共同質因數全部都會以 g 的形式存在，所以 A 與 B 之間

已經不可能有共同的質因數了。換句話說，也就是 A 與 B 會變成「互質」（即 A⊥B）。

我們試著將 $a = gA$、$b = gB$ 使用在畢氏定理當中，

$$a^2 + b^2 = c^2 \qquad \textbf{畢氏定理}$$

$$(gA)^2 + (gB)^2 = c^2 \qquad \textbf{代入 } a = gA \text{、} b = gB$$

$$g^2(A^2 + B^2) = c^2 \qquad \textbf{提出相同項 } g$$

換句話說，也就是 c^2 為 g^2 的倍數。也就是說 c 會成為 g 的倍數，而有下列自然數 C 的存在。

$$c = gC$$

好！繼續往下計算。

$$g^2(A^2 + B^2) = c^2 \qquad \textbf{剛剛的關係式}$$

$$g^2(A^2 + B^2) = (gC)^2 \qquad \textbf{代入 } c = gC$$

$$g^2(A^2 + B^2) = g^2C^2 \qquad \textbf{展開右邊}$$

$$A^2 + B^2 = C^2 \qquad \textbf{兩邊同時除以}$$

在這裡，因為 A⊥B，且 $A^2 + B^2 = C^2$，所以馬上可以瞭解到 B⊥C、C⊥A。可以導入兩兩互質的三個自然數 A、B、C，來代替 a、b、c。則(A, B, C)為原始畢氏三元數。

那麼，截至目前為止，我們可以說是在一條筆直的道路上行進探索著。接著，我們該走往哪個方向才好呢……？

嗯，這一次就決定使用 A、B 來進行「面積為平方數」部分的研究好了。總覺得情況很順利，愈來愈上手了呢……。設 d 為某一自然數，就可以寫成如下所示的關係式來表現「面積為平方數」。

$$\frac{ab}{2} = d^2$$

將 $a = gA$、$b = gB$ 代入關係式。

$$\frac{(gA)(gB)}{2} = d^2$$

進行計算。

$$g^2 \times \frac{AB}{2} = d^2$$

因為(A, B, C)為原始畢氏三元數,所以 A 與 B 兩者當中必有一數是偶數。換句話說,$\frac{AB}{2}$ 就會是自然數。也因此,d^2 為成為 g^2 的倍數,而 d 會成為 g 的倍數。因而,我們可以將 d 換置為 gD(即 $d = gD$)。D 亦為自然數。

$$g^2 \times \frac{AB}{2} = (gD)^2$$

去分母,兩邊同時除以 g^2,就會得到下列的關係式。

$$AB = 2D^2$$

步驟進行到此,我們在既有的數之間添加了「互質」這個條件,而製造出了新的問題。而這個問題只是把蒂蒂手上那張卡片的問題換個說法而已。

嗯,情況非常順利哦!

可是──我卻還沒有發現最重要的矛盾結果。

問題 8-2(問題 8-1 的換個說法)
滿足下列關係式的自然數 A, B, C, D 是否存在?
$$A^2 + B^2 = C^2, \quad AB = 2D^2, \quad A \perp B$$
(A⊥B,表示 A 與 B 兩數互質)

「關門的時間到了。」

聽到了瑞谷老師的宣言,我和蒂蒂同時抬起了頭。

外面的天色已經變暗了。過度沉迷在數學世界裡時,我失去了對時間的感覺,就像作夢般地去到了別的世界。但說起來很有趣,我之所以會發覺自己神遊去到了別的世界,通常都是在不得不回到真實世界的情況下。在這邊真實的世界裡,有我、有蒂蒂、還有米爾迦⋯⋯。

「學長?」

蒂蒂站在我的前面。

「我們是不是該回家了?」

我看著眼前的蒂蒂,一言不發地看了她一會兒,不明所以的蒂蒂紅

著臉歪著頭回看著我。

「……學長？」

「……嗯，我們回家吧！——謝謝妳！蒂蒂！」

「咦？為什麼要向我道謝？」

「沒什麼！就是想向妳說聲謝謝而已啦！」

8.2.2　羊腸小徑

回家的路上。我和蒂蒂肩並肩，兩個人沒有走在住宅區內平坦的街道，反而選擇了彎彎曲曲的羊腸小徑。

「我這個人啊！到底為什麼會這麼的……沒有實力呢？」蒂蒂說道。「只要出現了一個算式，便馬上一頭混亂得不得要領，條件也完全起不了作用，早就不知道飛到哪裡去了……」

蒂蒂在自己的頭上反覆地做了好幾次石頭與布的動作。

「這麼說起來，妳以前也曾說過變數太多的話，就會讓問題變複雜對吧！」

「對！對！學長也好、米爾迦學姐也好，都可以輕輕鬆鬆地寫出定義式對吧——像是『將 m 換成 $=\heartsuit\heartsuit\heartsuit$』或『將 b 定義成 $=\spadesuit\spadesuit\spadesuit$』之類的……人家啊！對這種事情真的很不拿手。」

「利用定義式就會增加變數。可是，之後關係式的變形卻會讓人感到很有趣唷！」

「所以啊！這次也要使出渾身解數來挑戰克服這個的問題哦！就使用那台畢德哥拉斯果汁機。」

「咦？學長說的是什麼啊？」

「就是那個『使用 m 與 n 製造出原始畢氏三元數』的方法啊！使用『原始畢氏三元數的一般形』來進行思考。」

「啊！原來如此！還有那個方法呢！」

沒錯！的確！如果使用原始畢氏三元數的話，就可以用 m 與 n 來表示 A、B、C 了。如果從那個地方下手的話，不知道可不可以推導至矛

盾的結果呢？

「不知道這個會不會就是提示了呢？」

「啊！學長正在思考嗎？蒂蒂也絕對不會輸給你的唷！」

蒂蒂說著說著，還做出了連續揮拳的動作。

8.3 我的旅程

8.3.1 旅程的開始：用 m、n 來表示 A、B、C、D

夜晚的我家。

接下來，我就要朝著推導至矛盾的旅程出發了。出發點的確認。自然數 A、B、C、D 之間具有下列關係。我就要從這裡下手來推導至矛盾的結果。

出發點

$$A^2 + B^2 = C^2, \quad AB = 2D^2, \quad A \perp B$$

從 $A^2 + B^2 = C^2$ 與 $A \perp B$，我們可以瞭解到 A、B、C 這三個數字為原始畢氏三元數組。也就是說使用「原始畢氏三元數的一般形」，就可以用 m、n 來表示 A、B、C。這就是蒂蒂口中的畢德哥拉斯果汁機。

原始畢氏三元數的一般形（畢達哥拉斯果汁機）

$$A^2 + B^2 = C^2, A \perp B \quad \Longleftrightarrow \quad \begin{cases} A &= m^2 - n^2 \\ B &= 2mn \\ C &= m^2 + n^2 \end{cases}$$

自然數 m、n 的條件：

- $m > n$
- $m \perp n$
- m、n 兩者只有一方是奇數（兩者的奇偶性不一）

那麼，我們將 m、n 套用在由「面積為平方數」這個條件所製造出來的 $AB = 2D^2$ 的關係式當中，藉以研究 D 的性質。

雖然我曾經向蒂蒂說明過定義式的功用，但實際上要自己操兵演練將變數導入的時候，還是會感到不安呢！變數一旦增多，情況就會變得複雜而較難收拾……存在我心中的就是這種不安。

我想起了「對算式的信賴」，驅逐了心中的不安。算式的好處在於，可以脫離意義、可以利用機械性的操作來解題。如果將原始畢氏三元數的一般形構組成式子的話，就算把直角三角形的問題給忘了也沒有關係。

接下來，能不能把算式當作武器並充分發揮便成了勝負關鍵所在……。

首先，我們要使用 m、n 來表示 $AB = 2D^2$。

雖然我看不見道路的前方，究竟有什麼在等著我——但旅程就要開始了。

啟程囉！

$$AB = 2D^2 \qquad \text{從「面積為平方數」製造出來的關係式}$$

$$(m^2 - n^2)B = 2D^2 \qquad \text{將 } A = m^2 - n^2 \text{代入之後}$$

$$(m^2 - n^2)(2mn) = 2D^2 \qquad \text{將 } B = 2mn \text{ 代入之後}$$

$$mn(m^2 - n^2) = D^2 \qquad \text{兩邊同時除以 2 整理之後}$$

$$mn(m + n)(m - n) = D^2 \qquad \text{「和與差的乘積為平方差」}$$

因此，就會出現下面的關係式。

$$D^2 = mn(m + n)(m - n)$$

這個——模式以前好像也曾經出現過不是嗎？

左邊的 D^2 為「平方數」。

然後，右邊是「互質的數的乘積」……沒、錯、吧？

因為 m 與 n「互質」，所以這裡會出現四個因數

$$m, n, m + n, m - n$$

不管哪兩個數都可以說是彼此互質……嗎？

例如，$(m + n) \perp (m - n)$會成立嗎？

……不安。

在這裡，一旦$(m + n) \perp (m - n)$不成立的話，我重要的武器就會被奪走。用反證法仔細地好好進行證明吧！

假設$m + n$與$m - n$兩數不為互質。這個時候，存在有某質數p與自然數 J、K，下面的關係式就會成立。

$$\begin{cases} pJ & = m + n \\ pK & = m - n \end{cases}$$

這個質數p為$m + n$與$m - n$共同的質因數。

如果可以將這個關係式推導至矛盾的話，就可以證明$m + n$與$m - n$兩數互質了。那麼，我可以如願成功守住武器嗎？

我們將這兩個式子相加，就可以導出p與m之間的關係。

$pJ + pK = (m + n) + (m - n)$　　　**兩邊相加之後**

$p(J + K) = (m + n) + (m - n)$　　　**左邊提出相同項**p

$p(J + K) = 2m$　　　**計算右邊之後得到**

我們將這兩個式子相減，就可以導出p與n之間的關係。

$pJ - pK = (m + n) - (m - n)$　　　**兩邊相減之後**

$p(J - K) = (m + n) - (m - n)$　　　**左邊提出相同項**p

$p(J - K) = 2n$　　　**計算右邊之後得到**

因此得到了下面的關係式。

$$\begin{cases} p(J + K) & = 2m \\ p(J - K) & = 2n \end{cases}$$

結果變成了乘積的形式。它們之間的關係我已經瞭解囉！

首先，$p = 2$根本就不可能。為什麼呢？這是因為，m與n兩者的奇偶性不會一致的緣故。$pJ = m + n$的總和是奇數。因此，p不會是偶數。也就是說，$p = 2$是不可能的。

可是，$p \geq 3$也不可能。為什麼呢？因為，m與n兩者都是p的倍

數。可是，$m \perp n$——換句話說，也就是 m 與 n 之間不可能會有共同的質因數，$p \geq 3$ 當然不可能。

基於上述理由，我們可以說$(m + n) \perp (m - n)$。

呼……。

為了避免有什麼萬一，我們也將 $m + n$ 與 m 互質的證據列出來。

我們假設 $m + n$ 與 m 兩者不為互質。這個時候，存在有某質數 p 與自然數 J、K，下面的關係式就會成立。

$$\begin{cases} pJ & = m + n \\ pK & = m \end{cases}$$

利用跟剛剛相同的步驟進行計算，就會得到下面的式子。

$$\begin{cases} pK & = m \\ p(J - K) & = n \end{cases}$$

由結果得知 m、n 兩者都會是 p 的倍數，而這與 $m \perp n$ 互為矛盾。
$m - n$ 與 m、$m + n$ 與 n、$m - n$ 與 n 都是同樣的情況。

好。四個因數

$$m, n, m + n, m - n$$

彼此之間，兩兩互質。我守住了重要的武器囉！

唉呀！唉呀！我們回歸正題吧！接下來，我們要檢視下列的式子。

$$D^2 = mn(m + n)(m - n)$$

左邊的 D^2 是平方數。如果進行質因數分解的話，每個質因數都會有偶數個。另一方面，右邊的四個因數 m、n、$m + n$、$m - n$ 彼此之間，兩兩互質——意思就是說這四個因數之間並沒有共同的質因數。

只要想像一下將左邊的質因數分配到右邊的四個因數的樣子，這四個因數每一個都會含有偶數個質因數。總而言之，「m、n、$m + n$、$m - n$ 全部都是平方數」！

所謂的「互質」，還真的是派得上用場的終極武器呢……在使用「最大公因數為 1」來表現「互質」的過程當中，雖然沒有獲得什麼特

別有用的靈感；但把「互質」解讀成「沒有共同的質因數」效果卻相當
的好。就像是一把鋒利的名劍。

8.3.2 原子與基本粒子的關係：用 e、f、s、t 來表示 m、n

接下來，就讓我們試著用算式來表現 m、n、$m + n$、$m - n$ 為平方
數好了。

剛剛，我們使用了 m、n 表現過 A、B、C、D。

這一次，我們要用 e、f、s、t 來表現 m、n。

咦？

我——

我所展開的該不會是**一趟發現微型構造的旅程**吧?!

一趟研究分子(A, B, C, D)，發現微小原子(m, n)的旅程。

只要一研究原子(m, n)的話，就會發現更微小的基本粒子(e, f, s, t)
⋯⋯。

這一趟的旅程，給我的印象大概就是這樣。

搞不好，還可以因此發現更微小的夸克⋯⋯。

那麼，

因為 m、n、$m + n$、$m - n$ 為平方數，以下的 e、f、s、t 等自然數
便會存在。

使用 e、f、s、t 置換 m、n、m＋n、m－n，來表現「原子與基本
粒子之間的關係」

$$\begin{cases} m & = e^2 \\ n & = f^2 \\ m+n & = s^2 \\ m-n & = t^2 \end{cases}$$

e、f、s、t 彼此之間，兩兩「互質」。

……這麼一來，又導入了新的變數。而且還一次四個。儘管如此，一定會進行得很順利。對算式的信賴、對算式的信賴……。

接下來，該轉往哪個方向前進好呢？我翻閱著筆記不斷地反覆思考著。試著利用 e、f、s、t 來表現 m 看看好了。雖然，剛剛我們才得到了 $m = e^2$ 的等式，但我們還是來瞭解一下，下面的關係式想說些什麼？

$$\begin{cases} m + n = s^2 \\ m - n = t^2 \end{cases}$$

嗯、只要將這兩個關係式相加或相減，就可以用 s、t 來表現 m、n 了。換言之，也就是說可以用基本粒子來表現原子的構造了。

$$\begin{cases} 2m = s^2 + t^2 \\ 2n = s^2 - t^2 \end{cases}$$

關係式 $2n = s^2 - t^2$ 的右邊，使用了「和與差的乘積為平方差」，可以解讀為乘積的形式。之所以要帶入乘積的形式，是為了讓自然數的構造研究起來比較方便的緣故。

$2n = s^2 - t^2$ 　　　　　上面的關係式

$2n = (s + t)(s - t)$ 　　　「和與差的乘積為平方差」

$2f^2 = (s + t)(s - t)$ 　　　代入 $n = f^2$

因此而得到了 f 與 $s + t$、$s - t$ 的關係。換言之，就是基本粒子之間的關係。

---

f 與 $s + t$、$s - t$ 的關係「基本粒子之間的關係」

$$2f^2 = (s + t)(s - t)$$

8.3.3　基本粒子 s＋t、s－t 的研究

跟著探討所得到的關係式 $2f^2 = (s + t)(s - t)$。著手研究構成關係式右邊的因數 $s + t$ 與 $s - t$。

$s + t$ 與 $s - t$ 為整數。首先，我們要從兩者的「奇偶性調查」開始。

s 的奇偶性是如何呢？從「原子與基本粒子的關係」裡，我們得知關係式 $m + n = s^2$ 會成立。$m + n$ 的奇偶性……我知道了。因為 m 與 n 的奇偶性不會一致，所以結果不是偶數＋奇數，就是奇數＋偶數，兩種情況之一。也因此，不管怎麼樣 $m + n$ 都會是奇數。換句話說，s^2 一定也會是奇數。平方之後會成為奇數這件事情，也表示了 s 一定也是奇數。好！s 為奇數的事實已經見分曉了。

也用相同的方式來思考推敲 t 的奇偶性。關係式 $m - n = t^2$ 會成立。因為 m 與 n 的奇偶性不會一致，所以 t^2 為奇數；也因為 t 平方之後會變成奇數的緣故，所以 t 當然也會是奇數。

故，s 與 t 兩者都是奇數——好！出現了！

因為 s 與 t 兩者都是奇數，也因此 $s + t$ 與 $s - t$，**兩者都會是偶數**。

但前面不是說 s 與 t 為互質嗎？

因為 $(m + n) \perp (m - n)$，所以 $s^2 \perp t^2$。平方之後所得到的兩數會互質，就代表了原來的數也會互質。沒有共同質因數這件事情，並沒有被取代掉。也就是說，s 與 t **兩者為互質**。

好！$s \perp t$ 的事實也已經見分曉了。

……奇怪？我有沒有將「e、f、s、t 彼此之間，兩兩互質」當作變數導入『原子與基本粒子的關係』當中啊……算了！不管它！總而言之，$s \perp t$ 的事實不動如山，沒改變就行了！

有關於 s、t 的部分也大概搞清楚囉！

從 s、t 身上瞭解到的事

- s 為奇數。
- t 為奇數。
- $s + t$ 為偶數。
- $s - t$ 為偶數。
- s 與 t 為互質($s \perp t$)。

我回頭翻閱筆記，思考著什麼樣的關係式會適合目前手上這個有關於 $s + t$ 與 $s - t$ 的知識。

$s + t$ 與 $s - t$ 所擁有的因數個數……這與「基本粒子與基本粒子之間的關係」有關。

$$2f^2 = (s + t)(s - t)$$

因為 $s + t$ 與 $s - t$ 為偶數的緣故，所以 $\dfrac{s + t}{2}$ 與 $\dfrac{s - t}{2}$ 就會變成整數。也因此，寫成像

$$2f^2 = 2 \cdot \frac{s + t}{2} \cdot 2 \cdot \frac{s - t}{2}$$

這樣的關係式之後，右邊就會變成了四個整數的乘積的形式。

兩邊同時除以 2。

$$f^2 = 2 \cdot \frac{s + t}{2} \cdot \frac{s - t}{2}$$

左邊是平方數……這麼說來，奇怪了！這個動作我剛剛是不是也做過？該不會從一開始，我就一直在相同的道路上徘徊打轉不成……？

不！不！不！沒問題的！左邊的 f^2 是平方數。右邊則含有作為質因數的 2。這麼一來，因為右邊也一定會變成平方數的緣故，所以另一個質因數 2 絕對會被分配在 $\dfrac{s + t}{2}$ 或 $\dfrac{s - t}{2}$ 的任一邊。

換句話說，也就是 $\dfrac{s + t}{2}$ 與 $\dfrac{s - t}{2}$ 有一者會是偶數。

$\dfrac{s+t}{2}$ 與 $\dfrac{s-t}{2}$ 是不是「互質」呢？

舉個例子，試假設兩者不會「互質」……這個檢測的步驟，截至目前為止到底做過幾次了呢！？因為有共同質因數 p 存在，所以同樣的整數 J、K 也會存在，而可以寫成像下面一樣的關係式。

$$\begin{cases} pJ & = \dfrac{s+t}{2} \\ pK & = \dfrac{s-t}{2} \end{cases}$$

兩式相加，兩式相減，會得到下面的關係式。

$$\begin{cases} p(J+K) & = \dfrac{s+t}{2} + \dfrac{s-t}{2} = s \\ p(J-K) & = \dfrac{s+t}{2} - \dfrac{s-t}{2} = t \end{cases}$$

已經完全理解了。從上面的關係式，我們可以得知 s 也好，t 也好，都是 p 的倍數。而這麼一來，s 與 t 所擁有的共同質因數就是 p，但這與 $s \perp t$ 的假設是互為矛盾的。因此，我們可以說 $\dfrac{s+t}{2}$ 與 $\dfrac{s-t}{2}$ 是「互質」的。

得到 $f^2 = 2 \cdot \dfrac{s+t}{2} \cdot \dfrac{s-t}{2}$ 之後，就可以得知 $\dfrac{s+t}{2}$ 與 $\dfrac{s-t}{2}$ 有一者會是偶數，且 $\dfrac{s+t}{2}$ 與 $\dfrac{s-t}{2}$ 兩者為「互質」……。因為沒有共同的質因數存在，所以不是偶數的那一者，自然就會是奇數了。

也就是說，只要像平常思考質因數如何分配的話……偶數的部分會成為「2×平方數」的形式，而奇數的部分則會變成「奇數的平方數」。

用語言來描述有點複雜。導入由「基本粒子」s、t 的構造所衍生出來的新變數「夸克」u、v，會是明智之舉嗎？u、v 是「互質」的自然數。

這麼一來，我們可以將「2×平方數」寫成 $2u^2$，「奇數的平方」則可以寫成 v^2。

在 $\dfrac{s+t}{2}$ 與 $\dfrac{s-t}{2}$ 當中，有一數是 $2u^2$，而另一數是 v^2。

呼……。

8.3.4 基本粒子與夸克的關係：用 u、v 來表示 s、t

差不多也該到無法忍受這巨量且多如洪水般的文字的時候了。我的注意力再度回到了筆記本上，仔細而緩慢地閱讀著筆記，開始整理與夸克相關的部分。

有關於 $\dfrac{s+t}{2}$、$\dfrac{s-t}{2}$「基本粒子 s、t 與夸克 u、v 的關係」

- $\dfrac{s+t}{2}$ 與 $\dfrac{s-t}{2}$ 為「互質」。

- 在 $\dfrac{s+t}{2}$ 與 $\dfrac{s-t}{2}$ 當中，有一數是 $2u^2$，而另一數是 v^2。

- u 與 v 為「互質」（$u \perp v$）。

- v 是奇數。

好！狀況相當不錯哦！

完了！糟糕了！

這樣一來的話，在 $\dfrac{s+t}{2}$ 與 $\dfrac{s-t}{2}$ 當中，哪一個數是 $2u^2$？而哪一個數是 v^2？不就搞不清楚了嗎？這麼說起來，也就是發生了**個案分析**的情況啦！

我抱頭苦思。

Case1：$\dfrac{s+t}{2} = 2u^2, \dfrac{s-t}{2} = v^2$ 的情況下——

$$\begin{cases} s &= 2u^2 + v^2 \\ t &= 2u^2 - v^2 \end{cases}$$

Case2：$\dfrac{s+t}{2} = 2u^2, \dfrac{s-t}{2} = 2u^2$ 的情況下——

$$\begin{cases} s &= 2u^2 + v^2 \\ t &= -2u^2 + v^2 \end{cases}$$

出現了個案分析的情況。

在森林深處的雙岔路前，呆然佇立的我。

的確！不管往哪條路前進都無所謂。

可是……探索所需要花費的精力卻會因此而變成了兩倍。

嗯，有沒有事倍功半的好方法呢……？我開始回頭再次檢視截至目前自己所走過的道路，找找看自己是不是忘了把哪一個重要的關係式考慮進來。

──咦？

m 呢？在「原子與基本粒子的關係」當中曾出現過的 $m = e^2$，在哪裡都沒有使用過耶！m 與基本粒子 s、t 之間，一定連結有某種關係才對……我想想看，關係式因為

$$\begin{cases} m + n = s^2 \\ m - n = t^2 \end{cases}$$

的緣故，兩邊相加後除以 2 的話，就會得到

$$m = \frac{s^2 + t^2}{2}$$

這樣的關係式。因此，也會得到下面的關係式。

$$e^2 = m = \frac{s^2 + t^2}{2}$$

換句話說，下面的關係式也會成立。

$$e^2 = \frac{s^2 + t^2}{2}$$

不錯！不錯！藉由 s 與 t 兩者平方之後相加，便可以將 case1、2 的兩邊統整成一個關係式。這麼一來，就可以避開個案分析的情況囉！

$$e^2 = \frac{s^2 + t^2}{2} \qquad \text{上面的關係式}$$

$$e^2 = \frac{(2u^2 + v^2)^2 + (2u^2 - v^2)^2}{2} \qquad \text{用 } u \text{、} v \text{ 來表示 } s \text{、} t \text{ 得到}$$

$$e^2 = 4u^4 + v^4 \qquad \text{計算所得的結果}$$

哦哦！出現了相當簡單的關係式呢！這就是基本粒子 e 與夸克 u、v 的關係式。滿足、滿足……。

……話是這麼說啦！奇怪？這一整晚我究竟都做了些什麼呢？

怎麼可以只因為關係式的變形就欣喜若狂呢！我真正想做的事情——是要推導至矛盾啊！

到這裡矛盾已經被推導出來了嗎？

「基本粒子 e 與夸克 u、v 的關係」（到這裡矛盾已經被推導出來了嗎？）

$$e^2 = 4u^4 + v^4$$

- $u \perp v$。
- v 為奇數。

嗯，雖然很懊惱不甘心，但我已經睏了、想睡了。

今天就先到這裡吧……！

8.4 由梨的靈光乍現

8.4.1 房間

「午一安」是由梨的聲音。

第二天，星期六的午後。在我的房間。

我面向著書桌連頭都沒有回地，只「嗯」了一聲回應著由梨。

「我說哥哥啊！你看都不看可愛的由梨一眼，就這樣敷衍我嗎？」

「嗯！」

「好、好過分！……喂，哥哥你在做什麼？」從我背後想一探究竟的由梨。

「計算！」

「你的手根本就沒有在動好不好。」

「我的腦正在運轉。」

「咦！嘴巴也動得很厲害嘛！」反脣相稽的由梨。

「是！是！我知道啦」我放棄鬥嘴回過身來面對著由梨。

像平常一樣甩著馬尾，披著外套、身穿牛仔褲的由梨站在我身後。眼鏡和原子筆從襯衫的口袋裡外露著，兩手扠腰一副準備發作的樣子。

「我說哥哥你啊！還真是喜歡數學呢！別宅在家裡啦！我們到哪裡去玩玩嘛——」

「外面，很冷耶！」

「冬天本來就很冷喵！」

「……是去逛逛書店之類的嗎？」

「咦？……也好！我們就這樣達成協議吧！」

8.4.2　小學

我帶著由梨漫步在大街上。

「話說回來，哥哥你剛剛在計算什麼？」

我一邊走著，一邊告訴由梨自己正在思考有關於「三邊邊長為自然數，而面積為平方數的直角三角形，是否存在？」的問題。省略算式，只用思考抓住要點說明。「……這樣的情況下，在進行各式各樣計算的過程中，尋求出了『基本粒子 e 與夸克 u、v 的關係』這樣意味深長的式子。只要從這裡推導至矛盾的結果，就可以完成證明了。如果無法推導至矛盾的話，只好另闢蹊徑再戰……目前正處於這樣進退維谷的階段。」

「這樣啊！」

當我們走近天橋的時候，由梨開口了。

「哥哥，要不要到小學去晃晃？我們到操場上去玩嘛！」

「咦？可是我想去書店逛逛耶！」

「沒關係啦！」

「……是、沒差啦！」

一下了天橋，馬上就抵達了小學。雖然學校的大門鎖著，卻還是可以從小門進出學校操場。

操場上停著一台小型的卡車，車體積比一般路上看得到的卡車要小得多；在卡車的對面設有適合低年級小朋友遊玩的鞦韆、雲梯、正十二邊形旋轉框架，除此之外，還有溜滑梯。寒冬的星期六。寒冷蕭瑟的操場上空盪無人。可是，總叫人覺得好懷念。

「我聽了哥哥剛剛聊的數學問題稍微想了一下，那張卡片上的問題問的是『……是否存在』對不對？」

「是啊！怎麼了？」

「而不是『試證明……不存在』對吧？」

由梨這麼一說完，便跑向了鞦韆。

「咦？」我追上由梨。

「奇怪！？我不記得鞦韆有這麼小耶！」

由梨盪著鞦韆。

我在她隔壁的鞦韆上坐了下來。的確，鞦韆好小呢！

「由梨是想說我的猜測錯誤是嗎？」我開口問道。「有關於面積為平方數的直角三角形是否存在？的猜想」

「咦？你說什麼？我聽不到。」由梨用力地盪著鞦韆。

……的確！在村木老師的卡片上問了『是否存在』。而我也只是直接確認了幾個直角三角形而已。搞不好，面積為平方數的直角三角形真的存在也說不定呢！我無法否定那樣的可能性。可是……如果真的有這種直角三角形存在的話──『並不存在的證明』就當然行不通囉！說不定我昨晚所思考的東西，都只是徒勞無功的白費力氣……。

這還真是麻煩呢！

「哥一哥一」

不知道什麼時候由梨已經移動到溜滑梯區去了，她正站在溜滑梯上對我揮著手。

「唭吼！好高哦！」身輕如燕往下滑的由梨。「啊！可是卻意外的短喵。速度也太慢了一點。」

「溜滑梯在高處不動時，有位能，而無動能；可是，下滑時，高度減少位能就減少……」

「是！是！是！是！是！哥哥，真不愧是理科人啊！」

8.4.3 自動販賣機

玩耍了一陣子之後，由梨開口說了口渴。我們走出了小門，站在路旁的自動販賣機前買了兩瓶熱檸檬汁，接著，就在一旁的行人椅上一起坐了下來。

「來！給妳！」

「謝謝——好燙燙燙！」

由梨兩手捧著果汁，一副欲言又止的抬頭盯著我看，接著開了口。

「哥哥……對不起喵。」

「什麼事情？」

「明明你正在用功，我還強拉著你到外面晃。」

「說什麼傻話呢……沒什麼大不了的！就當是轉換一下心情就好了呀！」

「剛剛哥哥說的『基本粒子與啪啦啪啦之間的關係』，那個是什麼？——啊！手上沒有筆記本的話，是不是就很難回答我的問題呢？」

「雖然我把筆記留在家裡，但我有帶隨身記事本。啊！但是我身上沒有筆。」

「如果是筆的話，我身上有……咦？哥哥你記得那個問題嗎？」

「當然！這就是我剛說的那個關係式。」

$$e^2 = 4u^4 + v^4$$

「嗯。為什麼？這個關係式有什麼特別深遠的意義嗎？」

「既不簡單，也不複雜——就是這種感覺。」

「憑的是男人的第六感嗎？」

「男人的第六感？那是什麼鬼東西啦！總而言之，尋找這個算式的

解答是我目前最大的問題……可是，搞不好已經走入死胡同了！」

沒錯！把 $e^2 = 4u^4 + v^4$ 轉換成 $e^2 - 4u^4 = v^4$，如此一來，我們就可以重新將關係式分解成 $(e + u^2)(e - u^2) = v^4$ 這樣的乘積形式；但是，走到這裡似乎就已經山窮水盡疑無路，再也無法往前進了耶……。

「探索算式的『真實樣貌』喵？」

「咦？」我驚訝地盯著由梨。

「在『銀河鐵道』裡不是曾經出現過嗎？」

「真實樣貌是什麼，你們知道嗎？」

「啊啊！聽妳說來是有這麼一回事耶！」

「讓我好好多看一下！」

「好啊！」我把記事本遞給了由梨。

一動也不動地直盯著記事本中的關係式看的由梨。

「哥哥……」

「嗯？」

「這個關係式啊！如果左右兩邊同時替換的話啊！總覺得……」

「嗯～」

於是——

多虧了由梨接下來講的一句話——

這句話對我來說，簡直就像是上天的啟示。

「和畢氏定理很相似，不是嗎？」

咦？

畢氏定理嗎？

$$4u^4 + v^4 = e^2$$

的確非常相似！

我在記事本中詳細地寫下來。用指數律配成完全平方的形式。

$$(2u^2)^2 + (v^2)^2 = e^2$$

接下來，依照下面的步驟來定義 A_1, B_1, C_1。

$$A_1 = 2u^2, B_1 = v^2, C_1 = e$$

則下面的式子就會成立。

$$A_1^2 + B_1^2 = C_1^2$$

　　等一下！這一趟長途旅行的出發點不就是畢氏定理嗎？我急忙地追溯之前的回憶。沒錯！出發點……因為反覆寫了好幾次，所以想忘也忘不掉。

$$A^2 + B^2 = C^2, \quad AB = 2D^2, \quad A \perp B$$

難不成藉由 $A_1 B_1 = 2D_1^2$ 這個關係式，就可以定義 D_1 嗎？的確！因為 $A_1 = 2u^2, B_1 = v^2$，所以會得到

$$A_1 B_1 = (2u^2)(v^2) = 2(uv)^2$$

這樣的關係式。這麼一來，將

$$D_1 = uv$$

代入關係式裡的話，

$$A_1 B_1 = 2D_1^2$$

就會得到上面的關係式。這樣啊……！那麼，

$$A_1 \perp B_1$$

就會成立。嗯、成立了……應該會。由於 $u \perp v$，所以 v 就會是奇數。

　　變數雖然不盡相同──
　　卻構成了與出發點完全相同形式的算式。

旅程的出發點與推導出的算式

$A^2 + B^2 = C^2$	$AB = 2D^2$	$A \perp B$	旅程的出發點
$A_1^2 + B_1^2 = C_1^2$	$A_1 B_1 = 2D_1^2$	$A_1 \perp B_1$	所推導出的算式

　　在這些關係式當中，存有什麼樣的意義呢？

我該不會還在相同的地方不得要領的繼續團團轉吧……？

團團地……旋轉。

團團地……循環。

圓圈與週期性。

直線與無限性。

無限？不！應該沒有無限的可能！

「哥哥……？」

「安靜一下！」

出發點的A、B、C、D的大小應該跟「分子」的程度差不多。截至目前為止，我都將問題分解成像「原子m、n」、「基本粒子e、f、s、t」、「夸克u、v」這種微小的構造。因為$C_1 = e$，所以C_1也是屬於「基本粒子」等級的程度。所以…這麼一來，C_1該不會是比「分子」等級的C還要來得小呢?!

如果是這樣的話……。

唉！

果然！還是應該隨身攜帶記事本。

「由梨，我們回家吧！」

「咦？」

我拉著被我突然這麼一說而不知所措的由梨，急急忙忙地衝回家。

「慢一點啦！哥哥！」

「對不起！我很急！」

如果，$C > C_1$成立的話……。

如果，成立的話……。

家。

我飛也似地衝進了自己的房間。

翻開筆記本，快速地瀏覽著每一頁。

在哪裡？我寫在哪裡？……找到了！

因為所有出現的數都是自然數……嗯，成立了。

- 因為 $C = m^2 + n^2$，所以 $C > m$ 會成立。
- 因為 $m = e^2$，所以 $m \geqq e$ 會成立。

將上面的結果，與 $C_1 = e$ 合併在一起的話，就會得到 $C > m \geqq e = C_1$ 這樣的關係式。換句話說，也就是——

$$C > C_1$$

這個式子會成立。

「分解」A、B、C、D 這四個自然數的話，就可以製造出 A_1、B_1、C_1、D_1 這四個自然數。而且，與出發點完全相同形式的關係式成立這個結果，就跟無限次的反覆進行相同的「分解」步驟沒兩樣，可以源源不絕的製造出 $C_1, C_2, C_3 \cdots$。

換句話說，也就是

$$C > C_1 > C_2 > C_3 > \cdots > C_k > \cdots$$

因此，不管怎麼樣都會愈變愈小。……但是，這種事情卻是不可能的。為什麼呢？這是因為自然數不可能無限性的愈變愈小的緣故。在自然數當中有最小的數。那就是 1。

$$C > C_1 > C_2 > C_3 > \cdots > C_k > \cdots > 1$$

這樣，是不是並沒有推導至矛盾的結果呢？

自然數是不可能無限性的愈變愈小。所以在 $C > C_1 > C_2 > C_3 > \cdots C_k > \cdots$ 的連鎖當中，可以說應該有「C_k 為最小」這樣的自然數 C_k 存在才對。

　　　推導出的命題：C_k 是最小的自然數。

可是，統整截至目前所有的爭議，發現有可以構成比 C_k 更小的自然數 C_{k+1}。換句話說，也就是——

　　　推導出的命題：C_k 不是最小的自然數。

結果是互為矛盾的。

根據反證法得知，三邊邊長為自然數的直角三角形，其面積並不會是平方數。

故得證。

我揉了揉在筆記本上拚命想看出端倪來的由梨的頭髮。

「由梨！證明出來囉！」

「啊？啊？什麼？什麼？我都還搞不清楚狀況耶喵！唉唷！哥哥你把人家的頭髮都弄亂了啦！」

解答 8-2

滿足下列式子的自然數 A, B, C, D 並不存在。

$$A^2 + B^2 = C^2, AB = 2D^2, A \perp B$$

解答 8-1

三邊邊長為自然數，而面積為平方數的直角三角形並不存在。

旅程的地圖

所欲證明的命題：面積不為平方數

↓反證法：假設所欲證明的命題不為真

假設：面積為平方數

↓《利用算式來進行思考》

忘記直角三角形，利用 a、b、c 來進行思考

↓「互質」

利用 A、B、C 來進行思考「分子」

↓原始畢氏三元數的一般形

利用 m、n 寫出 A、B、C、D 的「畢德哥拉果汁機」

↓「利用質因數分解來表示整數的構造」

利用 e、f、s、t 來表示 m、n「原子與基本粒子的關係」

↓「和與差的乘積為平方差」

利用 $s+t$ 與 $s-t$ 來表示 f「基本粒子之間的關係」

↓「利用質因數分解來表示整數的構造」

利用 u 與 v 來表示 e「基本粒子與夸克的關係」

↓結果推導至矛盾

製作形式相同的 A_1, B_1, C_1, D_1，讓 $C > C_1$

↓

矛盾

↓

假設不為真

↓

證明結束：面積不為平方數

8.5　米爾迦的證明

8.5.1　進入備戰

「哈呼……」蒂蒂大大地嘆了一口氣。「學長，這個證明會不會太長了點。而且一次還出現了這麼大量的文字是怎麼一回事……」

這裡是圖書室。星期一的放學後。我和蒂蒂正談論著「三邊邊長為自然數，而面積為平方數的直角三角形並不存在」的相關證明。

「我剛剛有點小沮喪……。學長所使用的武器，說起來我也擁有啊對不對……」

- 原始畢氏三元數的一般形
- 互質
- 和與差的乘積為平方差
- 乘積的形式
- 奇偶性
- 最大公因數
- 質因數分解
- 反證法
- 矛盾

「儘管如此，我還是沒能把問題解開。雖然費盡了千辛萬苦，好不容易才走到原始畢氏三元數一般形的地方，但還是沒想到要使用『互質』這個條件。之前，在解題的途中，我也曾經忘掉過互質這個條件……」

「我們現在所談論的證明的確有點長，但實際上，一路上為了獲得證明的支持，我走的路可是比這個還要再長上好幾倍呢！嘗試關係式的變形，不斷地反覆閱讀筆記，思慮著自己是不是遺漏了某些重要的發現，計算的途中出現錯誤。接著，發現計算上的錯誤，從出錯的那個地方開始重新修正……我不斷地重複著、重複著這樣相同的步驟。一開始

的線索『原始畢氏三元數的一般形』，不就是從蒂蒂那裡得到的嘛！」

「學長，你是怎麼知道該往哪個方向前進的呢？」

「我也不知道。一點點慢慢看出變數與變數之間的關係。根本不可能在第一時間就看穿問題的關鍵所在。所以，只能動手試試看。首先，就是要往前邁出第一步。接著，看著出現的關係式，思考著下一步該怎麼走。難關出現在最後的最後，也就是構成相同形式關係式的地方。可是也在那個地方推導出了矛盾的結果。最後，我那表妹由梨的靈光一現，可以說是幫了我的大忙……」

「和畢氏定理很相似，不是嗎？」

「如何將圖形的問題套入算式的方法，我大概已經瞭解了。可是，儘管好不容易套入算式了，但如果無法從這裡繼續往前邁進的話，就一點意義都沒有了呢……！只要無法習慣算式的使用，便不能獲得有效而強大的武器……」

「說的也是！的確正如蒂蒂所說的一樣。具體的動手嘗試，練習寫算式是絕對必要的呢？」

蒂蒂像是還在思考些什麼似的，慢慢開口說道。

「我……認為自己在上課的時候所學習到的數學，與從學長這裡所學習到的數學，是不一樣的。課堂上所學習的數學乾燥無味無聊極了，而從學長這裡學習到的數學卻活靈活現的相當有趣……。可是，我或許有點搞錯了也說不定。課堂上的數學，可能比較像是武器的基本使用方式之類的東西。就像是劍道的揮劍動作，或者是手槍射擊動作一類的練習。所以，既平凡又無聊。可是，如果不在這種基本的小地方反覆仔細練習的話，一旦遇到了臨急危難的時候，便為時已晚恐要後悔莫及。」

蒂蒂雖然一臉正經地說著，但說到了「揮劍動作」的時候，就比劃做出揮劍砍擊的動作；而說到了「手槍射擊」的時候，就閉起單眼做出瞄準我的表情。

真是個耿直老實的女孩。

8.5.2　米爾迦

「有趣的問題？」米爾迦雙肘撐在桌上，兩手托著下巴。手上的繃帶已經拆掉了。

「啊！米爾迦學姐，妳好！我已經聽學長說了問題證明的經過了。是有關於三邊邊長為自然數，而面積為平方數的直角三角形並不存在這個命題的證明。是不是也可以說成──

『面積無法成為平方數的直角三角形的定理』

──這樣的說法呢？」

「……照原來的說法就可以了。沒有辦法轉變為『也可以說成』那樣的說法哦！」我苦笑著說道。

我概略的向米爾迦解釋了證明的來龍去脈。米爾迦只回了一句「**無窮遞減法**」。

「無窮遞減法？」原來還有名字嗎？

「沒錯！這是費馬的拿手絕活。首先，要先製造出與自然數相關的算式。接著，操作那個算式，再製造出別的形式相同的算式。這個時候，含有愈變愈小的自然數就是解決問題的關鍵重點。反覆進行相同的操作，自然數就會繼續愈變愈小。如果一而再再而三地反覆操作的話，自然數就會無限性的愈變愈小……。這麼一來，自然數中就會出現最小值。在自然數當中，是絕對不可能出現無窮遞減的。這樣就推導出了矛盾的結果。我們可以把這個證明的方式，看待成反證法，或者是數學上的歸納法都沒有關係。費馬創造出了無窮遞減法──」

米爾迦話講到一半突然打住，迅速地閉上了眼睛。就在那一瞬間，整個室內的氣氛有了戲劇性的轉變。好像有什麼巨大、不知名的東西誕生了的跡象，不尋常的氣氛充斥著整個空間。

沉默。

幾秒鐘後，這位黑髮才女才一邊點著頭一邊睜開了眼睛。眼鏡閃耀

著光芒。

「……嗯、原來如此！那麼，讓我借用一下蒂德拉剛剛那個叫做什麼『面積無法成為平方數的直角三角形的定理』，來試著進行初等證明好了。」

「這個初等證明——是要針對什麼？」

「針對費馬最後定理的初等證明。」米爾迦說道。

「哈？」

這下子，這位大小姐又說出了驚天動地的話來囉……！

「針對費馬最後定理來進行初等證明——但僅限於四次方的情況下」米爾迦一邊這麼說著，一邊拿出了卡片，並且輕輕地將它擺在桌子上。「村木老師，最近的興趣會不會太偏了一點？……總而言之，就是反證法。」

◎　◎　◎

問題 8-3（費馬最後定理：四次方的情況下）
試證明下面的方程式沒有自然數解。

$$x^4 + y^4 = z^4$$

總而言之，就是反證法。

所欲證明的命題為，「方程式 $x^4 + y^4 = z^4$ 沒有自然數解」。我們要將命題假設為否定命題，即「方程式 $x^4 + y^4 = z^4$ 有自然數解」，接著將否定命題推導至矛盾的結果。

反證法的假設：「方程式 $x^4 + y^4 = z^4$ 有自然數解」

設自然數解 $(x, y, z) = (a, b, c)$。也可以假設它們之間彼此互質，但這並不是必要的。

a、b、c 滿足下面的關係式。

$$a^4 + b^4 = c^4$$

其次，使用 a、c，像下面一樣定義 m、n。

$$\begin{cases} m & = c^2 \\ n & = a^2 \end{cases}$$

接著，使用這個 m、n，像下面一樣定義 A、B、C。

$$\begin{cases} A & = m^2 - n^2 \\ B & = 2mn \\ C & = m^2 + n^2 \end{cases}$$

使用這個定義，用 a、b、c 來表示 A、B、C。

$$\begin{aligned}
A &= m^2 - n^2 & \text{因為 A 的定義} \\
&= (c^2)^2 - (a^2)^2 & \text{因為 } m \text{、} n \text{ 的定義} \\
&= c^4 - a^4 & \text{計算之後得到} \\
B &= 2mn & \text{因為 B 的定義} \\
&= 2c^2 a^2 & \text{因為 } m \text{、} n \text{ 的定義} \\
C &= m^2 + n^2 & \text{因為 C 的定義} \\
&= (c^2)^2 + (a^2)^2 & \text{因為 } m \text{、} n \text{ 的定義} \\
&= c^4 + a^4 & \text{計算之後得到}
\end{aligned}$$

就會得到 $(A, B, C) = (c^4 - a^4, 2c^2 a^2, c^4 + a^4)$)。因為 a、b、c 為自然數，且 $c > a$，所以 A、B、C 也會是自然數。

在這裡，我們來計算一下 $A^2 + B^2$。

$$\begin{aligned}
A^2 + B^2 &= (c^4 - a^4)^2 + (2c^2 a^2)^2 & \text{將 } A = c^4 - a^4, B = 2c^2 a^2 \text{ 代入} \\
&= (c^8 - 2c^4 a^4 + a^8) + (2c^2 a^2)^2 & \text{展開 } (c^4 - a^4)^2 \\
&= (c^8 - 2c^4 a^4 + a^8) + 4c^4 a^4 & \text{展開 } (2c^2 a^2)^2 \\
&= c^8 + 2c^4 a^4 + a^8 & \text{計算} \\
&= (c^4 + a^4)^2 & \text{因數分解} \\
&= C^2 & \text{因為 } C = c^4 + a^4
\end{aligned}$$

根據上面的計算結果，A、B、C 會變成滿足下面關係式的自然數組。

$$A^2 + B^2 = C^2$$

亦即，A、B、C為構成直角三角形三邊邊長的自然數。C為斜邊。那麼，接下來我們要思考這個直角三角形的面積。

$$\text{面積} = \frac{AB}{2} \qquad \text{直角三角形的面積}$$

$$= \frac{(c^4 - a^4)(2c^2a^2)}{2} \qquad \text{將 } A = c^4 - a^4, B = 2c^2a^2 \text{ 代入}$$

$$= (c^4 - a^4)c^2a^2 \qquad \text{分子分母同時除以 2}$$

可是，從 $a^4 + b^4 = c^4$ 的關係式當中，我們可以得到 $c^4 - a^4 = b^4$。使用這個已知的結果，繼續計算並求出直角三角形的面積。

$$\text{面積} = \frac{AB}{2} \qquad \text{直角三角形的面積}$$

$$= (c^4 - a^4)c^2a^2 \qquad \text{剛剛的計算結果}$$

$$= b^4c^2a^2 \qquad \text{將 } c^4 - a^4 \text{換成 } b^4$$

$$= a^2b^4c^2 \qquad \text{改變順序}$$

$$= (ab^2c)^2 \qquad \text{轉換成平方數的形式}$$

所以，我們得到直角三角形的面積為平方數。如果將 $D = ab^2c$ 代入的話，便可見真章了。

$$\frac{AB}{2} = D^2$$

因此，就會推導至下面的命題。

　　「三邊邊長為自然數，而面積為平方數的直角三角形會存在」

另一方面，從「面積無法成為平方數的直角三角形的定理」得知，下面的命題會成立。

　　「三邊邊長為自然數，而面積為平方數的直角三角形並不存在」

兩相矛盾。因此，根據反證法

「方程式 $x^4 + y^4 = z^4$ 沒有自然數解」

費馬最後定理——但僅限於四次方的情況下——獲得了證明。

好！就這樣又完成了一項工作。

解答 8-3（費馬最後定理：四次方的情況下）

使用反證法。

1. 設方程式 $x^4 + y^4 = z^4$ 有自然數解。

2. 設自然數解為 $(x, y, z) = (a, b, c)$。

3. 置換 $m = c^2, n = a^2$。

4. 置換 $A = m^2 - n^2, B = 2mn, C = m^2 + n^2$。

5. 置換 $D = ab^2c$。

6. 如此一來，$A^2 + B^2 = C^2, \dfrac{AB}{2} = D^2$ 就會成立。

7. 所得結果與解答 8-1 互為矛盾。

8. 因此，方程式 $x^4 + y^4 = z^4$ 並沒有自然數解。

8.5.3 只差填上最後一塊拼圖

「好！就這樣又完成了一項工作。」米爾迦滿足地做出結論。

「原來可以這麼簡潔的證明出來呢……」我說道。

「都是多虧了你的證明哦！我藉由碰撞你證明過的命題來推導至矛盾的結果。所做的，不過是將最後一塊拼圖填上去而已。」

米爾迦笑瞇瞇的。

「總覺得好厲害哦……」蒂蒂佩服的說道。「反證法是只要製造出被證明過的命題與矛盾的命題就可以了對嗎……」

蒂蒂正認真地將米爾迦的證明再動手計算一次。

「這張卡片，是村木老師給的嗎？」我問道。

「對！我剛剛順道經過職員室的時候拿到的。」

　　這還真是相當有趣的證明呢！蒂蒂拿到的卡片內容是關於「直角三角形的面積」。利用直角三角形的面積——誰知道居然可以證明 FLT (4)。

　　這個名為直角三角形的世界，藉由算式與 FLT 有所連結。命題並非有如散落在浩瀚夜空裡頭的星星。而是像星座一樣在浩瀚夜空的某處會有所連結……。

　　「對了！」米爾迦說道。「村木老師剛剛問了，我們要不要一起參加冬季自由講座？」

　　「自由講座是什麼？」蒂蒂仰起了臉。

　　「就是大學裡頭針對一般人所開設的講座啊！」我回答道。「說起來就是授課啦！村木老師每次都會建議我和米爾迦去參加。去年，我和米爾迦和都宮三個人參加過。今年應該也是在十二月左右舉辦吧？」

　　「我也想參加」舉起了雙手的蒂蒂。「啊……可是，雖然我想去上課，但是不是會有考試啊？」

　　「沒有！沒有！」我說道。「每個人都可以參加，沒問題的！——話說回來，今年課程的主題是？」

　　「費馬最後定理」米爾迦說道。

> 　　於是，將這個無限地持續下去，
> 便能得到滿足相同條件且會漸漸愈變愈小的自然數，
> 這種形同經常性的結果，每一次都是如此。
> 可是，會出現那樣的結果卻是不可能的。
> 為什麼呢？這是因為自然數不可能會無限性的
> 愈變愈小的緣故。
> ——「費馬大定理」

第 9 章
最美麗的數學公式

> 坎帕奈拉抓起了一把美麗的沙子,
> 攤在手掌心,一邊用手指搓揉著,
> 一邊有如夢囈般的喃喃自語。
> 「這些沙子可都是水晶呢!裡頭還有一團小小的火焰在燃燒!」
> ──宮澤賢治《銀河鐵道之夜》

9.1 最美麗的數學公式

9.1.1 歐拉算式

「哥哥、哥哥!」

一如往常的週末假日。在我的房間裡。雖然外面呼呼地吹著刺骨寒風,但室內卻暖烘烘的讓人感到溫暖舒適。

剛剛還靜靜看著書的由梨,出人意料地突然就站了起來。

見我從筆記本上抬起臉來,由梨一邊摘掉眼鏡,一邊寓意深長地笑著說道。

「哥哥,你知道『最美麗的數學公式』嗎?」

「知道啊!歐拉算式,就是 $e^{i\pi} = -1$ 對吧?!」

「最美麗的數學公式」（歐拉算式）

$$e^{i\pi} = -1$$

「嘖！什麼都難不倒你呢——」由梨一臉無聊的表情說道。

「因為它實在太有名了。我想只要是理科人，沒有誰不知道這個公式吧！」

「是這樣嗎？……話說回來，這個算式到底隱含著什麼意義呢？」

「由梨所謂的什麼意義？指的是什麼意思呢？」

「哥哥你想想看嘛！像畢氏定理的話，還可說出個『直角三角形三邊長的關係』的道理。可是，這個歐拉算式呢？」

「說得也是呢……」要想用一句話解釋清楚，實在太困難了。

「例如說，那個 e 究竟是什麼呢？」

「e 是自然對數的底數（基數）。也是大家都耳熟而詳的常數哦！e 是＝ 2.71828…的無理數」

「聽都沒聽過。……嗯、$e^{i\pi}$ 中的 i 指的是 $i^2 = -1$ 的 i 對不對？」

「對！i 為虛數單位。」

「π 呢？是圓周率＝ 3.14…的那個 π 嗎？」

「對！π＝ 3.14159265358979……為一個不循環的無限小數。」

「嗯……這樣的話，我最不瞭解的是，e 的 $i\pi$ 次方到底是什麼意思呢？」

$$e^{i\pi} \quad (是什麼意思？)$$

「嗯。這倒真的是有點難呢？」

「大家都瞭解這個算式的意思嗎？還是只有由梨一個人搞不懂?!」

由梨一臉不解地雙手交叉環胸。「因為，這不是很奇怪嘛?!你說如果是 2^3 的話，我還懂！就是 2 的三次方啊！只要讓 3 個 2 連續相乘就好了。e 也是一樣。不管再怎麼複雜麻煩，數就是數啊！可是呢！$i\pi$ 次方的話，說穿了到底是什麼？我們該拿它怎麼辦呢？……就算連續乘以 $i\pi$

個好了，那樣又有什麼意義呢？」

「由梨說得很對呢！」

「不管再怎麼被稱為是『最美麗的數學公式』，還是讓人一頭霧水摸不著頭緒。

可是，即使由梨看了 $e^{i\pi}=-1$ 這個式子，卻完全搞不清楚它的意思。所以根本感受不到什麼『最美麗』的啦喵嗚～」

我不知道為什麼開始有點莫名地高興了起來。

「由梨還真是個聰明的孩子呢……」當我正想伸手摸摸由梨的頭時，由梨推開了我伸過去的手。

「我說哥哥啊……你這樣動不動就碰女孩子的頭髮，這種隨便的習慣很要不得哦！」

「是！是！……通常，我們一般人在看到 2^3 這個式子的時候，就會聯想到『連續乘以 3 個 2』對不對?!可是，這種慣性聯想對歐拉的算式來說，不僅行不通，還會與原來的想法大相逕庭。說的也是……因為歐拉算式中的 $e^{i\pi}=-1$ ，只會出現在『歐拉公式』的特別情況下，說不定先學習歐拉公式，會比較能夠解決由梨的疑惑。」

「那麼，就先教人家歐拉公式啊！好讓人家可以瞭解究竟連續乘以 $i\pi$ 個 e 是什麼意思？」

「雖然需要轉換一下想法，但確實有它存在的意義。由梨想知道嗎？」

「嗯！……可是，駑鈍資質的由梨會聽懂嗎？」

「懂！一定懂！只要把嚴密的步驟稍微省略一下的話，解釋起來應該不會那麼難懂。」

我往房間中央的小桌移動，接著攤開了筆記本。由梨也一屁股地坐在我旁邊聚精會神地想一探究竟。

房間響起了敲門聲，媽媽推門走了進來。滿臉笑咪咪的。

「打擾你們用功雖然很抱歉！但是，有個可愛的『小跟蹤狂』從剛剛就一直站在我們家的玄關前探頭探腦的哦！媽媽我想應該是你的朋友吧！」

跟蹤狂?!

一打開玄關的門，就看見一位身材嬌小的女孩在門外左顧右盼。

原來是蒂蒂啊！

9.1.2　歐拉公式

我的房間。

我和由梨和蒂蒂，三個人圍著小桌而坐。媽媽端來了紅茶和蛋糕。

「外頭很冷吧！不要急著走！多待一會兒哦！」

「請不不不不要太費心。」

蒂蒂的嘴巴像是無法自由張合似的。整個人緊張兮兮的連話都說不好。

「對對對對對不起！我並沒有要打擾的意思，我沒有那樣的打算⋯⋯。我本來只是路過而已⋯⋯」

「沒有什麼打擾不打擾的啦！我剛好和由梨正在討論數學。」

「好久不見了！蒂德拉學姐！」由梨向蒂蒂打招呼。

說得也是！自從由梨的腦動完手術之後，她們倆這還是第一次見面呢！

由梨和蒂蒂兩個人，盯著彼此的臉好一會兒都不說話，不久雙方深深地點了頭算是打了招呼。

⋯⋯喂！喂！這是什麼情況啊?!

「問題已經解答出來了嗎？」蒂蒂向我詢問道。

「我正打算向由梨說明歐拉公式⋯⋯這就是歐拉公式。」

◎　◎　◎

歐拉公式（指數函數與三角函數）

$$e^{i\theta} = \cos\theta + i\sin\theta$$

這就是歐拉公式。首先，我們要把 i 這個虛數單位給忘掉，然後緊盯著這個公式一探究竟。這個公式的左邊呈指數函數的形式，而右邊則

呈三角函數的形式。

指數函數是上升最陡的一種函數。

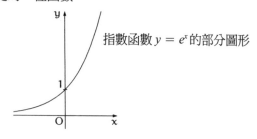

指數函數 $y = e^x$ 的部分圖形

指數函數的圖形

三角函數為波形圖。

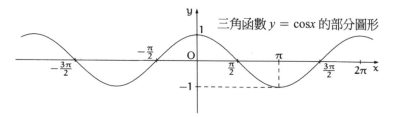

三角函數 $y = \cos x$ 的部分圖形

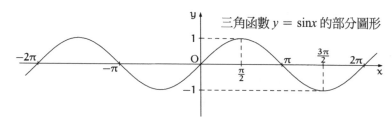

三角函數 $y = \sin x$ 的部分圖形

三角函數的圖形

歐拉公式利用等號，將指數函數與三角函數這兩大類，人們以為沒有什麼共同性的函數給緊密地結合起來了。真是不可思議呢！

首先，就讓我們先從歐拉公式是如何推導至歐拉算式的過程，來做說明好了。我們先將歐拉公式寫下來……

$$e^{i\theta} = \cos \theta + i \sin \theta$$

將變數中的 θ，用 π 來代替。

$$e^{i\pi} = \cos\pi + i\sin\pi$$

$\cos\pi$ 的值，只要看了上一頁 $y = \cos x$ 的圖形就可以知道了。因為當 x $=\pi$ 的時候 $y = -1$，所以 $\cos\pi = -1$。因此可以得到下面的式子。

$$e^{i\pi} = -1 + i\sin\pi$$

而 $\sin\pi$ 的值，只要看了上一頁 $y = \sin x$ 的圖形也可以知道。因為當 x $=\pi$ 的時候 $y = 0$，所以 $\sin\pi = 0$。

$$e^{i\pi} = -1 + i \times 0$$

最後，使用 $i \times 0 = 0$ 代入的話，妳們看，就會得到歐拉算式。

$$e^{i\pi} = -1$$

換句話說，所謂的「最美麗的數學公式」，指的就是在歐拉公式中，θ $=\pi$ 的算式的意思哦！

◎　◎　◎

「我說……等一下啦！哥哥。雖然我知道了歐拉算式是從歐拉公式所衍生出來的，但是我不瞭解什麼是指數函數？什麼是三角函數？因為由梨我還只是個國中生啊！」

「好！好！」

蒂蒂一臉微笑地聽著我和由梨的對話。

「哥哥。那個 $\sin x$，原本是 $\sin$ 跟 x 相乘的結果對不對？」

「嗯，不對！$\sin x$ 是函數。是不是像這樣把 $\sin(x)$ 括弧起來，由梨就會比較容易理解呢？一旦 x 的值決定了的話，就可以決定出一個 $\sin x$ 的值。那就是函數。比如說，$\sin 0$ 的值是 0。這個意思是說，因為當 x $= 0$ 的時候，$\sin x$ 就會等於 0。我們只要看 $y = \sin x$ 的圖形就可以發現，確實有通過 $(x, y) = (0, 0)$ 的點。」

「嗯！」

「同樣的，$x = \dfrac{\pi}{2}$ 的時候，$\sin x$ 就會等於 1；而當 $x = \pi$ 的時候，$\sin x = 0$。這些都是可以從圖形上解讀出來哦！」

「嗯——這個就叫做正弦曲線對不對？」

「沒錯！滿足方程式 $y = \sin x$ 的點 (x, y) 的集合就可以製造出正弦曲線。」

「人家就說已經懂了嘛！」

「那麼，由梨說明一下 $\cos x$ 的值是多少？」

「人家不知道。」

「喂！喂！別這樣就想瞞混過去，妳也稍微看一下圖形再說不知道好嗎？」

「啊！這樣啊！我想想看，就是餘弦對吧！當 $x = \pi$ 的時候，曲線會位於第二象限內。是等於 -1 嗎？對！沒錯！$\cos x$ 會等於 -1 啦！」

「沒錯！標準答案！這下瞭解了吧！由梨。」

「人家就一說了一，已經懂了啦！話說回來，問題是 $e^{i\pi}$ 耶！」

「是！是！是！」

當我和由梨在唇槍舌劍話鋒比拼時，蒂蒂一直靜靜地喝著她手裡那杯紅茶。不知為什麼，我總覺得這樣的調調和平常的蒂蒂不太一樣。她似乎很享受室內所洋溢著的歡樂氛圍，整個人一直笑咪咪的。

「不知道為什麼，總覺得學長的房間叫人感到很安心呢！」

9.1.3　指數律

「接下來，我們要離開歐拉公式，回到較為基本面的地方囉！由梨也好，蒂蒂也好，只要有不懂的部分隨時都可以喊停哦！在過去，我們所學到的是，當看到 2^3（2 的 3 次方）這個算式的時候，『指數』——也就是站在 2 的右肩上的 3——是用來表示要『乘以幾個』2 的意思。」

$$2^3 = \underbrace{2 \times 2 \times 2}_{\text{乘以 2 的個數為 3 個}}$$

「咦？這樣是錯的嗎？」由梨問道。

「不！沒有錯！完全正確。如果說指數為 1、2、3、4…的話，我們可以將指數解讀成『乘以幾個』的意思。原本當指數為 1 的時候，是不

進行實質上的計算的，這一點妳們應該都懂吧！」

$$2^1 = \underbrace{2}_{\text{乘以 2 的個數為一個}}$$

「嗯、我懂！」由梨說道。蒂蒂也在一旁點著頭表示瞭解。

「那麼，當指數為 0 的時候，又會變成怎麼樣呢？2^0 的值是多少？」我問道。

「應該是 0 吧！」由梨回答道。

「咦？應該是 1 才對吧！」蒂蒂說道。

「蒂蒂的答案是正確的。2^0 的值會等於 1。」

$$2^0 = 1$$

「咦！為什麼？明明相乘的個數是 0 耶！為什麼卻不會等於 0 呢？」

「……蒂蒂妳可以說明為什麼 2^0 會等於 1 嗎？」

「咦？要我說明嗎？……我可能沒有辦法解釋的很好耶！對不起！」

「只要像這樣子思考，就可以接受這個答案了。我們要像這樣依序 $2^4, 2^3, 2^2, 2^1, 2^0$ 的將指數逐一減小。這麼一來，計算的結果會出現什麼樣子的變化呢？」

$$2^4 = 2 \times 2 \times 2 \times 2 = 16$$
$$2^3 = 2 \times 2 \times 2 = 8$$
$$2^2 = 2 \times 2 = 4$$
$$2^1 = 2 = 2$$
$$2^0 = ?$$

「$16 \rightarrow 8 \rightarrow 4 \rightarrow 2$，指數每減少 1，所得到的值就會變成原來的一半耶！」

「沒錯！2^n 的指數 n 只要每減少 1，2^n 的值就會變成原來的 $\frac{1}{2}$。那麼，從 2^1 將指數減 1 的話，情況會如何呢？2^0 的值會不會按照前面一貫性的邏輯做變化呢？」

「因為是 2 的一半……啊！所以會變成 1 嗎？這樣啊！原來 $2^0 = 1$ 啊！」

「沒錯！因此，這樣一來便確定 $2^0 = 1$ 了。」

「咦？可是，總覺得好像有哪裡沒有辦法接受耶喵～」

「在你們的對話中，我聽著聽著也漸漸愈來愈搞不懂了。就像由梨說的一樣，乘以 0 個卻得到了 1，再怎麼想都覺得不合理……有種上當受騙的感覺。不覺得太牽強了點嘛……」

「妳看看！妳看看！想法又兜回到了『乘以幾個』上面囉！我說啊！只要是把指數的想法侷限在『乘以幾個』上面的話，再怎樣都會沒辦法接受哦！儘管勉強接受了，也總會有牽強附會或強詞奪理的情緒出現。只要一被『乘以幾個』的框架框住了的話，就怎麼樣也逃脫不了自然數的魔咒了。也就是說，如果是 1、2、3、4…這些數字的話怎麼可能不懂，但只要換上了 0 或 −1 這種脫離了自然數範疇的數，意思就會愈見模糊而搞不清楚。」

「如果是 0 個的話，由梨懂啊！指的就是『沒有』的意思啊！」

「可是，針對『乘以 0 個』字面上的意思來說，其實根本搞不清楚不是嗎？」

「嗯──話雖如此……」

「而且，如果我們把它轉換成 −1 個的話，情況又是如何呢？」

「−1 個的意思，就是要借一個來用啊喵～」

「嗯、這種『解釋』視情況而定，有可能是正確的」我點點頭，不排除由梨答案的可能性。「可是，我希望由梨可以理解一件事情，那就是『解釋』是有其極限的。那 0.5 個又該怎麼解釋呢？π 個又是怎麼回事呢？i 個呢？$i\pi$ 個又是什麼意思呢……問題會不斷的像這樣變形哦！」

「這樣啊……不過這原本也就是由梨感到疑惑的地方呢？」

「嗯。所以把指數視為『乘以幾個』的想法，只適合用在自然數的情況下。當 0 個或 −1 個出現時，我們不做這樣無理的解釋。也就是說，我們不用『乘以幾個』來定義指數──，而要改站在

使用『算式』來定義

指數的立場。」

「使用算式來定義？」蒂蒂和由梨異口同聲地說道。

「對！現在我們想要定義 2^x 的意思。因此，我們要依照下面的步驟，一一滿足**指數律**的條件以藉此來定義指數。」

指數律

$$\begin{cases} 2^1 & = 2 \\ 2^s \times 2^t & = 2^{s+t} \\ (2^s)^t & = 2^{st} \end{cases}$$

「雖然也可以使用一般的正數 $a > 0$ 來說明指數律，但因為具體一點的例子比較容易理解，所以就直接舉 2 來說明囉！」

「學長，在說明之前——」蒂蒂舉起了手發問。「2^3 的 3 稱為『指數』對吧！那麼，2^3 的 2 要怎麼稱呼呢？」

「通稱為『**底**』，也稱為『**基數**』。」

「蒂德拉學姐很在意名稱這種事情嗎？」由梨問道。

「嗯。出乎意料的在意呢！明明是相當重要的存在，卻連個稱呼的名字都沒有，這樣想起來不會感到很不安嗎？有名字可以叫的話，也比較安心點嘛！由梨難道不會像我有這樣子的想法嗎？」

「不會耶！會像蒂德拉學姐說的那樣子嗎？」

蒂蒂在我的心目中，雖然一直莽莽撞撞的像個黃毛丫頭；但如果像現在這樣把她和由梨兩個人擺在一起的話，就可以感覺得出蒂蒂也有成熟沉穩的一面呢……。

「哥哥！繼續！繼續！趕快繼續往下說明該如何使用指數律來定義指數啦！」

「我們舉個例子來試著研究 2^0 的值為多少。指數是滿足指數律的。

$$2^s \times 2^t = 2^{s+t}$$

所以根據指數律，將 $s = 1, t = 0$ 代入後的等式一定要成立，不然就要困擾頭疼囉！」

$$2^1 \times 2^0 = 2^{1+0}$$

「咦……然後呢？」

「將右邊的指數 $1 + 0 = 1$ 計算之後，下面的等式就會成立。

$$2^1 \times 2^0 = 2^1$$

根據指數律，我們便能知道 2^1 的值為多少。$2^1 = 2$。因此，可以得到下面的等式。

$$2 \times 2^0 = 2$$

兩邊同時除以 2 的話，這麼一來，2^0 的值就確定是 1 囉！」

$$2^0 = 1$$

「等一下！等一下！」由梨阻止道。「我們剛剛正在做什麼?!是要把指數視為『乘以幾個』的想法拋棄，然後用指數律來定義指數──對嗎？」

「沒錯！沒錯！」

「原來如此……」蒂蒂聽了由梨的話，點著頭說道。「根據指數律，針對指數為 0 下功夫研究對吧！然後，從 2^1 的值來決定 2^0 的值……」

「就是這麼一回事。如此一來，就算是成功脫離了『該乘以幾個2』的想法了吧！以指數律為基磐，來確認值的多少。」

「……我，想起來了，」蒂蒂說道。「之前，我也曾經問過學長有關於 $2^{\frac{1}{2}}$ 等於 $\sqrt{2}$ 的問題。一貫性──就是要堅持這個大前提對吧！為了確實滿足指數律的條件，而確認 0 次方的值。」

看起來蒂蒂已經完全接受並理解我前面的解說了。

另一方面，由梨卻發出了不滿。

「哥哥，剛剛蒂德拉學姐說的東西由梨也懂啊！可是，我還是無法接受耶喵……。剛剛代入的不是 $s = 1$、$t = 0$ 嗎？可是，我也會想是不是可以用任何突然想到的值來進行確認呢……如果使用了其它的 s、t 的話，是不是也就會得到其它不同的值了呢……唉唷！我沒有辦法好好地

解釋清楚啦！」

　　我舉起手來制止了由梨繼續往下說。

　　「真是一針見血呢……沒關係！由梨想說的話，哥哥我已經瞭解了。由梨對於指數律究竟有沒有一貫性這個問題，抱持著相當質疑的態度對不對?!要說成『像守護指數律一般的來定義指數』也無妨，但卻會因此而衍生出是否完全合乎所有指數邏輯的疑問。確實完全符合邏輯的定義，在數學上被稱為明確定義。」

　　「Well-defined！」由梨跟著覆誦。

　　「在數學當中，要想定義某個東西的時候，有必要針對該定義是否為一個明確定義來進行證明。無法擅自制訂法則，利用任意的概念來進行定義。因為這麼一來就會喪失一貫性。指數律是 Well-defined 唷！只不過，我們現在要省略掉證明的步驟就是了。」

　　……就這樣，我在一邊向兩個女孩說明 Well-defined 的同時，也一邊想起了米爾迦說過的話。

　　　　「無矛盾性為存在之基石」。

無矛盾性嗎……？目前我正在力求表現「符合邏輯」。這不正是無矛盾性的最佳明證嗎？明明使用了相同的指數律，2^0 的值既為 1 又為 0 的話，不就造成了矛盾嗎？像這種會引起矛盾的法則，也說明了 2^0 這種概念是不可能存在的。原來如此……的確！「無矛盾性為存在之基石」。

　　「Is the term 'well-defined' well-defined？」蒂蒂說道。

　　「咦？」

　　「well-defined 這種概念，真的是 well-defined 嗎？」

　　「蒂蒂啊蒂蒂……妳啊！到底是何方神聖？」

9.1.4　−1 次方，$\frac{1}{2}$ 次方

　　「哥哥，如果是負次方的話也行得通嗎？」由梨說道。

　　「我們來試試看吧！我想想！例如設 $s = 1$、$t = -1$ 的話……」

「不行啦！讓由梨自己來！利用指數律嘛……」

$$2^s \times 2^t = 2^{s+t} \qquad \text{指數律}$$

$$2^1 \times 2^{-1} = 2^{1+(-1)} \qquad \text{代入 } s = 1 \text{、} t = -1$$

$$2^1 \times 2^{-1} = 2^0 \qquad \text{計算後得到 } 1 + (-1) = 0$$

$$2 \times 2^{-1} = 1 \qquad \text{使用 } 2^1 = 2, 2^0 = 1 \text{ 之後}$$

$$2^{-1} = \frac{1}{2} \qquad \text{兩邊同時除以 } 2$$

「完成了。奇怪，得到的是 $2^{-1} = \frac{1}{2}$ 耶！」

「嗯。答案出來了呢！」我說道。

「學長，這樣的話，是不是與所有的整數 $n = \cdots$、3、-2、-1、0、1、2…相關的 2^n 都可以這麼來定義呢！」

「咦？為什麼呢？蒂德拉學姐！」

「因為，根據指數律，乘以 2^1 的話，指數就會增多 1，而如果乘以 2^{-1} 的話，指數就會減少 1 啊！」

「啊！是這樣啊！之後只要重複就行了呢！」由梨點點頭表示同意。

「蒂蒂說的對。指數律不只可以使用在整數乘，也可以使用在有理數乘上哦！我們拿 $2^{\frac{1}{2}}$ 的例子來試試看。」

$$(2^s)^t = 2^{st} \qquad \text{指數律}$$

$$\left(2^{\frac{1}{2}}\right)^2 = 2^{\frac{1}{2} \cdot 2} \qquad \text{代入 } s = \tfrac{1}{2}, t = 2$$

$$\left(2^{\frac{1}{2}}\right)^2 = 2^1 \qquad \text{計算後得到 } \tfrac{1}{2} \cdot 2 = 1$$

$$\left(2^{\frac{1}{2}}\right)^2 = 2 \qquad \text{計算後得到 } 2^1 = 2$$

$$2^{\frac{1}{2}} = \sqrt{2} \qquad \text{同時取兩邊的平方根}$$

「對！對！對！$\frac{1}{2}$ 次方所代表的就是平方根呢！」蒂蒂說道。

「咦？妳們不覺得最後有點怪怪的嗎？」由梨疑惑地說道。

「嗯。因為說明不足的緣故。由梨真是敏銳，居然能發現……」

「什麼東西？什麼東西怪怪的？」蒂蒂重新審視算式。

「嗯，應該說、是取得的路徑！」由梨補充說道。

「對！在取得平方根的時候，一定不能忘記要說出 $2^{\frac{1}{2}} > 0$ 這個條件。如果要問為什麼的話，原因就是因為在平方之後會得到 2 的數，有 $+\sqrt{2}$ 及 $-\sqrt{2}$ 兩個。」

「唉呀呀呀……搞什麼鬼?! 我又漏了條件！」蒂蒂說道。

9.1.5　指數函數

「那麼，我們的目的是要把歐拉公式解釋清楚。因此，我們先加把勁朝這個目標前進。我們要從 e^x 微分方程式來思考指數函數這個部分。」

「微分方程式？」由梨疑惑地重複道。

---

e^x **微分方程式**

$$\begin{cases} e^0 & = 1 \\ (e^x)' & = e^x \end{cases} \qquad （即使進行微分，形式也如出一轍）$$

「指數函數就是用來滿足像這種微分方程式的函數。」

「哥哥——不管你怎麼說，由梨還是不懂這個什麼微分方程式啦！」

「嗯！說的也是！可是，等一下！儘管不懂微分方程式本身，但只要瞭解算式的形式就可以了……。為了求出指數函數具體的形式，我們要像下面一樣用**冪級數**（Power Series）的方式來寫出指數函數！」

$$e^x = a_0 + a_1 x + a_2 x^2 + a_3 x^3 + \cdots$$

「又出現了新的專有名詞……冪級數?!」

「雖然這個名詞聽起來很難，但我希望妳們可以把焦點放在算式的形式上就好。

- 所謂的 a_0，就是 x 的 0 次方，係數為 a_0。
- 所謂的 $a_1 x$，就是 x 的一次方，係數為 a_1。

● 所謂的 a_2x^2，就是 x 的二次方，係數為 a_2。

因此，x 的 0 次方、一次方、二次方……像這樣照著 x 的次方做升冪無窮排列，愈前面的項，其所對應的次方數會愈小，這就是冪級數。指數函數可以說是利用冪級數的形式來做表現的。」

「那種事情可以辦得到嗎？」

「唉唷！由梨的突襲還真是痛、狠、準呢！並不是任何函數都可以利用冪級數的形式來做表現哦！可是，有關於這個部分我們暫時先省略跳過……請容許我這麼做。」

「……嗯！好吧！我知道了！就暫時饒過你這一次！」

「所謂的微分，就是從函數中製造出函數的方法之一。微分使用的符號（'）唸做 Prime。針對微分我們不得不進行思考的規則有兩個。一個規則是，將常數進行微分的話，就會變成等於 0。另一個規則是，將 x^k 進行微分的話，就會變成等於 kx^{k-1}。現在我們所談論到的這兩種規則，可以利用下面的算式來表現。

$$\begin{cases} (a)' &= 0 \\ (x^k)' &= kx^{k-1} \end{cases}$$

接著，我們要試著將這兩個規則使用在『指數函數的冪級數』上。」（事實上，我們必須要對線性常微分方程式與冪級數的適用性來進行證明才行）

「嗯嗯……。蒂德拉學姐，聽得懂哥哥說的這些東西嗎？」

「……大致上。因為之前有學過一點點。」

「好可惡哦！」

$$e^x = a_0 + a_1x + a_2x^2 + a_3x^3 + \cdots$$　　指數函數的冪級數

$$(e^x)' = (a_0 + a_1x + a_2x^2 + a_3x^3 + \cdots)'$$　　兩邊同時微分

$$(e^x)' = 0 + 1a_1 + 2a_2x + 3a_3x^2 + \cdots$$　　計算右邊的部分

「那麼，所謂的『即使進行微分，形式也如出一轍』，指的就是指

數函數的微分方程式。也就是 $(e^x)' = e^x$ 這個等式會成立。我們將兩邊同時轉換成冪級數的形式來看看。

$$(e^x)' = e^x$$

$$1a_1 + 2a_2x + 3a_3x^2 + \cdots = a_0 + a_1x + a_2x^2 + a_3x^3 + \cdots$$

這麼一來,我們將兩邊的係數進行比較,就會得到下頁的關係式。」

$$\begin{cases} 1a_1 & = a_0 \\ 2a_2 & = a_1 \\ 3a_3 & = a_2 \\ & \vdots \\ ka_k & = a_{k-1} \\ & \vdots \end{cases}$$

「我們將上面的式子稍微改寫一下,就會得到下面的式子。

$$\begin{cases} a_1 & = \frac{a_0}{1} \\ a_2 & = \frac{a_1}{2} \\ a_3 & = \frac{a_2}{3} \\ & \vdots \\ a_k & = \frac{a_{k-1}}{k} \\ & \vdots \end{cases}$$

我們仔細看看上式就會發現,只要 a_0 一旦決定的話,a_1 就會跟著決定。然而,a_1 決定的話,a_2 就會跟著決定……以此類推,所有的值就會像是推骨牌一樣都被決定好了。那麼,a_0 是什麼呢?——事實上,只要一想到 e^x 的冪級數的話,要決定 a_0 的值並沒有那麼困難。

$$e^x = a_0 + a_1x + a_2x^2 + a_3x^3 + \cdots$$

我們將 $x = 0$ 代入的話,$a_0 + a_1x + a_2x^2 + a_3x^3 + \cdots$ 含有 x 的部分就可以消掉。所以,在微分方程式當中,就會得到 $e^0 = 1$ 的結果……

$$e^0 = a_0 + a_1 \cdot 0 + a_2 \cdot 0^2 + a_3 \cdot 0^3 + \cdots$$

$$1 = a_0$$

換句話說，也就是 $a_0 = 1$。因為 a_0 的值決定了，所以……

$$
\begin{cases}
a_1 &= \frac{a_0}{1} = \frac{1}{1} \\
a_2 &= \frac{a_1}{2} = \frac{1}{2 \cdot 1} \\
a_3 &= \frac{a_2}{3} = \frac{1}{3 \cdot 2 \cdot 1} \\
&\vdots \\
a_k &= \frac{a_{k-1}}{k} = \frac{1}{k \cdots 3 \cdot 2 \cdot 1} \\
&\vdots
\end{cases}
$$

$$
e^x = 1 + \frac{x}{1} + \frac{x^2}{2 \cdot 1} + \frac{x^3}{3 \cdot 2 \cdot 1} + \cdots
$$

「在這裡，我們可以將 $k \cdots 3 \cdot 2 \cdot 1$ 用階乘的方式表現成 $k!$，因此，我們可以得到下列的式子。這是指數函數 e^x 利用泰勒展開式展開之後，所得到的冪級數」

$$
e^x = + \frac{x^0}{0!} + \frac{x^1}{1!} + \frac{x^2}{2!} + \frac{x^3}{3!} + \cdots
$$

等式當中，在 x^0 或 x^1 的前面清楚載明了 $+$ 的符號，此外，將 $0!$ 視為 $= 1$，就可以用容易理解的形式表現出來了。」

指數函數 e^x 的泰勒展開式

$$
e^x = + \frac{x^0}{0!} + \frac{x^1}{1!} + \frac{x^2}{2!} + \frac{x^3}{3!} + \cdots
$$

9.1.6　守護算式

「緊接著，從這裡開始要進入高潮迭起的指數函數囉！」

「嘿——」

「剛剛，我要妳們把『指數所代表的就是乘以幾個』這樣的想法給丟掉對吧?!取而代之的，是希望妳們導入，利用指數律這種算式的形式來守護指數。掌握維持算式一貫性的線索，指數的意義也就可以隨之擴

展了。這一次，我們要做的事情也和剛剛一樣。換句話說，也就是利用算式來定義指數函數。如果要問接下來該怎麼辦才好呢？我們先將剛剛的泰勒展開式——

$$e^x = +\frac{x^0}{0!} + \frac{x^1}{1!} + \frac{x^2}{2!} + \frac{x^3}{3!} + \cdots$$

展開，來進行『指數函數的定義』。」

「奇怪？我實在搞不太懂！哥哥。從一開始指數函數不就已經進行過泰勒展開式了嗎？」

「沒錯！的確如此……但泰勒展開式展開之後，指數函數 e^x 中的 x 無論怎麼樣都還是在實數的範圍內。可是，現在我們想要將複數代入指數函數 e^x 的 x 當中。也因此……我們所要做的就是，利用泰勒展開式展開之後所得到的這個叫做冪級數的算式形式，來定義指數函數哦！」

「這樣啊——」

「妳們還記不記得歐拉公式左邊的形式?!

$$e^{i\theta}$$

對吧？為了求出 $e^{i\theta}$ 的值，在指數函數的冪級數當中，將 $x = i\theta$ 代入。這個舉動可以說是基於全然信賴數學的力量，所做出的「大膽代入」。

$$e^x = +\frac{x^0}{0!} + \frac{x^1}{1!} + \frac{x^2}{2!} + \frac{x^3}{3!} + \cdots$$

$$e^{i\theta} = +\frac{(i\theta)^0}{0!} + \frac{(i\theta)^1}{1!} + \frac{(i\theta)^2}{2!} + \frac{(i\theta)^3}{3!} + \cdots$$

將 $x = i\theta$ 代入，使用 $i^2 = -1$ 之後，就會得到 $1 \to i \to -1 \to -i$ 這樣一個步驟為 4 的有效循環週期——」

「啊啊啊啊啊啊啊啊！」沉默了一會兒之後，蒂蒂突然喊了出來。

「什麼？什麼？什麼啦？」由梨也跟著驚慌的嚷了起來。

「發生什麼事情了？」媽媽在兩個女孩的驚叫聲中現身。

為什麼連媽媽都出現啦！

「對不起！對不起……沒事！沒事！我只不過是嚇了一大跳……」蒂蒂紅著臉道著歉。

9.1.7 在三角函數上架起一座橋樑

「蒂德拉學姐，妳被什麼嚇到了呢？」由梨開口問道。

「我、知道 $\cos\theta$ 和 $\sin\theta$ 的泰勒展開式。」

「……真不愧是現役高中生。」

「不，是學長──在幫我進行個人惡補教學的時候學到的。」

一瞬間，由梨的臉出現了氣憤難平的表情。但很快地又立刻恢復成一副沒事的表情。

「$\cos\theta$ 和 $\sin\theta$ 的泰勒展開式是怎麼樣的形式呢？」

「像下面這樣。」

$\cos\theta$ 的泰勒展開式

$$\cos\theta = +\frac{\theta^0}{0!} - \frac{\theta^2}{2!} + \frac{\theta^4}{4!} - \frac{\theta^6}{6!} + \cdots$$

$\sin\theta$ 的泰勒展開式

$$\sin\theta = +\frac{\theta^1}{1!} - \frac{\theta^3}{3!} + \frac{\theta^5}{5!} - \frac{\theta^7}{7!} + \cdots$$

「嗯……然後呢？」由梨說道。

「由梨沒有覺得很驚訝嗎？」

「為什麼要覺得驚訝？」

「因為，這麼一來，歐拉公式不就呼之欲出了嗎？」

「是嗎……？」

「妳看看！在 $\cos\theta$ 的部分，只出現了 0、2、4、6…等偶數的部分對吧！？再看看，$\sin\theta$ 的部分也只出現了 1、3、5、…奇數的部分對不對？」

看起來一頭霧水的由梨還沒有搞懂的樣子。

「正如同蒂蒂說的一樣。」我說道。「讓蒂蒂搶先一步察覺到了。換句話說，也就是只要仔細觀察指數函數 e^x 與三角函數 $\cos\theta$ 和 $\sin\theta$ 的泰勒展開式的話，就可以從中發現歐拉公式囉！」

「咦？光是用說的，人家還是搞不懂啦！好好寫下算式說明一下嘛！」

「好！好！好！」

◎　◎　◎

好！好！好……那麼，首先我們就先把 e^x 的泰勒展開式寫出來唷！

$$e^x = +\frac{x^0}{0!} + \frac{x^1}{1!} + \frac{x^2}{2!} + \frac{x^3}{3!} + \frac{x^4}{4!} + \frac{x^5}{5!} + \cdots$$

然後，再將 $x = i\theta$ 代入（大膽的代入）。

$$e^{i\theta} = +\frac{(i\theta)^0}{0!} + \frac{(i\theta)^1}{1!} + \frac{(i\theta)^2}{2!} + \frac{(i\theta)^3}{3!} + \frac{(i\theta)^4}{4!} + \frac{(i\theta)^5}{5!} + \cdots$$

計算 $(i\theta)^k = i^k\theta^k$。

$$e^{i\theta} = +\frac{i^0\theta^0}{0!} + \frac{i^1\theta^1}{1!} + \frac{i^2\theta^2}{2!} + \frac{i^3\theta^3}{3!} + \frac{i^4\theta^4}{4!} + \frac{i^5\theta^5}{5!} + \cdots$$

接著，使用 $i^2 = -1$ 的話，就會只剩下奇數次方 i 的部分。符號方面也要注意。

$$e^{i\theta} = +\frac{\theta^0}{0!} + \frac{i\theta^1}{1!} - \frac{\theta^2}{2!} - \frac{i\theta^3}{3!} + \frac{\theta^4}{4!} + \frac{i\theta^5}{5!} - \cdots$$

接下來，我們要在這裡將 θ 的偶數次方的項，與奇數次方的項分別排列。

$$\begin{cases} 《\theta\text{ 的偶數次方的項}》 = +\dfrac{\theta^0}{0!} - \dfrac{\theta^2}{2!} + \dfrac{\theta^4}{4!} - \cdots \\[2mm] 《\theta\text{ 的奇數次方的項}》 = +\dfrac{i\theta^1}{1!} - \dfrac{i\theta^3}{3!} + \dfrac{i\theta^5}{5!} - \cdots \end{cases}$$

到這裡是不是懂了呢?!在指數函數 e^x 的冪級數當中，代入 $x = i\theta$。接著，將 θ 的偶數次方的項，與奇數次方的項區分出來。只要將區分開

來的結果和剛剛蒂蒂寫下來的三角函數的泰勒展開式，兩相比較就可以一目了然了。「θ 的偶數次方的項」，就會變成 cos θ 的泰勒展開式；而「θ 的奇數次方的項」，就會變成 sin θ 乘以 i 的泰勒展開式。讓它們兩個相加的話，歐拉公式就會出現了。

$$e^{i\theta} = +\frac{\theta^0}{0!} + \frac{i\theta^1}{1!} - \frac{\theta^2}{2!} - \frac{i\theta^3}{3!} + \frac{\theta^4}{4!} + \frac{i\theta^5}{5!} - \cdots$$

$$= \left(+\frac{\theta^0}{0!} - \frac{\theta^2}{2!} + \frac{\theta^4}{4!} - \cdots \right) \qquad \text{括弧中為 } \cos\theta$$

$$\qquad + i\left(+\frac{\theta^1}{1!} - \frac{\theta^3}{3!} + \frac{\theta^5}{5!} - \cdots \right) \qquad \text{括弧中為 } \sin\theta$$

$$= \cos\theta + i\sin\theta$$

雖然是省略了許多嚴密謹慎的步驟啦！這樣懂了嗎？由梨。

◎　◎　◎

「這樣懂了嗎？由梨。」

「嗯……」由梨皺著眉頭一臉認真地思考著。「哥哥，這一次所討論的歐拉公式，由梨到現在還是沒有辦法真正瞭解。看起來，一下子就跳級到指數函數、三角函數、微分方程式，這對由梨來說還是太勉強了啦！人家的整個腦袋好像就快要滿出來似的。」

由梨雙手抱胸，繼續說著話。

「可是呢……這當中還是有由梨可以搞懂的地方哦！那就是 $e^{i\pi}$ 的意思。一路聽哥哥這樣仔細說明下來，到目前為止由梨可以肯定一件事情，那就是 $i\pi$ 次方絕對是毫無意義的！

因為如果一旦 $i\pi$ 次方有意義的話，那不就又落入了原來指數是「乘以幾個」的刻板印象中了嘛！蒂德拉學姐剛剛不也說過，這未免也太牽強附會或強詞奪理了。——可是，在哥哥使用了冪級數的說明當中，由梨弄清楚了自己原來搞錯的東西。我要先說這可不是什麼牽強附會或強詞奪理哦！不是用「乘以幾個」來定義指數，而是要用指數律這樣的算式來定義。而且是利用冪級數的算式來定義指數函數 e^x。」

在敘述的過程中，由梨重重地點了好幾次的頭，背後的馬尾也隨著點頭的動作不住地來回搖晃著。

「由梨真的是很聰明呢！居然連這一點都搞懂了」我稱讚地說道。

「學長，剛剛由梨所說的那些我也察覺到了。」蒂蒂說道。「利用指數律來定義指數，利用冪級數來定義指數，由這些步驟看來就知道在整個過程中我們是如何地重視算式了對吧！」

「嗯、說的對！也可以說是『對算式的信賴』！」

「除此之外，學長……我個人覺得冪級數特別厲害呢！因為它居然可以將指數函數與三角函數這兩個完全風馬牛不相及的東西，讓它們彼此有所關連。這個……也可以說是大而化之的一視同仁吧！冪級數在指數函數與三角函數之間，搭起了一座溝通的橋樑。」

「的確是如此呢！」我附議蒂蒂的說法。「虛數單位的 i 也很有趣唷！雖然剛剛我們只提到了 $i^2 = -1$，

$$i^0, i^1, i^2, i^3, i^4, i^5, i^6, i^7, \ldots$$

但依照上面這樣排列下來，就會得到

$$1, i, -1, -i, 1, i, -1, -i, \ldots$$

$1, i, -1, -i$ 這樣的重複循環。簡單的說，這與用 $90°$ 回轉將週期變為 4；方程式 $x^4 = 1$ 的解分別為 $1, i, -1, -i$；及三角函數的微分的週期……等等相互呼應。」

「原來如此……」蒂蒂佩服的說道。

「我們也朝幾何學上的部分來思考看看。在複數平面上畫一個以原點為中心的單位圓——」

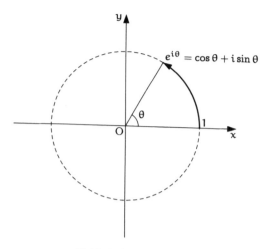

$$e^{i\theta} = \cos\theta + i\sin\theta$$

歐拉公式與複數平面

「——畫好之後,這個單位圓周上的點所形成的幅角 θ,會與叫做 $\cos\theta + i\sin\theta$ 的複數相對應。根據歐拉公式,我們得知 $e^{i\theta} = \cos\theta + i\sin\theta$,所以我們也可以說圓周上的點與這個叫做 $e^{i\theta}$ 複數相對應。換句話說,也就是有『最美麗的數學公式』之稱的歐拉公式 $e^{i\pi} = -1$,也帶有

『單位圓周上,幅角為 π 的複數會與 -1 相等』

的意思。這個結果也回答了之前由梨所產生的『歐拉公式是什麼意思?』的疑問。」

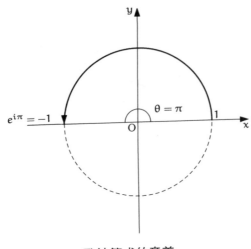

歐拉算式的意義

「學長……這麼說起來，『面向右邊的人，只要向後轉的話，就變成是面朝向左邊』，我們是不是可以用這樣的說法來解釋歐拉公式的意涵呢！」蒂蒂的臉朝左朝右地來回說道。

「嗯、要這麼說也是可以啦……」我不禁苦笑道。

「奇怪……雖然不知道為什麼，但我懂了！我知道理由哦……」由梨說道。

這個時候，媽媽出現在我的房間裡。

「我說孩子們！要不要暫時告一個段落，三個人到這邊來休息一下，陪我喝喝茶聊聊天啊？」

「好！我們馬上就過去。」

「我等著妳們哦！」媽媽說完就離開了房間。

我回到了單位圓的問題上。

「那麼，只要 θ 不斷地增加，與複數 $e^{i\theta}$ 所對應的點就會在單位圓周上不停地來回循環打轉。角度 θ 為 360°，換句話說，也就是每增加 2π 弳（即弧度），點就會回到原來相同的地方。這也就代表了，有一定的週期性哦！我們利用算式來確認這一點吧！」

$$e^{i(\theta+2\pi)} = e^{i\theta+2\pi i} \qquad \text{展開 } i(\theta+2\pi)$$
$$= e^{i\theta} \cdot e^{2\pi i} \qquad \text{根據指數律}$$
$$= e^{i\theta} \cdot (\cos 2\pi + i\sin 2\pi) \qquad \text{根據歐拉公式}$$
$$= e^{i\theta} \cdot (1 + i \times 0) \qquad \text{因為 } \cos 2\pi = 1, \sin 2\pi = 0,$$
$$= e^{i\theta} \qquad \text{因為 } 1 + i \times 0 = 1$$

「妳們看！這麼一來，不就確定是有週期性了嘛！幅角 $\theta+2\pi$ 的複數會等於幅角 θ 的複數唷！」

「不知道為什麼全部都串連在一起了呢……」蒂蒂說道。

「哥哥。承蒙你的教導現在才剛學會這些的由梨，接下來要講的話可能聽起來會有點臭屁……或許世人都覺得歐拉算式 $e^{i\pi}=-1$ 很美麗。可是說實在的，由梨個人比較喜歡歐拉公式耶。

$$e^{i\theta} = \cos\theta + i\sin\theta$$

嗯，歐拉公式，由梨真的好喜歡哦！雖然由梨還不是十分瞭解歐拉公式，但是在這麼單純的一行公式當中，竟然塞滿了許多美麗的東西。由梨打從心裡這麼覺得。歐拉這傢伙還真是狠角色呢喵～」

「嗯、歐拉真的是很厲害呢！」我說道。

「由梨妹妹，不如，我們一起向哥哥道個謝吧！」

「……這個提議很棒！哥哥，謝謝你！」

「學長，謝謝你總是不厭其煩地為我講解數學。」

「哪裡！哪裡！妳們願意聽我天馬行空地講述數學，反過來，我要謝謝妳們才對呢！」

這時候媽媽再度出現，頻頻催促著我們下樓。

「妳們再不來，放媽媽一個人的話，我會感覺很寂寞耶……」

「就來～了～」由梨回答道。

9.2　籌備慶功宴

9.2.1　音樂教室

「在你家舉辦再適合也不過了。」永永說道。

這是可愛的小跟蹤狂蒂蒂出現在我家之後第二週所發生的事情。我、米爾迦、蒂蒂，還有永永四個人，放學後便窩在音樂教室裡頭，商量著該如何舉辦期末考結束後的『慶功宴』。美其名是慶功宴，但事實上也不過是想假借慶功之名義，趁機舉辦一個可以吃吃美食悠閒聊天的小聚會罷了⋯⋯。

發起這個計畫的人，是永永。

「我和米爾迦都打算舉辦一個期末慶功宴，看你也沒有什麼朋友，就邀請你一起來參加好了。還有，蒂蒂也一起來。」

「說我沒有什麼朋友⋯⋯妳的個性還真是有話直說呢！『邀請我』是沒關係，但既然都說了是邀請，那為什麼是選擇在我家舉辦呢？」

「現在不是談那種小鼻子小眼睛，小家子氣話題的時候。有何不可?!有什麼不好呢!?我聽說伯母是個相當溫柔體貼的人呢！可以一次在自己家裡聚集這麼多的美少女，我想伯母一定也會很開心吧！聽說你家還有一台名鋼琴呢！」

「鋼琴？很重要嗎？」

「因為永永會出席，所以自然少不了出場必備的鋼琴啊！」

有爸媽在場的慶功宴，想也知道怎麼樣都會鬧不起來吧⋯⋯！

「就這麼決定了！」米爾迦說道。

「咦⋯⋯那我先回去取得父母親的同意再說。」不知道為什麼就自然演變成了這樣的局面⋯⋯算了！這樣也好！「慶功宴的成員包括了，我、米爾迦、永永，還有蒂蒂，一共是四個人囉！」

「由梨參不參加呢？」蒂蒂說道。

「⋯⋯只有她一個國中生參加，會不會寂寞了點啊！」我說道。

「不然讓由梨把男朋友也帶來好了？」

「她怎麼可能有男朋友啦！由梨，還只是個國中生耶！」

「這可難說哦！聽你的口氣，怎麼像是由梨的監護人一樣哩！」

蒂蒂從包包裡拿出了吊著頭文字「M」掛飾的鉛筆盒，及封面花俏的行事曆。

「不好意思！我，這個禮拜天有點事情可能沒有辦法。對不起！」

「那就改星期六舉辦。」小人千言不如米爾迦大人的一語。

「蒂蒂，這個掛飾上面的頭文字 M 是……」雖然之前我早就想開口問了，但卻不知道該用什麼方式問──才不至於顯得太突兀?!

　　「M 這個頭文字，是誰的英文名字的縮寫嗎？」

問得這麼直接會不會神經太大條了一點?!不知道為什麼我總感到很在意……。

「嗯？啊啊！這個嗎？……學長，這是我個人相當偏愛的字母。」

蒂蒂露出粲然的微笑回答道。

　　「個人相當偏愛的字母」？

莫非是蒂蒂男朋友名字的縮寫嗎……？

「學長還不懂嗎？」

9.2.2　我家

「慶功宴？當然！媽媽歡迎都來不及了！」

急性子的媽媽在聽了我的話之後，便急急忙忙地開始動手準備了。

「菜色要準備什麼才好呢？如果準備得不夠周到，讓人感覺寒酸就太失禮了對吧！派對不可或缺的披薩怎麼樣呢？可是，種類口味變化不夠多，也很叫人頭痛……」

「……那，媽媽，只要提供場地大家就很開心了，不用太費心啦！」

「不然，媽媽準備好材料，讓大家一起動手做手捲壽司，你覺得這個

提案還OK嗎？如果大家再繳點參加費，我們還可以升級成豪華版呢?!」

「媽媽，妳有聽到我剛剛說的話嗎?!食物的話，不需要特別準備，大家會自行攜帶啦！」

「鋼琴美少女永永也會一起過來對不對?!不知道她會不會大顯身手，盡情彈奏各類名曲呢！這麼說來，我得請人先把鋼琴的音調一下才行。——真叫人開心又期待啊！」

究竟為什麼？媽媽會如此地興致勃勃呢?!

$$e^{i\pi} = -1$$

這個在數學界最有名的算式，是由最有用的兩個常數，
即「訥氏常數」及「圓周率」
這兩種「虛數」居中結盟而成的。
它確實是叫人驚歎不已的式子，就算將它喻為「寶石」也不為過。
就連存在於我們這個世界上任何罕見的鑽石或翡翠都無法與之媲敵。
——吉田武《虛數的情緒》

第 10 章
費馬最後定理

換句話說，我們都是住在銀河的水裡頭。

每當我們從銀河的水中往四面八方看，

就跟水愈深的地方，顏色看起來會愈藍的道理一樣；

我們可以看見在銀河底部，離我們更深更遠的地方，

聚集著許多的星星，

也因此，才會看起來就好像是白茫茫的一片。

——宮澤賢治《銀河鐵道之夜》

10.1　自由講座

「哥哥……人家不懂啦！」

「學長…我也不懂！」

「米爾迦……懂嗎？」

「真是愉快！」

現在是十二月隆冬。我們遠離了聖誕節前夕商業大戰的喧囂，一群人都參加了大學所舉辦的「自由講座」。透過我們高中的村木老師所介紹的這個講座，這次所講授的主題為『費馬最後定理』。上課所使用的是大學教室，參加者有兩百名左右，大多為一般聽眾，而負責授課的是大學裡的老師。這次和我一起參加這個自由講座的人有，米爾迦、蒂蒂，還有……由梨。

「哥哥！人家由梨也想一起參加！」

「我想這個課程對由梨來說，太吃力了唷！」……雖然，事前我已經多方勸阻過由梨了，但是鐵了心打定主意絕對要參加的由梨，根本連一句話都聽不進去。看起來，她對於能夠見到米爾迦這件事情感到相當開心。算了！就算是國中二年級的由梨，多少也應該聽得懂一點吧……而事實證明我的想法實在太輕率了！

話說回來，這次的講座以走馬看花的方式來說明艱澀困難的懷爾斯證明。不要說是由梨搞不懂了，就連我也被搞得一頭霧水團團轉。我想課堂裡的所有聽眾也一定跟不上講課老師的步調。但的確不失為一個相當好的刺激……。

在講座結束之後，我們移動到大學校園內的食堂內共進午餐。因為星期六的緣故，大學校園內的大學生很少，但特地前來參加講座的其它高中社團卻四處可見。

我曾經在大學校園祭的時候，造訪過這所大學的校園。當時雖然因為祭典吵嚷喧囂的緣故，導致我對這所大學的印象有所幻滅，但今天校園給我的感覺卻完全不一樣了。校園內四處靜悄悄的。回講堂的途中，透過窗戶可以看得見研究室內部的一景一物，裡頭的書架和電腦井然有序排列整齊。

「人家聽的懂的就只有谷山、志村、岩澤這些日本人的名字而已啦！」由梨一邊吃著海鮮義大利麵，一邊抱怨著。「內容實在是太艱深了。講課的老師也不知道為什麼臉老是一直盯著地面，也不管人家聽不聽得懂。就這樣在不明不白的結果下結束──啦喵嗚～」

「我完全跟不上蜂擁而至的新用語洪流。」蒂蒂一邊吃著蛋包飯，一邊說道。「在自己的心徹底接受熟悉之前，使用該用語來定義別的用語……。等一下！等一下！我還沒有和這個用語成為朋友啦……我常常不自覺的會冒出這樣難飛狗跳的想法。早知道就應該事先多做點預習功課才對……」

「我在看了螢幕上的算式之後，就立刻變成了迷路的孩子。」我一邊嚥下蟹肉燉飯，一邊說道。「我也應該像蒂蒂說的一樣，事前多做點

準備才對。」

「光憑那個講座就想弄懂費馬最後定理，是根本不可能的事情。」米爾迦一邊吃著提拉米蘇，一邊說道。「就算事先預習也很難做到。這不光是理解了各個用語或算式就行得通的，還必須針對這個定理有更深入的瞭解才行。懷爾斯的證明實在太專精了，一般人根本很難進入他的殿堂。可是，藉由懷爾斯的證明卻讓我理解到了，它所串連起來的兩個世界。大家還記得嗎？那個臉總是盯著地面的老師，只有把臉抬起來一次過！

『在 FLT 的深處，請把眼光移向谷山・志村的猜想上』

這一句話非常能引起我的共鳴。」

「米爾迦大小姐！懇切的希望您能提供連笨蛋由梨也可以瞭解的簡易解說！」

「由梨絕對不是笨蛋唷！」我和米爾迦像二重奏似的，異口同聲地說出了這句話。

10.2　歷史

10.2.1　問題

結束用餐之後，我們開始豎起耳朵傾聽米爾迦的解說。

「費馬是十七世紀最卓越的數學家之一，當時他正在研究一本叫做《數論》的書；有一天，他突然心血來潮在書頁的空白處，寫下了這個看起來很簡單的定理。也就是現在世人所熟悉的『費馬最後定理』。」

費馬最後定理

當 $n \geq 3$ 的時候，就找不到滿足下列方程式的自然數解

$$x^n + y^n = z^n$$

「費馬利用文章表現了與這個算式相同的內容，而讓這個算式更添神妙。」

> 我已為這個令人詫異的命題找到一個非常美妙的證明，
> 然而這裡的篇幅卻不足以讓我寫下這個證明。

「因此，費馬並沒有將這個證明給寫下來。」米爾迦說道。「就是這一段神秘兮兮的宣言，讓古今中外的數學愛好者前仆後繼地挑戰，企圖征服這個難題，但遺憾的是他們都全軍覆沒鎩羽而返。——話說回來，妳們想為什麼費馬寫在自己私人藏書中的這段話會被後人知道呢？」

「這麼說起來，到底為什麼後人會知道呢?!」蒂蒂疑惑地問道。

「這全都要歸功於費馬的兒子山謬（Clement Samuel Fermat）的貢獻。」米爾迦回答道。「山謬是費馬在科研上的主要助手，他在費馬逝世後，整理重新出版了包括有費馬手稿在內的《數論》一書。而山謬讓原本面臨即將失傳的『費馬最後定理』成功復活。《數論》這本書是由三世紀左右的希臘數學家丟番圖（Diophanti Alexandrini Arithmeticorum Libri Sex）所著。在十七世紀讓這本希臘古籍以拉丁譯本重獲天日的是巴惬（Claude-Gaspar Bachet de Meziriac, 1581-1638）。費馬在詳讀了巴惬版的《數論》之後，便在頁緣寫下了自己的筆記及心得。而山謬所再版的《數論》，是丟番圖著、巴惬譯，還附帶有費馬心得筆記的新版本。」

「這樣啊……」我說道。「從三世紀的丟番圖，透過巴惬傳承到十七世紀的費馬。接著，再透過山謬傳遞到了未來。超越時代，數學因此而有了傳承……」

「然後，再傳遞到了我們。……簡直就像是一場數學接力一般。」蒂蒂一邊擺出了接過棒子的動作，一邊說道。

「數學家們延宕三世紀之久的艱困挑戰，於是展開。」米爾迦針對費馬定理的歷史開始娓娓道來。「首先，是十七世紀。」

10.2.2　基礎數論的時代

十七世紀。**基礎數論的時代**。因為費馬最後定理是與「所有的 n」有關的命題，要想一次全部證明實在太困難了。因此，數學家們決定針對個別的 n 來進行證明。

剛開始，費馬自己證明了 FLT(4)。進行證明所使用的工具，就是無窮遞減法。這麼說起來，之前我們也曾經利用過『面積不會成為平方數的直角三角形定理』證明過 FLT(4) 呢！

進入十八世紀，歐拉證明了 FLT(3)。

在十九世紀，狄利克雷證明了 FLT(5)，而勒讓得稍後補強了證明。可是，在拉梅證明了 FLT(7) 之後，這場世紀遊戲便一度後繼無人遭到了停擺的命運。停擺的原因出於，證明的步驟愈變愈複雜了。

在這個時代，用來證明費馬定理的武器包括有倍數、因數、最大公因數、質數、互質，還有無窮遞減法。

◎　◎　◎

「首先，就是要從具體的例子來求解答對吧……」蒂蒂說道。

「和我們解問題的時候一樣。也就是照著『從特殊推論到普遍』的順序哦！」

「喵來如此！」

「新時代是由──」米爾迦的話題繼續往下。「法國數學家蘇菲・日爾曼（Marie Sophie Germain, 1776-1831）所展開的。時間為十九世紀。」

10.2.3　代數數論的時代

十九世紀。**代數的整數論的時代**。在 1825 年左右，由法國數學家蘇菲・日爾曼端出了 FLT 一般性證法的成果。她成功證明了，當「p 與 $2p + 1$ 兩方為奇數的話，則方程式 $x^p + y^p = z^p$ 不會有整數解」的定理。

只是附加條件為，$xyz \not\equiv 0 \pmod{p}$。

　　1847 年，由拉梅與柯西（Augustin-Louis Cauchy 1789-1857）爭當先驅，同時宣布證明了「費馬最後定理」，而為這場歷史賽程再揭序幕。拉梅採用了劉維爾介紹的方法，粉碎了 $x^p + y^p = z^p$，利用複數的因式分解成了解開費馬最後定理的重要關鍵。

$$x^p + y^p = (x + \alpha^0 y)(x + \alpha^1 y)(x + \alpha^2 y) \cdots (x + \alpha^{p-1} y) = z^p$$

在這裡的 α，是一個形如 $x = e^{\frac{2\pi i}{p}}$ 的複數。因為從歐拉公式我們知道 α = $\cos \frac{2\pi}{p} + i \sin \frac{2\pi}{p}$，所以就會得到 α 的絕對值為 1，而幅角為 $\frac{2\pi}{p}$。換句話說，也就是 α 為 1 的 p 次方根中的一個。利用自然的加法與乘法，從整數與 α 製造出來的環 $\mathbb{Z}[\alpha]$ 為**代數整數環**的一種。

$$\mathbb{Z}[\alpha] = \left\{ a_0 \alpha^0 + a_1 \alpha^1 + a_2 \alpha^2 + \cdots + a_{p-1} \alpha^{p-1} \mid a_k \in \mathbb{Z}, \alpha = e^{\frac{2\pi i}{p}} \right\}$$

在代數整數環 $\mathbb{Z}[\alpha]$ 上，將 $x^p + y^p$ 進行『質因數分解』，因數與因數 $(x + \alpha^k y)$ 之間「互質」，用「p 次方根」來表現各個因數，也代入了無窮遞減法。但終歸還是失敗了。究竟是為什麼呢──

　　這是因為「質因數分解的唯一性」在代數整數環中並不一定會成立的緣故。

　　「質因數分解的唯一性」如果無法成立的話，就算 p 次方根的各個因數彼此「互質」，各個因數也不見得是 p 次方根。最後，在德國數學家庫默爾（Ernst Eduard Kummer, 1810-1893）的指摘聲中，這場競賽才以失敗宣告落幕。庫默爾認為拉梅與科西的證明，都是因為「質因數分解的唯一性」而失敗，同時他也證明了費馬最後定理的完整證明，以當時的數學方法是不可能實現的。

　　為了疏通這種情況，庫默爾創立了**理想數**，而戴德金（Julius Wilhelm Richard Dedekind, 1831-1916）則將理想數彙整成了集合的形式。在理想數當中，理想數也有其公設，性質如同數一樣是透過計算來被定義的。理想數本身所擁有的最重要的性質──當然就是質因數分解的唯一性。因為理想數的出現，「質因數分解的唯一性」復活了。庫默爾證明了費馬最後定理對規則質數 p 成立。

　　十九世紀結束。從發現費馬在古籍上的惡作劇開始，轉眼已經過了
250 年。

◎　◎　◎

　　「費馬最後定理，就在這樣屢戰屢敗的過程中獲得了證明呢！」蒂
蒂將緊握的雙手置於胸口前說道。

　　「不好意思打斷妳！還沒有這麼快獲得證明哦！」

　　「奇怪?!奇怪了?!」

　　「庫默爾的代數數論結出了豐碩的果實。」米爾迦說道。

　　「在懷爾斯的證明當中，代數數論也是基本的重要道具。可是，費
馬最後定理並沒有因為代數數論的直接擴展而獲得了證明。接下來，我
們要將話題的觸角延伸到幾何數數論的時代。時代轉入二十世紀。重要
的舞台這次出現在日本。」

10.2.4　幾何數論的時代

　　時代轉入二十世紀。重要的舞台這次出現在日本。1955 年，換句話
說也就是二次大戰終戰後的十年，數學國際會議在日本舉辦。谷山‧志
村猜想（日本數學家志村五郎與谷山豐，開啟費馬之謎的猜想）也正是
在那個時候誕生的。隨著谷山‧志村猜想的出現，架起了一座穩健的大
橋，聯繫了「橢圓曲線」與「模形式」這兩個世界。將這個猜想推論證
明為定理，雖然是數論上的重要課題，但想完成這個重要的課題所將遭
遇的困難，卻完全超乎想像。即便數學家們都認為谷山‧志村猜想，在
數論上的確是個重要的課題，但卻沒有人發現它對證明出費馬最後定理
而言，也是個相當重要的課題。

　　1985 年，**弗維**不可多得的神妙發想，讓費馬最後定理春光乍現。弗
維深受梅哲關於艾森斯坦理想理論一文的影響，他利用反例假設「費馬
最後定理不成立」，則谷山‧志村猜想便為矛盾。換句話說，弗維提出
了近乎暗示的結論，即如果谷山‧志村猜想是正確的，費馬最後定理便

為真。費馬最後定理因而與谷山・志村猜想接軌起來了。

　　話雖如此，但難題歸根究柢還是個難題，問題並沒有因此而變得比較容易。

　　向這個世紀難題再度宣戰的人是**懷爾斯**。整整七年的時間，只要一有空他便把自己關在家裡埋首研究。他並沒有因為研究而中斷了大學的授課，因此沒有任何人知道他正與費馬最後定理苦鬥中。

　　1993 年，懷爾斯向世人宣告自己證明了費馬最後定理。可是，懷爾斯征服費馬最後定理的美夢立刻因為證明當中的一個小缺陷而遭到破滅。鍥而不捨的懷爾斯，為了修補這個錯誤再度回到了半封閉的隱居生活，歷經了許多的挫折之後，終於在 1994 年，與他的學生理查泰勒共同修正了這個致命的錯誤，完全解開費馬最後定理的謎底。

◎　◎　◎

　　米爾迦加快了說話的速度，提早做了結尾。該不會是因為一口氣說了這麼多的歷史故事而感到不耐煩了吧！「我想要回歸數學話題本身。」米爾迦看著我說道。

　　「現在，把筆記本拿出來。」

　　見到我一拿出筆記本和自動鉛筆，一旁的由梨小小聲地詢問道。

　　「由梨，可不可以先回家去呢？聽了這麼長的歷史故事之後，我已經頭腦發脹，暈頭轉向了啦！」

　　對於由梨的悄悄話，米爾迦立刻做出了反應。

　　「嗯……我知道了。那麼我就出一題由梨一定可以答得出來的問題好了。」

10.3　懷爾斯的興奮

10.3.1　搭乘著時光機器

　　米爾迦閉起了眼睛，隨後做了一個深呼吸。然後，再度張開眼睛。

「一起搭上時光機器吧！西元 1986 年──我們要將時間點回溯到西元 1986 年。也就是住在太陽系第三行星的地球人，還沒有解開費馬最後定理的時候。由梨我要妳化身成為懷爾斯，思考下面的證明該如何進行。那麼，這就是我們所能夠看到的 1986 年的風景──」

1986 年的風景

谷山・志村的猜想

　　【未獲得證明】每一個橢圓曲線都是一個模形式。

FLT(3)、FLT(4)、FLT(5)、FLT(7)

　　【完成了證明】當 k = 3, 4, 5, 7 時，

　　滿足方程式 $x^k + y^k = z^k$ 的自然數解 x、y、z 並不存在。

弗維曲線

　　【完成了證明】只要有滿足方程式 $x^p + y^p = z^p$ 的自然數解 p、

　　x、y、z 存在的話，弗維曲線就會存在。（x, y, z 為自然數。

　　P≧3 為質數）

弗維曲線與橢圓函數的關係

　　【完成了證明】弗維曲線為橢圓曲線的一種。

弗維曲線與模形式的關係

　　【完成了證明】弗維曲線並不屬於模形式。

「這就是『1986 年時的風景』」米爾迦說道。「【完成了證明】所代表的是，儘管不透過自己證明，還是可以使用的命題。我話說到這裡，現在輪到由梨上場囉。」

由梨看著米爾迦。因為突然遭到米爾迦點名，而嚇到挺直背的由梨。

「儘管會有不懂的用語出現，但如果是由梨的話，一定可以解開接下來的問題。」

問題 10-1（搭乘著時光機器）
從「1986 年的風景」開始思索，接下來只要證明了哪一個的命
題，就等同於證明了費馬最後定理呢？

10.3.2　從風景中發現問題

由梨帶著一臉欲哭無淚的表情看著我（哥哥……），無聲地嘟著嘴向我求救。可是，很快地由梨表情一轉，立刻換成了堅強的表情，隨即將注意力回到了米爾迦的問題上。（因為是反證法……）嘴裡唸唸有詞地開始陷入了思考。

我自己很快的就解開了米爾迦所出的題目。因為米爾迦在名為「1986 年的風景」裡頭，已經預先埋下了清楚明瞭的解題線索。

可是，那些事情姑且不談，我還是感到有點驚訝。

我很喜歡算式。算式可以說是既具體又一貫的存在。解讀算式，理解構造，變化算式引導思考。只要有算式就能夠接受，沒有了算式就會感到不滿。

可是——「費馬最後定理」也未免太困難了點。自由講座的老師讓我們看的算式，我幾乎都解不出來。讓我充滿了挫折感與懊惱。儘管如此——米爾迦給的「1986 年的風景」裡所提示的邏輯卻相當簡單，讓我很容易便能追上。依循的是邏輯，而不是算式。可是，依循著邏輯前進這件事情卻讓我感到喜悅。那種感覺就像不去探查夜空裡頭的星星，只單純地享受觀賞星座的快樂。

在學校裡，常常會被要求「試證明這個」。卻不會告訴我們說「要想清楚應該要證明的是什麼」。最重要的就是解開被交付的問題。可是，發現應該解答的問題不也是同等重要嗎？在錯綜複雜的命題森林裡，找出可以前進的小徑……。

「我懂了！」由梨說話的語調帶著緊張。「谷山‧志村猜想，也就

是——

　　　　『所有的橢圓曲線，都是一個模形式』

的命題，只要可以證明這個命題的話，費馬的最後定理也就會跟著被證明出來了。」

　　「理由是什麼？」米爾迦一秒鐘都不放過，立刻追問道。

　　「使用了——反證法」由梨用禮貌的口吻開始說明。「反證法的假設為所欲證明命題的相反……不！不對！是所欲證明命題的否定。」

　　　　假設：「費馬最後定理並不成立」

這麼一來，會有滿足方程式 $x^n + y^n = z^n$ 的自然數解 n、x、y、z 存在。

　　這樣的話——奇怪？p 是質數嗎……？啊！對了！對了！因為 FLT (4)已經完全被證明了，所以還可以把 $n \neq 4$ 考慮進來。也就是說，我們可以把 n 寫成 $n = mp$。即「自然數 m」與「n 的質因數 $p \geq 3$」兩者的乘積。如果有滿足方程式 $x^n + y^n = z^n$ 的自然數解 n、x、y、z 存在的話，根據指數律

$$(x^m)^p + (y^m)^p = (z^m)^p$$

m、p 會滿足上面的方程式。結果——我們把 x^m, y^m, z^m 更名為 x, y, z 的話，就會得到滿足方程式 $x^p + y^p = z^p$ 的自然數解 p、x、y、z。」

　　說到這裡，由梨看了我一眼。我默不吭聲地點了點頭。

　　「嗯，接下來呢？」米爾迦問道。

　　「接下來，根據『1986 年的風景』……如果滿足方程式 $x^p + y^p = z^p$ 的自然數解 p、x、y、z 存在的話，弗維曲線也就會相對存在。弗維曲線雖然是橢圓曲線的一種，但卻不是模形式。所以……由此，我們得知會有一種被稱為弗維曲線的『非模形式的橢圓曲線』存在。從邏輯上推論出來就是這樣。但至於『弗維曲線』、『橢圓曲線』、『模形式』到底是什麼？由梨並不清楚……」

　　　　推導至的命題：有非模形式的橢圓曲線存在。

　　「到這裡為止，我的推論所使用的都是【已經獲得證明】的部分。

接下來，現在──

　　　　如果說我已經成功證明了谷山·志村猜想的話。

這麼一來，『所有的橢圓曲線，都是一個模形式』就會成立。因為所有的橢圓曲線，都是一個模形式，所以我們可以推導至下面的命題。」

　　　　推導至的命題：非模形式的橢圓曲線並不存在。

「推導出了非模形式的橢圓曲線『存在』及『並不存在』兩個命題。這樣的結果，是互為矛盾的。也因此，根據反證法，所獲得的結果否定了原有的假設，費馬最後定理因而得證。

　　　　假設的否定：『費馬最後定理成立』

──也因此，就像前面所說過的一樣，如果谷山·志村猜想獲得證明的話，費馬最後定理也會同時獲得證明！」

由梨的雙眼炯炯有神地閃耀著，並緊盯著米爾迦看。

我和蒂蒂也盯著米爾迦看。

米爾迦眨了眨眼，只說了一句。

「Perfect！」

解答 10-1（搭乘著時光機器）

如果谷山·志村猜想獲得證明的話，費馬最後定理也會同時獲得證明。

米爾迦一邊微笑著，用靜靜的聲調替由梨做補充。「弗維，創造了弗維曲線。弗維嘗試從Taniyama-Shimura-Weil猜想推導出FLT，但是他的證明含有一些嚴重的漏洞，1987年由法國數學家塞爾（Jean-Pierre Serre, 1926-）加以補足。而美國數學家里貝特（Kenneth Ribet），經過多次失敗後，終於在 1986 年證實了有關的問題。為什麼當懷爾斯知道里貝特證實了弗維猜想後會感到興奮的理由，由梨一定很清楚。費馬最後定理──這是一個延宕有 350 年之久，各路英雄好漢都解決不了的世紀難題。而這個懸而未完成的古老拼圖，目前只差最後一塊就完成了。並

且還獲得了只要可以證明谷山‧志村猜想的話，就能夠把最後一塊拼圖填上這個寶貴的線索。」

由梨不禁情緒激動，連連點了好幾次頭。

10.3.3 半穩定的橢圓曲線

「懷爾斯證明了谷山‧志村猜想對吧！」蒂蒂雙手緊握並置於胸口前說道。

「不好意思！又錯了！」米爾迦說道。

「奇怪？奇怪了?!」

「正如同由梨所說的答案一樣，如果谷山‧志村猜想獲得證明的話，費馬最後定理也會跟著獲得證明。這個推論是正確的。可是，對照實際歷史卻不竟然。事實上，懷爾斯所證明的命題是『所有半穩定的橢圓曲線，都是模形式』。當中附帶有『半穩定』這個限制。」

米爾迦說到這裡突然從座位上站起身來，然後在我們的四周踱來踱去，繼續話題。

「為什麼是附帶有限制的證明呢──這是因為要想證明沒有限制的谷山‧志村猜想實在太困難了──那麼又是為什麼附帶有限制證明起來會比較簡單呢──知道為什麼嗎？」米爾迦將手擺放在蒂蒂的肩膀上。

「咦、嗯嗯……我不知道！」

「由梨呢？」

由梨一言不發地陷入思考，不久之後便抬起頭來回答道。

「知道。這是因為弗維曲線是半穩定的橢圓曲線的緣故對吧！」

「一點都沒錯！」米爾迦用中指推了推滑下鼻梁的眼鏡。「由梨的推論非常符合邏輯。因為懷爾斯使用了反證法，推翻了弗維曲線存在的命題而完成了證明。但這樣的他，到底為什麼會證明了帶有半穩定限制的谷山‧志村猜想呢？那是因為弗維曲線本身即帶有半穩定的性質的緣故。而懷爾斯所證明的最重要的定理如下──

懷爾斯定理：所有半穩定的橢圓曲線，都是模形式。

根據這個定理，可以推導至矛盾的結果。」

根據弗維曲線：

有非模形式的半穩定橢圓曲線存在。

根據懷爾斯定理：

非模形式的半穩定橢圓曲線並不存在。

「這兩個結果互為矛盾。根據反證法，證明完成。於是，費馬最後定理終於成了真正的定理。」

10.3.4　證明的概略

「費馬最後定理」證明的概略

使用反證法。

1. 假設：費馬最後定理並不成立。
2. 根據假設，製造出弗維曲線。
3. 弗維曲線：弗維曲線雖然是橢圓曲線的一種，但卻不是模形式。
4. 意即，「有非模形式的半穩定橢圓曲線存在」。
5. 懷爾斯的定理：所有半穩定的橢圓曲線，都是模形式。
6. 意即，「非模形式的半穩定橢圓曲線並不存在」。
7. 上述的 4、與 6、互相矛盾。
8. 因此得證，費馬最後定理成立。

米爾迦的眼睛，在一言不發的我們身上來回打轉。

「這個『證明的概略』在邏輯上是正確的。可是，卻仍嫌美中不足。會有這種感覺是理所當然的！因為這個『證明的概略』充其量也不過就是概略啊！谷山・志村猜想是什麼？不知道。『弗維曲線』、『橢圓曲線』、『模形式』，像這些重要的單字的意思也不知道。就算無法理解懷爾斯的證明，難道就不能體會谷山・志村猜想了嗎？至少，也要能夠往前更深入數學的領域──我們都會這麼想……不是嗎？」米爾迦說道。

我們不由得點頭贊同。

「接下來，我們要針對以下四個課題來進行數學上的討論。

- 橢圓曲線的世界
- 自守形式的世界
- 谷山・志村猜想
- 弗維曲線

『谷山・志村猜想』完整的證明是在 1999 年全部完成的，同時也是從這一年開始被稱為『谷山・志村定理』。首先，所謂的橢圓曲線就是……嗯、在改變話題之前，我們先換一下地點。圍觀的人實在太多了。」米爾迦說道。

在學生餐廳裡，我們座位的附近圍有一大群人。參加討論會的高中生們，聚精會神認真地聽著米爾迦的解說。

10.4　橢圓曲線的世界

10.4.1　什麼是橢圓曲線

我們從學生餐廳移往二樓咖啡廳。桌子夠寬，足以坐得下四個人，大家喝著咖啡（只有由梨喝可可亞），繼續著剛剛的話題。

「由梨，還想先回家嗎？」米爾迦問道。

「我想聽米爾迦大小姐的說明。聽得懂也好，聽不懂也沒有關係。」

「好。那麼，我就先從定義開始說明。什麼是橢圓曲線——」

◎　◎　◎

所謂的**橢圓曲線**，即由有理數 a、b、c，藉以下方程式所構成的曲線。

$$y^2 = x^3 + ax^2 + bx + c$$

但是，附帶有下面的條件。

即三次方程式 $x^3 + ax^2 + bx + c = 0$ 沒有重根。

這就是橢圓曲線的定義——說得嚴謹一點，就是「有理數體 $\mathbb{Q}$ 上的」橢圓曲線的定義。也就是將 x、y 當作有理數體 $\mathbb{Q}$ 的元素來思考。

舉例來說，下面的公式就是橢圓曲線的方程式。

$$y^2 = x^3 - x \qquad \text{橢圓曲線方程式的例子}$$

這是將 $(a, b, c) = (0, -1, 0)$ 代入方程式 $y^2 = x^3 + ax^2 + bx + c$ 時所得到的結果。$y^2 = x^3 - x$ 的右邊可因式分解成

$$x^3 - x = (x - 0)(x - 1)(x + 1)$$

則三次方程式 $x^3 - x = 0$ 的解為 $x = 0$、1、-1，且這三個有理數並不是重根，因此滿足了橢圓曲線的條件。讓我們動手畫畫橢圓曲線圖。

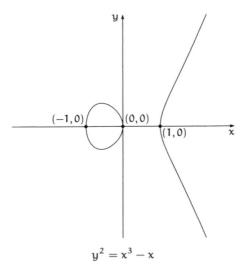

$$y^2 = x^3 - x$$

橢圓曲線 $y^2 = x^3 - x$ 的圖形

◎　◎　◎

「圖形左邊類似圓形的部分，就是橢圓嗎？」蒂蒂開口問道。

「不是！」米爾迦回答。「『橢圓曲線』當中所包含的橢圓兩字，是由於歷史性的典故而來。橢圓曲線的形狀和橢圓一點關係也沒有。」

10.4.2　從有理數體到有限體

接下來，讓我們針對橢圓曲線 $y^2 = x^3 - x$ 來進行代數性的研究。

先簡單說明一下數學的領域好了。

- **代數**所關注的是，方程式及其解、群、環、體等。
- **幾何**所關注的是，點、線、面、立體、相切、相交等。
- **分析學**所關注的是，極限、微分、導函數、積分等。

當然，這些觀念之間也是彼此相互關聯的。舉個例子來說，像方程式的「重根」雖然是代數上的概念，但是也與曲線「相切」的幾何概念，及「導函數」值為 0 的分析概念有所關聯。

值得慶幸的是，只要能充分理解谷山・志村的定理，就不需要其它更強大的武器了。而所需的必要物件為，**剩餘**（這裡的剩餘，指的不是數學上的餘數，而是那些為解決這問題而努力的數學家們，苦鬥過後所遺留下來的重要數學資產）、**毅力**及**想像力**。

剛剛，為了要瞭解橢圓曲線 $y^2 = x^3 - x$ 的型態，我們先用因式分解了三次方程式 $x^3 - x$，接著再求三次方程式 $x^3 - x = 0$ 的解，最後可以得到(0, 0)、(1, 0)、(−1, 0)這三個有理數點。

有理數體 $\mathbb{Q}$ 本身只是單一個，換句話說，也是有限多個。但有理數體的元素有無限多個。即有理數有無窮個的意思。

在這裡，我們翻轉一下想法。可以將有理數體視為是無窮多個，但每一個有理數體所含的元素都是有限。這麼一來，我們就可以瞭解這個體了。這就是有限體。有限體 $\mathbb{F}_p$ 的元素有 p 個，也就是有限個。但因為質數 p 有無窮多個，所以 $\mathbb{F}_p$ 也會有無窮多個。

接下來，我們要從「有理數體 $\mathbb{Q}$ 的世界」往「有限體 $\mathbb{F}_p$ 的世界」做空間移動囉。

從有限體 $\mathbb{F}_p$ 當中，找出符合橢圓曲線方程式的點(x, y)。

$$y^2 = x^3 - x \qquad (x, y \in \mathbb{F}_p)$$

換句話說，橢圓曲線方程式

$$y^2 \equiv x^3 - x \quad (\text{mod } p)$$

與上面的模算術被視為等價。

我們來簡單的複習一下有限體。有限體 $\mathbb{F}_p$，是 p 個元素的集合，其元素經加減乘除後 $\text{mod } p$ 依然屬於 $\mathbb{F}_p$。

$$\mathbb{F}_p = \{0, 1, 2, \ldots, p-1\}$$

為了使用 0 以外的數除算之後還在 $\mathbb{F}_p$ 中，p 必須為質數。有限體 $\mathbb{F}_p$，

$$\mathbb{F}_2 = \{0, 1\}$$
$$\mathbb{F}_3 = \{0, 1, 2\}$$
$$\mathbb{F}_5 = \{0, 1, 2, 3, 4\}$$
$$\mathbb{F}_7 = \{0, 1, 2, 3, 4, 5, 6\}$$
$$\mathbb{F}_{11} = \{0, 1, 2, 3, 4, 5, 6, 7, 8, 9, 10\}$$
$$\vdots$$

就會像上面的組合一樣，有無窮多個。希望大家要記得，儘管體的數有無窮多個，但每一個體的元素卻是有限個。

◎　◎　◎

「為什麼『有限個』這麼重要呢！」蒂蒂問道。

「為了要能夠一網打盡的緣故啊！」米爾迦立刻回答道。「有限體 $\mathbb{F}_p$ 的元素只有 p 個。所以，只要將這 p 個元素代入 x 與 y，便能進行檢驗。如果質數 p 很小的話，就可以用手算。可以一個點、一個點找出符合橢圓曲線方程式的點 (x, y)。」

「這相當需要毅力呢喵～」由梨叫道。

「沒錯！」米爾迦點頭表示贊同。「有限體 $\mathbb{F}_p$，是有理數體 $\mathbb{Q}$ 的袖珍版。非常適合用來進行遊戲。接下來，就讓我們來殺個片甲不留吧！」

10.4.3　有限體 $\mathbb{F}_2$

最簡單的有限體 $\mathbb{F}_2=\{0, 1\}$ 的運算表如下所示。因為是有限體，所以會用到加法和乘法。在進行普通的計算之後，再用 2 除，以求出餘數（剩餘）。

+	0	1
0	0	1
1	1	0

×	0	1
0	0	0
1	0	1

(x, y) 的可能組合，有以下四種。

$$(x, y) = (0, 0), (0, 1), (1, 0), (1, 1)$$

將這四種可能的組合通通代入方程式 $y^2 = x^3 - x$，檢測看看等號是否能成立。只是，加減乘除的運算，要使用前一頁的運算表。雖然減法只要加上加法反元素就可以了，但因為太麻煩了，所以我們直接先將 x 移項，決定用下面的形式來做檢驗。

$$y^2 + x = x^3 \qquad （移項整理，將 x 往等號左邊移，讓減法消失）$$

舉例子說明，將 $(x, y) = (0, 0)$，代入 $y^2 + x = x^3$，可得 $0^2 + 0 = 0^3$。使用運算表來計算的話，就會得到左邊等於 0，右邊也會等於 0。因為左右相等，所以 $\mathbb{F}_2$ 上的點 $(0, 0)$ 在 $y^2 = x^3 - x$ 時成立。利用同樣的方法步驟，來驗證 (x, y) 的四種可能組合是否成立。

(x, y)	$y^2 + x = x^3$	是否成立？
$(0, 0)$	$0^2 + 0 = 0^3$	成立
$(1, 0)$	$0^2 + 1 = 1^3$	成立
$(0, 1)$	$1^2 + 0 = 0^3$	無法成立
$(1, 1)$	$1^2 + 1 = 1^3$	無法成立

這麼一來，我們便可以知道在 $\mathbb{F}_2$ 上，方程式 $y^2 = x^3 - x$ 的解有以下兩個。

$$(x, y) = (0, 0), (1, 0)$$

◎　◎　◎

「米爾迦大小姐！在變換過地點之後，之前那個沒有重根的條件……」

「由梨，妳真是聰明。」米爾迦出言稱讚。

「原來如此！」我說。由梨還真是厲害呢！

「大家發現了什麼嗎？」蒂蒂疑惑地問道。

「由梨！」米爾迦催促著由梨繼續往下說。

「好。在移動變換地點之前曾提到——橢圓曲線二次三元方程式 $x^3 + ax^2 + bx + c = 0$，必須符合沒有重根的條件。但是，在變換過地點之後——在有限體的世界中，看起來不符合沒有重根的條件，好像也沒關係的樣子喵……」

「由梨說得很對」米爾迦說道。「利用有限體來思考橢圓曲線的時候，必須要重新檢視條件。或許在墜落入袖珍版世界的同時，橢圓曲線也跟著消失了。」

由梨沒有漏掉條件。還真的是沒有漏掉呢！

「在現實中 $\mathbb{F}_2$ 的情況是？」我問道。

「在 $\mathbb{F}_2$ 上，$y^2 + x = x^3$ 並不足以構成橢圓曲線。原因是，$x^3 - x$ 可因式分解成下面的形式。而因數的平方 $(x-1)^2$ 會產生重根。」

$$x^3 - x = (x-0)(x-1)^2 \qquad \mathbb{F}_2 \text{ 中的因式分解}$$

「這個因式分解正確嗎？」蒂蒂問道。

「很正確。再試著回想有理數體中的因式分解——

$$x^3 - x = (x-0)(x-1)(x+1) \qquad \mathbb{Q} \text{ 中的因式分解}$$

在 $\mathbb{F}_2$ 裡，因為 1 是 1 自己本身的加法反元素，所以『加 1』及『減 1』都是等價的。這也就是說，$(x+1)$ 與 $(x-1)$ 兩者可以互相替換。」

$$
\begin{aligned}
x^3 - x &= (x-0)(x-1)(x+1) \qquad &&\text{因式分解} \\
&= (x-0)(x-1)(x-1) \qquad &&\text{將}(x+1)\text{替換成}(x-1)\text{代入（在}\mathbb{F}_2\text{中）} \\
&= (x-0)(x-1)^2 \qquad &&\text{整理}(x-1)
\end{aligned}
$$

「……我懂了。目前所思考的運算該使用在哪一個體上才是最重要的對吧！」看起來蒂蒂似乎也理解了。

10.4.4 有限體 $\mathbb{F}_3$

「接下來，要舉有限體 $\mathbb{F}_3 = \{0, 1, 2\}$ 的例子。運算表如下所示。

+	0	1	2
0	0	1	2
1	1	2	0
2	2	0	1

×	0	1	2
0	0	0	0
1	0	1	2
2	0	2	1

利用 (x, y) 的九種可能組合，來驗證 $y^2 + x = x^3$ 是否成立」

(x, y)	$y^2 + x = x^3$	是否成立？
$(0, 0)$	$0^2 + 0 = 0^3$	成立
$(1, 0)$	$0^2 + 1 = 1^3$	成立
$(2, 0)$	$0^2 + 2 = 2^3$	成立
$(0, 1)$	$1^2 + 0 = 0^3$	無法成立
$(1, 1)$	$1^2 + 1 = 1^3$	無法成立
$(2, 1)$	$1^2 + 2 = 2^3$	無法成立
$(0, 2)$	$2^2 + 0 = 0^3$	無法成立
$(1, 2)$	$2^2 + 1 = 1^3$	無法成立
$(2, 2)$	$2^2 + 2 = 2^3$	無法成立

「這麼一來，我們便可以知道在 $\mathbb{F}_3$ 上，方程式 $y^2 = x^3 - x$ 的解有以下三個。」

$$(x, y) = (0, 0), (1, 0), (2, 0)$$

「米爾迦大小姐！在 $\mathbb{F}_3$ 上是否就可以構成橢圓曲線了呢？」

「沒錯！在方程式 $y^2 = x^3 - x$ 的情況下，去掉有限體時，橢圓曲線會跟著消失的就只限於 $\mathbb{F}_2$。說明省略。」

「去掉有限體——嗎？」對用語感到在意的蒂蒂開口問道。

「正確的用語是約化。將有理數體上的橢圓曲線移往有限體上，即稱為約化。用質數 p 將橢圓曲線約化，而不會產生重根的話，就叫做『p

有好的約化』。如果產生重根的話，就叫做『p 有壞的約化』。會替橢圓曲線 $y^2 = x^3 - x$ 帶來壞約化的是 2。因為 $\mathbb{F}_2$ 會產生重根。」

「『約化』嗎？……聽起來好像是化學用語哦！」蒂德拉說。

「壞的約化也有分種類。當用 p 來約化橢圓曲線，重根限於二重根的範圍時，這個橢圓曲線即稱為『p 有乘法的約化』；如果重根為三重根的話，則稱為『p 有加法的約化』。」

「太複雜了喵～」

「還有，當不管用哪個質數來進行約化，只會有『好的約化』，或者是有『乘法的約化』的時候，這個橢圓曲線，就被稱為半穩定的橢圓曲線。」

「咦？」發出聲音的人是我。「那個、不就是已經被懷爾斯證明了的……」

「沒錯！在懷爾斯定理：『任意半穩定的橢圓曲線都是模曲線』中所出現的『半穩定』的定義，正是這個。所謂的半穩定的橢圓曲線，是指不管用哪一個質數來進行橢圓曲線的約化，即使產生了重根，重根也僅限於二重根。」

10.4.5　有限體 $\mathbb{F}_5$

有限體 $\mathbb{F}_5 = \{0, 1, 2, 3, 4\}$ 的運算表如下所示。

+	0	1	2	3	4
0	0	1	2	3	4
1	1	2	3	4	0
2	2	3	4	0	1
3	3	4	0	1	2
4	4	0	1	2	3

×	0	1	2	3	4
0	0	0	0	0	0
1	0	1	2	3	4
2	0	2	4	1	3
3	0	3	1	4	2
4	0	4	3	2	1

這一次，我們要將 (x, y) 的二十五種可能組合一個一個來進行驗證。

(x,y)	$y^2 + x = x^3$	是否成立？
$(0,0)$	$0^2 + 0 = 0^3$	成立
$(1,0)$	$0^2 + 1 = 1^3$	成立
$(2,0)$	$0^2 + 2 = 2^3$	不成立
$(3,0)$	$0^2 + 3 = 3^3$	不成立
$(4,0)$	$0^2 + 4 = 4^3$	成立
$(0,1)$	$1^2 + 0 = 0^3$	不成立
$(1,1)$	$1^2 + 1 = 1^3$	不成立
$(2,1)$	$1^2 + 2 = 2^3$	成立
$(3,1)$	$1^2 + 3 = 3^3$	不成立
$(4,1)$	$1^2 + 4 = 4^3$	不成立
$(0,2)$	$2^2 + 0 = 0^3$	不成立
$(1,2)$	$2^2 + 1 = 1^3$	不成立
$(2,2)$	$2^2 + 2 = 2^3$	不成立
$(3,2)$	$2^2 + 3 = 3^3$	成立
$(4,2)$	$2^2 + 4 = 4^3$	不成立
$(0,3)$	$3^2 + 0 = 0^3$	不成立
$(1,3)$	$3^2 + 1 = 1^3$	不成立
$(2,3)$	$3^2 + 2 = 2^3$	不成立
$(3,3)$	$3^2 + 3 = 3^3$	成立
$(4,3)$	$3^2 + 4 = 4^3$	不成立
$(0,4)$	$4^2 + 0 = 0^3$	不成立
$(1,4)$	$4^2 + 1 = 1^3$	不成立
$(2,4)$	$4^2 + 2 = 2^3$	成立
$(3,4)$	$4^2 + 3 = 3^3$	不成立
$(4,4)$	$4^2 + 4 = 4^3$	不成立

因此，我們瞭解到在 $\mathbb{F}_5$ 上方程式 $y^2 = x^3 - x$ 的解可以得到下面七個。

$$(x,y) = (0,0),(1,0),(4,0),(2,1),(3,2),(3,3),(2,4)$$

10.4.6 點的個數是？

「也差不多該到了會不想動手計算的時候了。在有限體 $\mathbb{F}_p$ 上，我們將方程式 $y^2 = x^3 - x$ 的解的個數用 s(p) 來表示。

s(p)＝（在有限體上 $\mathbb{F}_p$ 上，方程式 $y^2 = x^3 - x$ 的解的個數）

在前面，我們已經針對 s(2), s(3), s(5)進行過研究了。只要再將下列表格

空白的地方填上去即可。

$\mathbb{F}_p$	$\mathbb{F}_2$	$\mathbb{F}_3$	$\mathbb{F}_5$	$\mathbb{F}_7$	$\mathbb{F}_{11}$	$\mathbb{F}_{13}$	$\mathbb{F}_{17}$	$\mathbb{F}_{19}$	$\mathbb{F}_{23}$	$\cdots$
$s(p)$	2	3	7							

大家一起分工合作一下吧！由梨負責 $\mathbb{F}_7$ 與 $\mathbb{F}_{11}$。蒂蒂負責 $\mathbb{F}_{13}$ 與 $\mathbb{F}_{17}$。剩下的 $\mathbb{F}_{19}$ 與 $\mathbb{F}_{23}$，就由你負責囉！」米爾迦對我說道。

「那米爾迦大小姐呢？」由梨問道。

「假寐片刻，等妳們完成了我就會起床。」米爾迦話一說完便立刻閉上了眼睛。

有一小段的時間，除了米爾迦之外的三個人，都默默地埋頭進行著有限體的計算。我們必須求出在有限體 $\mathbb{F}_p$ 當中，滿足橢圓曲線方程式 $y^2 = x^3 - x$ 的點會有幾個。p 值愈大，所需要花費的時間就愈多。可是，計算本身並不會很困難。我在計算的空檔，偶爾會偷瞄在一旁假寐的米爾迦。

米爾迦閉上了眼睛，輕輕地靠在椅背上。仔細看的話，可以發現米爾迦發出了微微的鼻息睡得很香甜。這位黑髮才女，居然還真的給我睡著了呢……！

坐在隔壁的蒂蒂用手肘頂了頂我。

「學長你的手停下來囉！」

在求出點的個數以後，我們將彼此負責的有限體交換進行驗算。計算錯誤，我有一個、蒂蒂有三個、由梨零個。

「由梨，真的是很厲害呢……」蒂蒂稱讚道。

「喵哈哈～」

「那麼，我要叫女王起床囉！」

10.4.7 稜鏡

「$s(p)$ 的數列表完成囉！」才剛睜開眼的米爾迦，立刻進入狀況繼續往下解說。

$\mathbb{F}_p$	$\mathbb{F}_2$	$\mathbb{F}_3$	$\mathbb{F}_5$	$\mathbb{F}_7$	$\mathbb{F}_{11}$	$\mathbb{F}_{13}$	$\mathbb{F}_{17}$	$\mathbb{F}_{19}$	$\mathbb{F}_{23}$	$\cdots$
$s(p)$	2	3	7	7	11	7	15	19	23	$\cdots$

「我們剛剛稍微在橢圓曲線的世界裡漫步了一下。我們以方程式 $y^2 = x^3 - x$ 的橢圓曲線為例，算出了有限體 $\mathbb{F}_p$ 內解的個數。」

「這個 $s(p)$ 數列到底有什麼意思呢？」蒂蒂舉起手發問。

「有質數的感覺喵～」

「這個 $s(p)$ 數列代表了橢圓曲線方程式 $y^2 = x^3 - x$ 的某一個側面。使用無窮多個有限體，從各個角度來觀看橢圓曲線。」

「感覺就像稜鏡一樣呢。」蒂蒂說道。「太陽光一穿過稜鏡之後，就會分離出各種顏色。將這些顏色完全重疊之後，就會回復成原來的光。大家不覺得它們很神似嗎？有理數體 $\mathbb{Q}$ 就像是太陽光，而有限體 $\mathbb{F}_p$ 則代表著每一個質數 p 的顏色……」

「蒂蒂的這個比喻，還真是相當不賴呢！」米爾迦稱讚道。「……『橢圓曲線的世界』的介紹差不多就到此為止了，等吃過巧克力慕絲之後，接下來我們再一起往『自守形式的世界』移動吧！」

「巧克力慕絲？」

「現在，由梨馬上就去買。」從米爾迦的手裡接過錢，由梨一邊搖晃著馬尾，一邊跑向甜點櫃檯。

10.5　自守形式的世界

10.5.1　保持形式

一吃完巧克力慕絲之後，米爾迦立刻開始進入自守形式的話題。

「下面的函數 $\overset{\text{phi}}{\Phi}(z)$ 所擁有的意義，可說寓意深刻奧妙。」

$$\Phi(z) = e^{2\pi i z} \prod_{k=1}^{\infty} \left(1 - e^{8k\pi i z}\right)^2 \left(1 - e^{16k\pi i z}\right)^2$$

在這裡參數（Parameter）z 暗示著複數——由梨，怎麼了？」

「米爾迦大小姐……由梨完全搞不懂這個算式的意思。」

「沒關係！哥哥會用淺顯易懂的方式解釋給妳聽哦！」米爾迦看著我。

「我想一下……」不要突然就把燙手的山芋丟給我啦！「由梨。在看到像這種複雜算式的時候，馬上想著『完全都看不懂』是不行的唷！」

「人家才沒有想著什麼『全部都不懂』哩！——我看一下、在這個算式裡頭我不懂的就是 Π 這個像鳥居一樣的符號啦！」

「Π 這個符號不叫鳥居，它唸成 $\overset{\text{pi}}{\Pi}$ 唷！它是用來表示乘法的符號。Π 的下面寫著 $k = 1$，而上面寫著 ∞。這是表示變數 k 可以自由變化為 $1, 2, 3 \cdots$ 任一數，並能與寫在 Π 右邊的所有因子相乘的意思。……懂了嗎？」

「根本不懂。舉個具體的例子教學一下嘛！」由梨不滿地嘟起了嘴。

「我們不使用 Π，用 × 的符號來將米爾迦剛剛寫的 $\Phi(z)$ 算式改寫一下。讓它們變成無窮乘積。」

$$
\begin{aligned}
\Phi(z) &= e^{2\pi i z} \prod_{k=1}^{\infty} \left(1 - e^{8k\pi i z}\right)^2 \left(1 - e^{16k\pi i z}\right)^2 \\
&= e^{2\pi i z} \times \left(1 - e^{8 \times 1\pi i z}\right)^2 \times \left(1 - e^{16 \times 1\pi i z}\right)^2 \\
&\quad \times \left(1 - e^{8 \times 2\pi i z}\right)^2 \times \left(1 - e^{16 \times 2\pi i z}\right)^2 \\
&\quad \times \left(1 - e^{8 \times 3\pi i z}\right)^2 \times \left(1 - e^{16 \times 3\pi i z}\right)^2 \\
&\quad \times \cdots
\end{aligned}
$$

「雖然我已經搞懂了 Π 的意思……但實在太複雜了喵～」由梨說道。

「所以啊！為了能夠寫得簡單一點，所以才使用了 Π 這個符號啊！」我說道。

「$\Phi(z)$ 是**自守形式**的一種。最特別的是，自守形式為被稱為**模形式**的同類。」米爾迦說道。「a、b、c、d 為整數，滿足 $ad - bc = 1$，而 c 為 32 的倍數。此外，$z = u + vi$ 且 $v > 0$，經由這些條件……我們可

以知道下面的等式會成立！」

$$\Phi\left(\frac{az+b}{cz+d}\right) = (cz+d)^2\,\Phi(z)$$

「自守……形式。」由梨覆誦著。

「保持形式。在 $\Phi\left(\dfrac{az+b}{cz+d}\right)=(cz+d)^2\Phi(z)$ 這個式子當中，我們可以這樣解讀『透過 Φ 來看的話，z 與 $\dfrac{az+b}{cz+d}$ 看起來是相同的形式』。儘管將 $z \to \dfrac{az+b}{cz+d}$ 做了這樣的變換，仍可以保有原來的形式，即稱為自守形式。話雖如此，卻出現有 $(cz+d)^2$ 這種程度的誤差。$(cz+d)^2$ 中的指數 2 稱為『一權』，而 $\Phi(z)$ 則稱為『一權為 2 的自守形式』。到目前為止，有任何問題嗎。」

「完全無法理解……這些外星文！」蒂蒂抱著頭懊惱著。

「嗯……這樣的話，我來舉個簡單的例子說明好了。因為『a、b、c、d 為整數，滿足 $ad-bc=1$，而 c 為 32 的倍數』，讓我們試著思考一下 $\begin{pmatrix} a & b \\ a & d \end{pmatrix} = \begin{pmatrix} 1 & 1 \\ 0 & 1 \end{pmatrix}$。這麼一來……

$$\Phi\left(\frac{az+b}{cz+d}\right) = (cz+d)^2\,\Phi(z) \qquad \Phi(z) \text{ 的等式}$$

$$\Phi\left(\frac{1z+1}{0z+1}\right) = (0z+1)^2\,\Phi(z) \qquad \text{將} \begin{pmatrix} a & b \\ c & d \end{pmatrix} = \begin{pmatrix} 1 & 1 \\ 0 & 1 \end{pmatrix} \text{代入}$$

$$\Phi(z+1) = \Phi(z) \qquad \text{計算之後得到}$$

也就是，$z+1$ 與 z 如果同時可以通過 Φ 的話，就能夠一視同仁。換句話說，就是在實軸方向上週期為 1 的函數。」

「雖然不是很暸解……但卻有種原來如此的感覺！」蒂蒂說道。

「……如果接下來的說明比這個更複雜的話，我的頭就要爆炸了喵！」由梨說道。

「那好吧！接下來我就把 $\Phi(z)$ 變簡單一點好了！」

米爾迦微笑著，將手放在由梨的頭上。

10.5.2 展開商數(q)

「讓我們回到函數 $\Phi(z)$ 的定義式上來一探究竟。」米爾迦繼續話題。

$$\Phi(z) = e^{2\pi iz} \prod_{k=1}^{\infty} \left(1 - e^{8k\pi iz}\right)^2 \left(1 - e^{16k\pi iz}\right)^2$$

「在這裡，大家應該都發現了無窮被鑲嵌在 $e^{2\pi iz}$ 這個式子裡。因此，我們可以像下面一樣來定義 q。

$$q = e^{2\pi iz} \qquad （q 的定義）$$

這個時候，可以使用 q 來表現 $\Phi(z)$——這裡就讓蒂德拉來大顯身手一番。」

「咦？咦……讓我來嗎？」蒂蒂（這樣嗎？指數律……）一邊唸唸有詞，一邊陷入了思考。「是不是像這個樣子呢……」

$$\Phi(z) = q \prod_{k=1}^{\infty} \left(1 - q^{4k}\right)^2 \left(1 - q^{8k}\right)^2$$

「變化算式並不怎麼困難。使用到的只有指數律而已。」

$$\begin{cases} e^{2\pi iz} &= q \\ e^{8k\pi iz} &= \left(e^{2\pi iz}\right)^{4k} = q^{4k} \\ e^{16k\pi iz} &= \left(e^{2\pi iz}\right)^{8k} = q^{8k} \end{cases}$$

「好！」米爾迦說道。「就像這樣，使用 $q = e^{2\pi iz}$ 來表示函數 $\Phi(z)$ 的定義式，我們稱之為展開商數。接下來，我們要將焦點集中在 q 的部分。」

10.5.3 從 F(q)到 a(k)數列

「因為要刻意忘掉 $\Phi(z)$，而把焦點集中在 q 上面，現在我們要將 $\Phi(z)$ 更名為 $F(q)$」

$$F(q) = q \prod_{k=1}^{\infty} \left(1 - q^{4k}\right)^2 \left(1 - q^{8k}\right)^2$$

$$= q \left(1 - q^4\right)^2 \left(1 - q^8\right)^2$$

$$\left(1 - q^8\right)^2 \left(1 - q^{16}\right)^2$$

$$\left(1 - q^{12}\right)^2 \left(1 - q^{24}\right)^2$$

$$\cdots$$

「F(q)的整體為『乘積的形式』。從現在開始，我們想要將它轉變為『和的形式』。由梨，把乘積轉變為和，我們怎麼稱呼？」

「我不知……啊！該不會是展開吧?!」

「沒錯！那麼，現在就來展開 F(q)吧！最適合這個重責大任的人選，當然就是身為數學狂的哥哥囉！」

「等一下！F(q)可是無窮乘積耶……」我說道。

「只要從 q^1 到 q^{29} 的係數是正確的話，那麼我們就可以不需要理會三十次以後的項了。也可以不用理會函數的收斂性質。把它當作形式上的冪級數來計算即可。」

◎　◎　◎

我就在被三個女生同時緊迫盯人的狀態下，動手展開算式。這種情況可真叫人緊張呢……。一瞬間，我只花了些功夫在思索如何計算上，接下來全部就交給體力來決勝負了。只要算到 q^{29} 就可以了，在計算過程中，不需要理會 30 次以上的項。那麼，我就省略三十次以上的項，將它們縮寫成 Q_{30} 吧！

$$F(q) = q \prod_{k=1}^{\infty} \left(1 - q^{4k}\right)^2 \left(1 - q^{8k}\right)^2$$

$k = 1$ 情況的因數出現在 $\prod$ 的前面。

$$= q \left(1 - q^4\right)^2 \left(1 - q^8\right)^2 \prod_{k=2}^{\infty} \left(1 - q^{4k}\right)^2 \left(1 - q^{8k}\right)^2$$

展開平方的部分。

$$= q \left(1 - 2q^4 + q^8\right) \left(1 - 2q^8 + q^{16}\right) \prod_{k=2}^{\infty} \left(1 - q^{4k}\right)^2 \left(1 - q^{8k}\right)^2$$

將 q 放進括弧當中。

$$= \left(q - 2q^5 + q^9\right) \left(1 - 2q^8 + q^{16}\right) \prod_{k=2}^{\infty} \left(1 - q^{4k}\right)^2 \left(1 - q^{8k}\right)^2$$

將前面的兩個因數相乘。

$$= \left(q - 2q^5 - q^9 + 4q^{13} - q^{17} - 2q^{21} + q^{25}\right)$$
$$\times \prod_{k=2}^{\infty} \left(1 - q^{4k}\right)^2 \left(1 - q^{8k}\right)^2$$

呼……。努力繼續往下計算吧！

$$F(q) = \left(q - 2q^5 - q^9 + 4q^{13} - q^{17} - 2q^{21} + q^{25}\right)$$
$$\times \left(1 - q^8\right)^2 \left(1 - q^{16}\right)^2 \prod_{k=3}^{\infty} \left(1 - q^{4k}\right)^2 \left(1 - q^{8k}\right)^2$$
$$= \left(q - 2q^5 - 3q^9 + 8q^{13} - 8q^{21} + 8q^{25} - 8q^{29} + Q_{30}\right)$$
$$\times \prod_{k=3}^{\infty} \left(1 - q^{4k}\right)^2 \left(1 - q^{8k}\right)^2$$
$$= \left(q - 2q^5 - 3q^9 + 6q^{13} + 4q^{17} - 2q^{21} - 9q^{25} - 6q^{29} + Q_{30}\right)$$
$$\times \prod_{k=4}^{\infty} \left(1 - q^{4k}\right)^2 \left(1 - q^{8k}\right)^2$$
$$= \left(q - 2q^5 - 3q^9 + 6q^{13} + 2q^{17} + 2q^{21} - 3q^{25} - 18q^{29} + Q_{30}\right)$$
$$\times \prod_{k=5}^{\infty} \left(1 - q^{4k}\right)^2 \left(1 - q^{8k}\right)^2$$
$$= \left(q - 2q^5 - 3q^9 + 6q^{13} + 2q^{17} + q^{25} - 12q^{29} + Q_{30}\right)$$
$$\times \prod_{k=6}^{\infty} \left(1 - q^{4k}\right)^2 \left(1 - q^{8k}\right)^2$$
$$= \left(q - 2q^5 - 3q^9 + 6q^{13} + 2q^{17} - q^{25} - 8q^{29} + Q_{30}\right)$$
$$\times \prod_{k=7}^{\infty} \left(1 - q^{4k}\right)^2 \left(1 - q^{8k}\right)^2$$

$\prod_{k=8}^{\infty} \left(1 - q^{4k}\right)^2 \left(1 - q^{8k}\right)^2$ 以後，出現的都是三十次以上的項，所以 $k = 8$ 之後不展開也沒有關係。

$$F(q) = \left(q - 2q^5 - 3q^9 + 6q^{13} + 2q^{17} - q^{25} - 8q^{29} + Q_{30}\right)$$
$$\times \left(1 - q^{28}\right)^2 \left(1 - q^{56}\right)^2 \prod_{k=8}^{\infty} \left(1 - q^{4k}\right)^2 \left(1 - q^{8k}\right)^2$$
$$= \left(q - 2q^5 - 3q^9 + 6q^{13} + 2q^{17} - q^{25} - 10q^{29} + Q_{30}\right)$$
$$\times \prod_{k=8}^{\infty} \left(1 - q^{4k}\right)^2 \left(1 - q^{8k}\right)^2$$

◎　○　◎

「完成了。這樣應該就沒有問題了吧！」我說道。

$$F(q) = q - 2q^5 - 3q^9 + 6q^{13} + 2q^{17} - q^{25} - 10q^{29} + \cdots$$

「好！」米爾迦點著頭。「接下來，我們就把 q^k 的係數稱為 $a(k)$ 好了。這麼一來，便可以把 $F(q)$ 視為是 $a(k)$ 的**母函數**。我們將係數明確地一一寫下來……。

$$F(q) = 1q - 2q^5 - 3q^9 + 6q^{13} + 2q^{17} - 1q^{25} - 10q^{29} + \cdots$$

我們將係數整理成下列的表格。

k	1	5	9	13	17	25	29	...
a(k)	1	−2	−3	6	2	−1	−10	...

$F(q)$ 可以從數列 $a(k)$ 恢復原狀。換句話說，也就是在數列 $a(k)$ 當中，含有像是 $F(q)$ 遺傳基因之類的情報——。那麼，終於要進入下一個話題了！我們要針對聯繫橢圓函數與自守形式世界的『谷山・志村定理』來進行討論。」

10.6　谷山・志村定理

10.6.1　兩個世界

　　我們要針對谷山‧志村定理來做討論。今天，我們不斷地在這兩個世界裡穿梭。在「橢圓曲線的世界」中，我們從橢圓曲線的方程式 $y^2 = x^3 - x$ 製造出了數列 s(p)。在「自守形式的世界」中，我們從自守形式 $\Phi(z)$ 製造出了 F(q)，再從 F(q) 製造出了數列 a(k)。谷山‧志村定理，可以說就是對應這兩個世界的主張。

橢圓曲線的例子　　　　　　　　　　　　自守形式的例子

$$y^2 = x^3 - x \;\to\; s(p) \quad (?) \quad a(k) \;\leftarrow\; q \prod_{k=1}^{\infty} \left(1 - q^{4k}\right)^2 \left(1 - q^{8k}\right)^2$$

我們將 s(p) 與 a(k) 這兩個數列整理成下面的表格。

$\mathbb{F}_p$	$\mathbb{F}_2$	$\mathbb{F}_3$	$\mathbb{F}_5$	$\mathbb{F}_7$	$\mathbb{F}_{11}$	$\mathbb{F}_{13}$	$\mathbb{F}_{17}$	$\mathbb{F}_{19}$	$\mathbb{F}_{23}$	$\cdots$
s(p)	2	3	7	7	11	7	15	19	23	$\cdots$

k	1	5	9	13	17	25	29	$\cdots$
a(k)	1	-2	-3	6	2	-1	-10	$\cdots$

把焦點鎖在質數，將兩個表格合併成一個表格的話，這兩個世界便聯繫起來了。

問題 10-2（在橢圓曲線與自守形式之間架起一座橋樑）

找出數列 s(p) 與數列 a(p) 之間的關係。

p	2	3	5	7	11	13	17	19	23	$\cdots$
s(p)	2	3	7	7	11	7	15	19	23	$\cdots$
a(p)	0	0	-2	0	0	6	2	0	0	$\cdots$

　　「奇怪？我懂了耶！」由梨說道。

　　「米爾迦學姐，我也懂了！」蒂蒂說道。

　　當然！我馬上就懂了。s(p) 是從橢圓係數而來的數列。a(p) 則是從自守形式而來的數列。儘管如此……為什麼關係會這麼簡單呢？

　　居然能與橢圓曲線及自守形式嬉戲，我對這樣的事實也感到相當震驚。有限體或展開商數(q)的計算等，我從來沒有想過竟然可以自己動手

試試看……。要不是米爾迦點醒我的話，或許我也無法意識到自己可以這麼做呢！

「妳在發什麼呆啊？」米爾迦問道。「快點回答，由梨。」

「好、好的。在數列 s(p)與數列 a(p)之間，存在有 s(p)＋a(p)＝p 的關係。可是……這真的很不可思議耶。」

解答 10-2（在橢圓曲線與自守形式之間架起一座橋樑）

在數列 s(p)與數列 a(p)之間存在有

$$s(p) + a(p) = p$$

的關係。

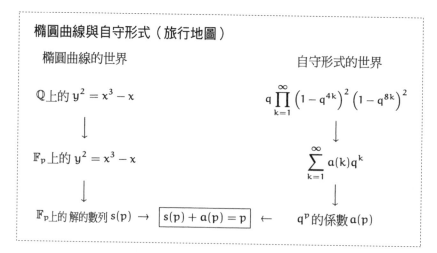

橢圓曲線與自守形式（旅行地圖）

「橢圓曲線與自守形式，此兩者的由來完全風馬牛不相及。」米爾迦說道。「但儘管如此，兩者卻在寓意深刻的地方有著非常密切的關係。而我們透過一個例子觸及到了它們關係密切之處。並在橢圓曲線與自守形式之間搭建起了一座橋樑。像這樣的對應，對任一橢圓曲線都存在——這就是我們談及的谷山・志村定理。谷山・志村定理，在橢圓曲線與自守形式這兩個迥異的世界之間搭建起了一座橋樑。——於是，在聯繫兩個世界之間的橋上，出現了黎曼ζ（Zeta）函數。」

「黎曼 Zeta 函數？」我對米爾迦的話有了反應。

「那個話題，等到我們有空再聊。現在，我想要聊的是弗維曲線的話題。」

10.6.2　弗維曲線

弗維在假設「費馬最後定理不成立」之後，隨即發現如此可建構出一個橢圓曲線。而這個橢圓曲線，就稱為弗維曲線。

假設費馬最後定理一旦不成立的話，就會存在有兩兩「互質」的正整數 a、b、c 及，一個大於 3 的質數 p，並且會滿足下面的式子。

$$a^p + b^p = c^p$$

弗維曲線，就是利用 a、b 當係數而建構出來的橢圓曲線。

$$y^2 = x(x + a^p)(x - b^p) \qquad （弗維曲線）$$

10.6.3　半穩定

「接下來，我們要針對弗維曲線的半穩定性來進行確認。在下面，我們決定用 ℓ 來代表約化時所使用到的質數。這是為了避免與即將在弗維曲線方程式 $y^2 = x(x + a^p)(x - b^p)$ 中所出現的質數 p 搞混的緣故。那麼，所謂橢圓曲線是『半穩定』的，其實指的是利用質數 ℓ 約化橢圓曲線的時候，會得到『好的約化』？還是『乘性約化』？換句話說，在有限體 $\mathbb{F}_\ell$ 上思考橢圓曲線方程式 $y^2 = x^3 + ax^2 + bx + c$ 的時候，$x^3 + ax^2 + bx + c = 0$ 的解會得到哪一個結果？是不會得到重根（好的約化）呢？還是會得到兩個重根（乘性約化）呢——這麼一來，也就是說 $x^3 + ax^2 + bx + c = 0$ 的解不會得到三重根的意思。」

話說到這裡，米爾迦停頓了大約有三秒鐘左右的時間。

「弗維曲線利用質數 ℓ 進行約化的時候，並不會產生三重根。這是為什麼呢？利用質數 ℓ 進行約化的時候，如果會產生三重根的話，這就

表示 $x = 0$, $-a^p$, b^p 這三個解以質數 ℓ 為模數的話，就會變成同餘。當以質數 ℓ 為模數的時候，意思就是說 0 會成為質數 ℓ 的倍數。這麼一來，也代表了 $-a^p$, b^p 這兩個數也同樣必須成為質數 ℓ 的倍數。可是，因為 $a \perp b$ 的緣故，所以 a 與 b 之間並不會有共同的質因數。換句話說，也就是 $-a^p$, b^p 這兩個數根本不可能成為質數 ℓ 的倍數。也因此，弗維曲線即使擁有重根的話，也頂多是二重根。意即，弗維曲線為半穩定。

懷爾斯證明了『半穩定的橢圓曲線，都是模形式』這個定理。所謂的橢圓曲線都是**模形式**這一句話，指的就是每一個橢圓曲線都可以對應到模形式（為自守形式的一種）的意思。我們也可以這麼說，『懷爾斯定理』是聯繫橢圓曲線與自守形式的橋樑。使用懷爾斯定理的話，半穩定的橢圓曲線就可以與自守形式相對應。自守形式可以定義被稱為層的**數**，而根據**賽爾**和**里貝特**的說法，弗維曲線對應於『權為 2 且層為 2 的自守形式』。但話說回來，根據自守型式的理論，『權為 2 且層為 2 的自守形式並不存在』的證明已經獲得了證實。到這裡便產生了矛盾的結果。

統整彙結一下這些內容。假設費馬最後定理不會成立的話，就可以製造出弗維曲線。這是我們在『橢圓曲線的世界』裡所談論過的話題。緊握住弗維曲線這張通行證，通過名為懷爾斯定理的橋樑，往『自守形式的世界』移動。在那個世界應該會存在有與弗維曲線相對應的自守形式才對。可是，在那裡等著我們的，卻是『像這樣的自守形式並不存在』的殘酷事實。也就是說，這個結果證明了我們最初的假設——『費馬最後定理並不成立』是錯誤的。」

蒂蒂靜靜地舉起了手說道。

「我要問的問題或許有點怪……為什麼『權為 2 且層為 2 的自守形式並不存在』呢。」蒂蒂詢問道。

「蒂德拉。妳的疑問相當正確。」米爾迦說道。「可是……我沒有辦法立刻在這裡馬上向妳說明。接下來，我們要扯動橢圓曲線或自守形式這兩個有如愛瑞雅妮(Ariadne)的絨線球，如此便能深入數學的叢林裡。——總有一天，我們一定要動身前往探險。」

米爾迦向我們大大的張開了雙手。

那雙手，完全就像是天使的羽翼一樣。

◎　◎　◎

「很抱歉！我們準備要打烊了。」咖啡店的服務生走向我們這一桌。我們這才發現，店裡頭只剩下了我們四個人。筆記散亂地攤在咖啡桌上。

「差不多該回家了。」我說道。

「米爾迦學姐，非常謝謝妳」蒂蒂向米爾迦表達了謝意。

「真的很有趣耶！米爾迦大小姐」由梨說道。

「我也覺得很棒。」我附議。

「嗯……這樣啊！」米爾迦靜靜地撇開了視線。

「下次要想再見到米爾迦大小姐，就是在慶功宴上了對吧！……好期待唷喵！」

「下個星期六！」我說道。

「在舉行期末考慶功宴之前，別忘了還有一場期末考的硬仗要打呢！」

蒂蒂舉起手來提醒著大家。

10.7　慶功宴

10.7.1　我家

期末考已經結束了，舉行慶功宴的星期六當天，黃昏時刻。大家準時在我家集合。

「打擾您了！」米爾迦說道。

「快進來！歡迎妳們！」媽媽回答道。

米爾迦盯著媽媽的臉猛看。

「唉呀……怎麼了？」

「府上公子耳朵的形狀和媽媽您的還真是像呢！」

「打、打打打打打打擾您了！」緊張大師蒂蒂還是一如往常地吃了螺絲。

「大衣請掛在那邊的衣帽架上哦！」媽媽說道。

「這樣不請自來真的是很抱歉！」永永說道。

「我可是相當期待永永帶來的鋼琴獨奏呢！」媽媽一臉開心的表情。

「大家好！」由梨打著招呼。

「怎麼沒把男朋友帶來啊！」永永調侃著由梨。

「因為沒有必要啊！」

「注意！注意！大家請到客廳集合！披薩已經送到囉！」

媽媽正在切披薩。是什麼時候，決定要叫披薩的？

「每個人手上都有果汁了嗎？那麼，乾杯！」為什麼連帶頭乾杯的都是媽媽呢?!「……期末考，考得怎麼樣啊？」

「媽媽……媽媽！」

和女孩子們談話中的媽媽，看起一副樂在其中的樣子。總覺得有點……。

10.7.2　ζ函數變奏曲

「差不多，該輪到我上場的時候了。」永永站起身來走向鋼琴。

一個音鍵。

接著，又是一個音鍵。

永永花了很多的時間，仔細地敲著鋼琴上的各個音鍵。

我原以為永永只是想要試音。

可是，我猜錯了。

永永的雙手在琴鍵上左右移動，漸漸地加快了速度。我認為那些隨機敲打出來的音符之間，又加入了其它的音符。零零散散的音符在慢慢

匯集當中，開始產生了小小的音符組合。緊接著，無數的節奏開始串連在一起，形成了規模更大的節奏。

於是，從離散到連續！

等到發現的時候，我已經被丟進了琴音的汪洋大海中。海浪、海浪、海浪、一波又一波，週而復始的海浪。永永敲打出的音符氾濫成災，我被音符的洪流給沖走了。少有急流，卻方向感完全失去的瞬間——。

我站在寂靜的海邊，抬頭仰望著夜空。在那裡，像是要呼應著這一波波的海浪所形成的細細漩渦似的，有無數的星星熠熠閃耀著。沒錯！看起來好像依循著某種規則性，但又好像沒有……。

「數星星的人和勾勒星座的人，哥哥你屬於哪一種類型？」

……當我回過神來，永永的演奏早就不知道在什麼時候結束了。

沉默。

三秒鐘之後，我猛力地拍手，拍到我的手都痛了還是拚命地鼓掌。我們家的鋼琴居然也能夠發出這種餘音繞樑的音色嗎？

「太精彩了……真是太精彩了！這首曲子叫什麼？」蒂蒂詢問道。

「這是米爾迦醬做的曲子，叫做ζ函數變奏曲。」永永回答道。

「叫做……ζ函數變奏曲嗎？」蒂蒂說道。

「對！」米爾迦說道。「是模仿數學上ζ函數會普遍擴散的特性的，ζ函數變奏曲。不是只有黎曼ζ函數才是ζ函數。數學上所使用的函數存在有很多種。」

「這麼說起來，前不久米爾迦學姐有說過，在谷山・志村定理中聯繫起兩個世界的就是『ζ函數』對不對！」蒂蒂說道。

「對。……簡單地說一下好了。對橢圓曲線E會形成好的約化的質數，我們定義為函數 $L_E(s)$。」

$$L_E(s) = \prod_{\text{會形成好的約化的質數 } p} \frac{1}{1 - \frac{a(p)}{p^s} + \frac{p}{p^{2s}}}$$

這個乘積我們可以用下列形式上的級數來表現。

$$L_F(s) = \sum_{k=1}^{\infty} \frac{a(k)}{k^s}$$

在這個數列中使用 $a(k)$，製造出像下列一樣的展開商數的形式。

$$F(q) = \sum_{k=1}^{\infty} a(k)q^k$$

這樣一來，$F(q)$ 就會變成一權為 2 的自守形式。$L_E(s)$ 即為聯繫橢圓曲線這一類代數性對象的ζ函數。而 $L_F(s)$ 則為聯繫自守形式這一類解析性對象的ζ函數。在所有的橢圓曲線當中，都存在有以ζ函數為中介聯繫的自守形式。這就是所謂的谷山‧志村定理。

代數性的ζ函數＝解析性的ζ函數

$$\prod_{\substack{會形成好的約化的質數\ p}} \frac{1}{1 - \frac{a(p)}{p^s} + \frac{p}{p^{2s}}} = \sum_{自然數\ k} \frac{a(k)}{k^s}$$

另一方面，我們要來瞭解歐拉乘積與黎曼的ζ函數。在這裡，我們可以看到「循環質數的乘積」與「循環整數的和」相等。妳們看看，兩者很像吧！

歐拉乘積＝黎曼ζ函數

$$\prod_{質數\ p} \frac{1}{1 - \frac{1}{p^s}} = \sum_{自然數\ k} \frac{1}{k^s}$$

「要說像還真的是很像……但是，兩個都叫做『ζ函數』這會不會太不像話了！該不會又是『大而化之一視同仁』搞得鬼吧！」蒂蒂說道。

「由梨！」媽媽小小聲地詢問道。「像這麼難的話題，妳也聽得懂嗎？」

「不懂！根本聽不懂！」

「數學這種東西，到底對生活會有什麼幫助呢……」媽媽說著說著

便嘆了一口氣。

「雖然我不知道到底對生活會有什麼幫助——可是，由梨很喜歡數學哦！」

◎　◎　◎

「我可以把最後一塊披薩吃掉嗎？」我把手伸往披薩。

「啊！」由梨發出了阻止的聲音。

「嗯？由梨想吃嗎？——沒關係！那給妳。」

「好開心唷喵～」

「這麼說起來，米爾迦的原始畢氏三元數的解法也相當有趣呢！」

「米爾迦大小姐的解法？哥哥，那是個什麼樣的問題？」

我向由梨說明「原始畢氏三元數是否有無窮多組」這個問題，也用簡略的方式解說了米爾迦的解法。

10.7.3　創造的孤獨

「場子好像有點冷下來了，感覺怪怪的呢！」永永說了這樣的話，便開始用爵士的手法詮釋巴哈，靜靜的彈奏了起來。永永好像打算提供情境背景音樂似地彈奏著。慵懶悠閒的雰圍瀰漫了整個空間。

「為什麼懷爾斯先生——」由梨開口問道。「可以一個人獨力解決這麼困難的問題呢？花了超過七年的時間，一個人躲在書房裡獨自奮鬥耶！這實在是太孤獨了！請別人幫忙協助，不就可以早點解決這個問題了嗎?!」

「我想這一定是因為懷爾斯想獨力完成自己的夢想吧！」米爾迦說道。「可是，就連孤獨的懷爾斯也一樣哦！費馬最後定理，根本不可能憑著一己之力就解決得了。數學這門高深莫測的學問，是累積的學問。不管再怎麼屬害的天才，也絕對不可能從零創造出所有的數學。一切的成功都是站在前人留下的無數證明上，所締造出來的。」

「孤獨嗎……」我說道。「由梨常常說『最喜歡和大家一起思考

了』，但事實上，創意這種東西，都是從自己的腦袋瓜裡所產生出來的哦！即使是在對話中『一起腦力激盪』下的情況也是如此。」

　　奇怪?!由梨跑到哪裡去了⋯⋯回頭一看，便看到由梨正在房間的某個角落裡，埋著頭不知道在寫些什麼。

　　「整個過程就跟生孩子是一樣的呢！」端著茶走進來的媽媽說道。「深愛自己的先生在場，值得信賴的醫生也在場。可是，要『生產』的人只有母親本人。而且並沒有人可以代替母親來完成生產這件事情。對生孩子而言，母親也是孤軍奮戰的哦！」

　　「孤獨的人寫信。」米爾迦說道。「孤獨的數學家寫論文。他為了讓自己的想法能夠傳達給未來的某個誰，而寫著名為論文的書信。」

　　「只要動手寫，孤獨就會消失！」蒂蒂斷斷續續地說著。「即使無法在第一時間被接納，但訴諸於語言文字這件事情說來，還真的是相當重要呢⋯⋯」

　　「的確！如果山謬沒有將費馬的著作整理成書出版的話，或許我們就無緣見到費馬最後定理了。」

　　「歷史真可以說是奇蹟的累積呢！」蒂蒂說道。

10.7.4　由梨的靈光乍現

　　「哥哥！哥哥！」剛剛一直沉默不語的由梨，突然間喊了起來。「總之呢！我先把平方數依序給排列了一下哦」

　　「由梨，都聽不懂妳到底在說什麼？」

　　嗯哼！由梨清了清喉嚨，開始解說。

　　「剛剛哥哥提到的，也就是『原始畢氏三元數是否有無窮多組嗎』的話題。我將平方數依序擺好，然後讓相鄰的兩個數進行減法運算。」

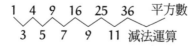

　　「減法運算下來，就會得到奇數依序排列的結果唷！」

　　「這個數列就叫做『等差數列哦』！」我說道。

「由梨，妳真是個聰明的女孩呢！」米爾迦稱讚道。

米爾迦是對由梨發現的什麼東西感到佩服呢？

「喵哈！米爾迦大小姐也解讀出來了喵。減法運算的地方會出現——等差數列？——因為相減下來，出現的都是奇數，所以這麼一來奇數的平方數也就跟著出現囉！例如，在剛剛寫下來的數列當中，不也出現了9這個奇數的平方數。因為 $3^2 = 9$，而9正是平方數啊！換句話說呢！也就是如果將平方數中奇數的平方數相加起來的話，就會出現下一個平方數。如此一來，不就可以產生無窮多個原始畢氏三元數了嗎?!」

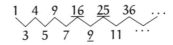

$$9 = 25 - 16 \qquad \text{由等差數列的意思得知}$$

$$3^2 = 5^2 - 4^2 \qquad \text{用平方的形式來表現}$$

$$3^2 + 4^2 = 5^2 \qquad \text{兩邊同時加上 } 4^2$$

「在這個數列當中發現了原始畢氏三元數組(3, 4, 5)。……可是，這個發現並不是偶然的哦！在等差數列的地方，出現了所有的奇數的平方數。換句話說，也就是像這種以(a, b, c)形式存在的畢氏三元數組會出現有無窮多組。接下來，我就不知道該說些什麼才好了……」

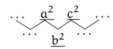

原來是這樣啊……如果照著由梨的解法，就可以從存在有無窮多個奇數的平方數當中，來構成無窮多組的原始畢氏三元數組了。

「陳述過於薄弱」米爾迦說道。「再加上也沒有表現出『互質』。但儘管如此，還是可以從由梨的描述中抓到重要的思考方向。」

「米爾迦大小姐，……接下來的解說部分可以拜託妳接手嗎？」由梨說道。

「我們將這個短打的重責大任交給哥哥好了。」米爾迦說道。

「是！是！是！」我回應著米爾迦，接著開始說明。

◎　◎　◎

接下來，我們要證明存在有無窮多個原始畢氏三元數。

首先，要準備好平方數的數列。

$$\ldots, (2k)^2, (2k+1)^2, \ldots$$

我們要計算求出等差數列中 $(2k+1)^2 - 2(k)^2$ 的結果。

$$
\begin{aligned}
(2k+1)^2 - (2k)^2 &= (4k^2 + 4k + 1) - (2k)^2 \quad &\text{展開 } (2k+1)^2 \text{ 之後得到}\\
&= (4k^2 + 4k + 1) - 4k^2 \quad &\text{展開 } (2k)^2 \text{ 之後得到}\\
&= 4k + 1 \quad &\text{進行計算，消掉 } 4k^2
\end{aligned}
$$

換句話說，也就會得到下面的式子。

現在，如果我們將所得到的 $4k+1$ 這個式子中的 k，代入適當的數字的話，就會得到奇數的平方數。$4k+1 = (2j-1)^2$，也就是我們可以具體的利用 $b = (2j-1)$ 來進行思考。

$$
\begin{aligned}
4k + 1 &= (2j-1)^2 \quad &\text{以奇數平方數做表現}\\
&= 4j^2 - 4j + 1 \quad &\text{展開之後得到的結果}\\
&= 4j(j-1) + 1 \quad &\text{提出相同項 } 4j
\end{aligned}
$$

也就是說，如果 $k = j(j-1)$ 的話，$4k+1$ 就會是平方數了。$j = 2$ 的話，$k = 2$，這個時候 $4k+1 = 9 = 3^2$。也就是說 $j = 2$ 的話，就會得到 $(a, b, c) = (3, 4, 5)$ 這個畢氏三元數組。

當 $j = 3$ 的時候，會得到 $k = 6$，則 $(a, b, c) = (12, 5, 13)$。

當 $j = 4$ 的時候，會得到 $k = 12$，則 $(a, b, c) = (24, 7, 25)$。

只要不斷的讓 j 值增加的話，就可以無窮盡的製造出畢氏三元數組。

接著，只要將製造出來的畢氏三元數變成原始畢氏三元數的過程表現出來就可以了。而為了達到這個目的，我們必須先證明 (a, b, c) 三數當中的任兩數彼此是「互質」的。

　　證明 $c \perp a$，可以明確的知道 $c = a + 1$。……對吧！因為，c 與 a 兩者之間擁有共同的質因素 p，所以 $c - a$ 必定會成為 p 的倍數。可是，$c - a$ 會等於 1。也因此，c 與 a 兩者之間就會「互質」。

　　證明 $b \perp c$。我們把 g 當作是 b 與 c 的最大公因數，則設 $b = gB$，$c = gC$。

$$a^2 + b^2 = c^2 \qquad \text{因為 } a,b,c \text{ 是畢氏三元數}$$
$$a^2 = c^2 - b^2 \qquad \text{將 } b^2 \text{ 移項之後得到}$$
$$a^2 = (gC)^2 - (gB)^2 \qquad \text{將 } b = gB, c = gC \text{ 代入之後得到}$$
$$a^2 = g^2 C^2 - g^2 B^2 \qquad \text{計算後得到的結果}$$
$$a^2 = g^2 (C^2 - B^2) \qquad \text{將共同項 } g^2 \text{ 提出來}$$

　　從最後得到的式子 $a^2 = g^2(C^2 - B^2)$ 當中，我們知道 a^2 是 g^2 的倍數。換句話說，也就是 a 是 g 的倍數。而且，因為 $c = gC$，所以 c 也會是 g 的倍數。也就是說 g 會成為 a 與 c 的公因數。另一方面，因為 $c \perp a$，所以 c 與 a 的公因數 g 就會等於 1。

　　因為 b 與 c 的最大公因數等於 1，因此也可以說 $b \perp c$。同樣的，也可以說 $a \perp b$。

　　以上，所表現的就是無窮多組原始畢氏三元數組被製造出來的過程。

◎　◎　◎

　　「學長！這個就是邊長差為 1 的直角三角形對吧！我在想這會不會就是解題的線索了呢……」

　　「的確沒錯！」我只想到了探索的方向是否有了偏差……。

　　「聰明的孩子，我最喜歡了。」米爾迦稱讚道。「由梨，過來這裡一下。」

　　「好……？」由梨回應道。

　　「等一下」我阻止由梨。

10.7.5 並不是偶然

一邊聽著永永的琴聲，一邊說了好多好多的話，聽著由梨的證明……。儘管沒有喝酒，卻因為這樣的氣氛而感到微醺。我一個人來到了走廊，想要「醒酒」。

呼……。我背靠著牆壁，就這樣順勢滑坐了下來。是被由梨給影響了嗎？由梨扮演了老師的角色，我反倒上了「原始畢氏三元數的一般形」或者是「利用 t 參數化的方式」這樣的一課。可是，由梨卻是靠著自己的力量思考，靠著自己的力量摸索出自己的證明的。而且，那個證明還引導了蒂蒂踏上啟發之路。我是不是成了蒂蒂的絆腳石了呢?! 米爾迦曾經斥責過我沒有當「老師的資格」。真糟糕！居然就這樣陷入了低潮……。

蒂蒂從房間裡走了出來。

「你怎麼了？學長。是不是身體不太舒服呢？」

帶著一臉擔心的神情，蒂蒂在我跟前蹲了下來。四周充滿了蒂蒂的香氣。

「沒有！我一個人稍微反省了一下。」

「……？話說回來，學長。有關於那個『M 的謎題』，你解開了嗎？」

頭文字 M 的謎題。蒂蒂筆袋上的掛飾。

「我認輸。說什麼是妳個人偏愛的字母——來著！」

「那個指的是的偏角唷」蒂蒂一臉開心的樣子說道。

「那個掛飾，並不是 M。而是我把向左邊旋轉 90° 之後的 M，拿來充當成 Σ。雖然，最喜歡數學的蒂蒂也是很想要 Σ 這個字母的。但因為找不到，就只好拿 M 來充數了。」

「的確！我想 Σ 的掛飾並不是隨隨便便在哪個店面就可以買得到的呢！」

「如果是在希臘的話，或許買得到也說不一定。」

「那麼，不是哪位神秘人物的名字縮寫囉……」imaginary boyfriend？

　　「哪位神秘人物……啊！米爾迦學姐的 M 之類嗎？」

　　「啊！不是……話說回來……我們在圖書室裡頭玩躲貓貓遊戲的時候，雖然我一句話都沒說──」

　　蒂蒂一聽到我說的話，立刻羞紅了臉，並張開兩隻手慌慌張張地揮動著。做出了別說的手勢。我閉上嘴緘默不語。

　　「學長。常常說邂逅都是緣自於偶然對不對？可是，我卻認為自己和學長的邂逅並不是偶然──而是奇蹟呢！」

　　蒂蒂的整張臉都紅了，話一說完便飛也似地衝回了客廳。

10.7.6　平安夜

　　「在散會之前，大家一起來歡唱聖誕節的主題曲吧！」媽媽提議道。

　　主題曲就是──「平安夜」。

　　眼看著這一年馬上就要結束了──還真是發生了相當多的事情呢！如果拿漫長的數學歷史來相比的話，我的一年不足為奇，只不過是一時半霎罷了。但對我──對我們而言，這卻是無可取代極為珍貴的一年。

　　曲終。鼓掌！每個人的雙頰泛起了陣陣的潮紅。

　　「好！現在開始清潔時間……大家一起動手收拾殘局吧！」媽媽發號施令指揮道。「小公主們，我會吩咐我家騎士擔任護花使者送各位回家的，請不要擔心安全。」媽媽說完還拍了拍我的肩膀。

　　「媽媽……妳幹嘛擅自做決定啦！」我說道。

　　「這一點也跟你很像呢！」米爾迦說道。

10.8　即使是仙女座，也在計算著數學

　　終於都收拾完了，我們成群結隊地走向車站。四周一片漆黑，伸手不見五指。很遺憾地，在幽暗的夜空裡看不見任何一顆星星。每個人口

吐著白氣。

「由梨提出的另一種解法，真的很厲害！」蒂蒂讚美道。

「被蒂德拉給誇獎獎獎獎了。」

「嗯，就連我都看漏了那個部分哦！」

「哥哥……我可以讓你摸摸頭稱讚一下也沒有關係哦！」

我承蒙恩准，摸了摸由梨褐色的頭髮。

「費馬最後定理沒有其它的解法嗎？」蒂蒂問道。

「初等性證明的話，沒有！」走在最前頭的米爾迦回過頭來說道。

「……數學家們對這一點持有相同的意見。所以說沒有其它解法一定是正確的。可是，我想在不久的未來，或許會有新式數學從懷爾斯的證明當中，找出更簡單的證明方式也說不一定。」

　　就像發現「負數」一樣的？

　　就像發現「複數」一樣的？

「會發生這種事情嗎？」蒂蒂問道。

「反過來運用畢氏定理的話，不就可以畫出直角三角形了嘛！這可是當時最尖端的科學技術呢！可是，現在呢！我們從小學就開始學了。一元二次方程式的解法、複數、矩陣、微積分……在過去都是最前端的數學。可是，現在國中、高中就要學了。照這樣推起來的話，將來或許會有在學校裡學到『費馬最後定理的證明』的一天。」

「原來如此……」蒂蒂點了點頭。

「我們只能夠活在現在這個時點上。」米爾迦接著我的話往下說。是因為寒冷的緣故嗎？米爾迦的雙頰整個紅咚咚的。「可是，這個稱為『現在』的時點，是散落在名為歷史時間軸上的無窮的數學所投射出來的。我們學會了這個道理。」

　　投射──？我突然地停下了腳步。米爾迦的這一番話，讓我親眼目睹了貫穿過去與未來的光箭。

「真實的樣貌」──懸掛在銀河當中的繁星，並非「渺如」滄海之一粟。事實上，我們肉眼可見的星星要比想像中來得更巨大。星星並不

如我們所想像的是「匯集成群」，事實上，每顆星星至少都距離我們有好幾光年之遙。

我們之所以看得到細微，我們之所以看得見集群，全拜投射這個魔法之賜。當我們肉眼看見星星時，實際上看到的是過去遙遠的星星投射在視網膜上的影像。居住在離地球遙遠的某個星球的人在仰望天空中繁星的時候，眼睛所見到的一定不會是相同的星座。

可是——數學的話，情況又如何呢？如果說居住在其他星球的居民也有計算概念的話，是不是也和我們一樣會有質數的概念呢？會不會對完全整除這個東西有特別的感受呢？恐怕應該也會有互質這種概念吧！會不會也使用同餘的概念，來將無限的時間摺疊呢？

費馬最後定理所遺留下來的問題，可以說是數學史上最深刻的貢獻。許多的數學家們研究創造出了許多的數學理論。

下列方程式，當 $n \geq 3$ 時不會有自然數解

$$x^n + y^n = z^n$$

儘管從其它星球遙望費馬最後定理，它仍是最閃亮顯眼的一顆星。

就像大衛之星（David's Star）引導著東方賢者能人志士般，費馬最後定理也成了引導有志於數學的數學家們的路標。懷爾斯自己本身也是因為邂逅了費馬最後定理，而投身於數學志業的。那個時候的懷爾斯，都還只是個十歲的少年呢！

空間上的距離並非本質。時間上的距離也並非本質。

不管離得再遠都無所謂。不管相隔再久也都無所謂。

貫穿宇宙及歷史的共同語言——數學。

「即使是仙女座，也在計算著數學。」我說道。

聽我這麼一說，走在我前面的幾個女孩都轉過了身來。

「哥哥，你在說什麼啊？」由梨問道。

「可以看得見仙女座正在計算數學哦！」我說道。

「那邊也有圖書室嗎？」蒂蒂微笑著打趣地說道。

「將所居住的星球當作模數，不知道是不是存在有與地球人同餘的

外星人呢？」米爾迦說道。

　　我們邂逅了數學。我們透過了數學而相識相知。

　　每個人的能力有限，有做得到的事情及做不到的事情。有可以理解的事情，也有無法理解的事情。可是，這些都沒有關係。——盡情享受數學的樂趣吧！跨越時間的囿限，與歷史上那些志同道合的數學家們一起數星星，勾勒星座。

　　「啊！」蒂蒂突然指向天空。

　　「嗯……」米爾迦帶著微笑，順著蒂蒂指的方向仰望夜空。

　　「時機抓得真準」永永吹著口哨稱讚地說道。

　　「哥哥——！」由梨喊道。

　　我抬頭望向夜空。

　　啊啊！天空也——

　　天空也正享受著計算數學的樂趣呢！

　　無數個正六角形的結晶，從天空中飛舞紛落。

　　「哥哥——下雪了！」

（為了能夠掌握並靈活運用數學）
用貼近自己的方式試著將過去所學到的東西重組，
進而溫故知新，重新思考新的東西。
至少也要有想解決的信念，並努力思考解決的方法，
簡單的說，名為「研究」的方式就是最有效的方式。
——谷山豐

尾聲

閃耀而璀璨的銀河。

溫暖的雙手。

因為緊張而微微顫抖的聲音。

栗褐色的長髮。

「老師？」

「咦？」

「老師！——你這樣不行啦！居然在辦公室裡頭打起瞌睡來了。」
女孩的聲音。

「……老師並沒有打什麼瞌睡唷！」

「在方程式 $x^2 + y^2 = 1$ 的圓周上有無窮多個有理點。」女孩默誦著
詩。

「正確解答。第二個問題的答案呢？」

「在方程式 $x^2 + y^2 = 3$ 的圓周上有零個有理點。」

「正確解答！」

「所謂的圓，還真是寓意深遠呢！」女孩喀喀地笑著。

「是啊！只要一糾結上無窮，要想捕捉到『真實的樣貌』還真是困
難呢！」

曾經謠傳在二十世紀末的時候，費馬最後定理獲得了證明對吧！費
馬最後定理也跟無窮有所糾結呢……」

「怎麼會是謠傳呢……實際上已經獲得證明囉。」聲音顯得極為詫
異。

「奇怪？難道你沒聽說已經找到反例的事情嗎？」女孩遞來卡片。

「反例……嗎？」

費馬最後定理的反例（？）

$$951413^7 + 853562^7 = 1005025^7$$

$$705640613575942055661379802908637985206717$$
$$+330099986418375923201140352082288543214208$$
$$= 1035740599994317978862520154990926528420925$$

「又臭又長的……驗算 951413, 853562, 1005025 的第一位。」

$$951413^7 \equiv 3^7 \equiv 2187 \equiv 7 \qquad (\mathrm{mod}\ 10)$$

$$853562^7 \equiv 2^7 \equiv 128 \equiv 8 \qquad (\mathrm{mod}\ 10)$$

$$1005025^7 \equiv 5^7 \equiv 78125 \equiv 5 \qquad (\mathrm{mod}\ 10)$$

「嗯嗯。因為 $7 + 8 \equiv 5 (\mathrm{mod}\ 10)$，所以的確

$$951413^7 + 853562^7 \equiv 1005025^7 \quad (\mathrm{mod}\ 10)$$

答案是對的。」

　　過了一會兒，女孩忍不住笑了出來。

　　「老師！把圓周率的數字倒過來排列就是 951413 啊！很過分的玩笑吧！」

　　「你發現了嗎？

$$951413^7 + 853562^7 = \underline{1035740599994317978862520154990926528420925}$$

$$1005025^7 = \underline{1035709726461858968099232282235113525390625}$$

這個題目，是妳特地找來的嗎？」

　　「算是吧！話說回來，老師，貼在牆壁上的那個東西是星座嗎……？」

　　「不是哦！那個是用 23 將橢圓曲線的方程式 $y^2 = x^3 - x$ 約化之後的點。」

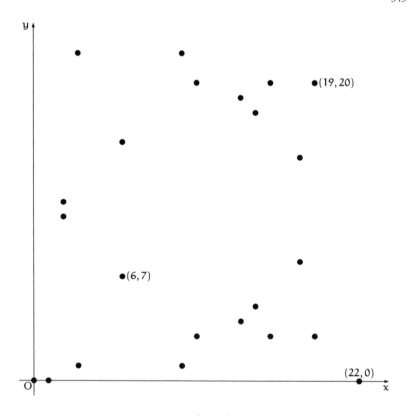

$$\mathbb{F}_{23} \qquad y^2 = x^3 - x$$

在 $\mathbb{F}_{23}$ 當中方程式 $y^2 = x^3 - x$ 上的點

「總覺得……好像存在著某種規則性……的樣子？」

女孩好像發現了什麼有趣的事一樣，咯咯地笑個不停。

「要不要試著用自己的手，動手畫畫看會出現什麼呢?!搞不好會發現模式哦！」

「要不要動手試試看呢……那，老師，明天見囉！」

「嗯。回家路上小心車子。」

「是的！是的！……啊！據消息靈通人士說今天晚上會下雪哦！」

「謝謝。」

「那麼，再會囉！」女孩的手指嗶嗶嗶嗶地舞動著。

會下雪嗎──？

我想著雪片、我想著星星、我想著無限──然後，我想起了那些女孩們。

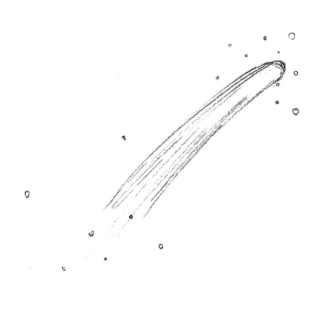

實際上，我沒有絲毫的猶豫躊躇，只想說清楚講明白。

在這本書裡很明顯地收錄有許許多多新穎的事物。

不僅如此，還有其它未知的新事物正如泉水般源源不斷地湧現，

甚至從這些源頭當中，我們還可以挖掘到更多令人驚豔的新發現。

──歐拉

後記

> 唉！真是的！
> 本以為只要更努力學習的話，
> 我的素描技巧應該就會趨於成熟完美。
> 但我卻萬萬沒有想到，想要勾勒出完美的作品，
> 居然是這麼一件需要努力及耐力的事。
>
> ——艾薛爾（Mauritz Cornelis Escher）

我是結成浩。

《數學女孩——費馬最後定理》終於和大家見面了。

2007 年為紀念歐拉誕生 300 週年，出版社特別企畫發行了《數學女孩》，而這本書正是前一部作品的續集。出場人物，除了前一部作品中的「我」、米爾迦、蒂蒂之外，這次還加上了小表妹由梨。以他們四位主人翁為主軸，所交織而成的數學青春物語就此展開。

在前一部作品的內容當中，出現了許多複雜的數學算式，承蒙各位讀者不嫌棄地爭相閱讀。老實說，不要說是我自己了，就連出版社也都非常訝異這一類的作品居然能夠引起如此熱烈的迴響。託了各位讀者們的福，才能有第二部作品的付梓問世。在這裡我要向各位讀者致上十二萬分的謝意。非常感謝你們！

在動手撰寫這本書的期間，故事主人翁所遭遇的喜怒哀樂，甚至是驚喜，我一直都是非常能感同身受的。如果能將這樣的感受翔實地傳達給各位讀者們，那對我來說真是相當幸福的一件事情。

這本書和前部作品一樣，都是採用了「LᴬTᴇX 2$_\varepsilon$ 與 Euler font（歐拉字型）（AMS Euler）」的字型來進行排版的。而排版上，也要感謝奧

村晴彥先生所著《LᴬTEX 2$_\varepsilon$ 美文書作成入門》一書的協助，在實質排版時發揮了極大的效用。全部的圖版都是使用了大熊一弘先生（tDB 先生）所開發的「初等數學印刷用數學巨集」印製而成，真是非常感謝。

　也要特別感謝以下閱讀原稿，並給予寶貴意見的各位先生及女士。

　ayko、五十嵐龍也、石宇哲也、上原隆平、金矢八十男（ガスコン研究所）、川嶋稔哉、篠原俊一、相馬里美、竹內昌平、田崎晴明、花田啟明、前原正英、松岡浩平、三宅喜義、村田賢太（mrkn）、矢野勉、山口健史、吉田有子。

　並且感謝所有的讀者們，光臨我官網的朋友們，還有總是為我禱告的基督教教友們。

　感謝在這本書完成之前，以無比的耐心支持我的總編輯野澤喜美男先生。此外，支持我前一部作品《數學女孩》的廣大讀者們，除了謝謝你們的閱讀，更要謝謝你們在來信中所賜予的種種寶貴感想，它們讓我開心地幾乎要流下眼淚。

　也要感謝我的愛妻與兩個孩子。特別是在閱讀完原稿之後，給予建議的長男。

　我要將這本書獻給留下如此神妙精彩謎題的費馬、成功解決了延宕350 年之久世紀難題的懷爾斯，及所有的數學家們。

　非常感謝你們閱讀這本書。期待他日再相見。

結城浩

2008 年，一面有感於不可思議，一面將宇宙的碎片盡收於此書中

http://www.hyuki.com/girl/

索引

國家圖書館出版品預行編目資料

數學女孩——費馬最後定理 / 結城浩作 ； 鍾霓譯.
-- 初版. -- 新北市：世茂, 2011. 06
　　面；　公分. --（數學館 ； 17）

ISBN 978-986-6097-01-0（平裝）

1. 數學　2. 通俗作品

310　　　　　　　　　　　　100002851

數學館 17

數學女孩——費馬最後定理

作　　　者／結城浩
譯　　　者／鍾　霓
審　　　訂／洪萬生
主　　　編／簡玉芬
責任編輯／謝翠鈺
封面設計／Atelier Design Ours
出 版 者／世茂出版有限公司
負 責 人／簡泰雄
登 記 證／局版臺省業字第 564 號
地　　　址／（231）新北市新店區民生路 19 號 5 樓
電　　　話／（02）2218-3277
傳　　　真／（02）2218-3239（訂書專線）、（02）2218-7539
劃撥帳號／19911841
戶　　　名／世茂出版有限公司
　　　　　　單次郵購總金額未滿 500 元（含），請加 80 元掛號費
酷 書 網／www.coolbooks.com.tw
排版製版／辰皓國際出版製作有限公司
印　　　刷／世和印製企業有限公司
初版一刷／2011 年 6 月
　十　刷／2022 年 7 月

Ｉ Ｓ Ｂ Ｎ／978-986-6697-01-0
定　　　價／340 元

Sugaku Girl: Fermat no Saishu Teiri
Copyright © 2008 Hiroshi Yuki
Chinese translation rights complex characters arranged with Softbank Creative
Corp., Tokyo
through Japan UNI Agency, Inc., Tokyo and Future View Technology Ltd., Taipei.

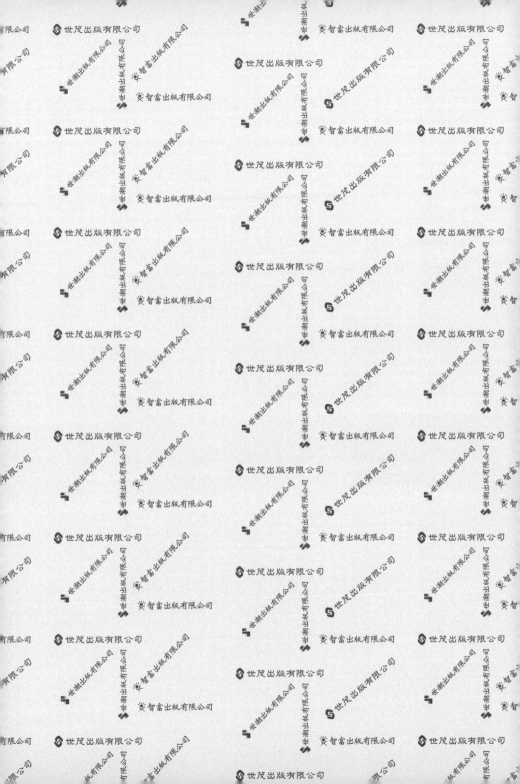